U0259456

献给我的父母、其他至亲以及追求城市设计品质的好友

可承传的城市诗情

黄文亮 著

天津大学出版社
TIANJIN UNIVERSITY PRESS

图书在版编目（ＣＩＰ）数据

可承传的城市诗情 ／ 黄文亮著. -- 天津 ： 天津大
学出版社，2023.3
　ISBN 978-7-5618-7385-4

　Ⅰ．①可… Ⅱ．①黄… Ⅲ．①城市规划－建筑设计
Ⅳ．①TU984

中国国家版本馆CIP数据核字(2023)第002255号

KE CHENGCHUAN DE CHENGSHI SHIQING

总　策　划　华汇城市规划设计平台
策 划 编 辑　韩振平 朱玉红
责 任 编 辑　温月仙
版 式 设 计　谷英卉 李晶竹
咨　　　询　群岛工作室

可承传的城市诗情
黄文亮　著

出 版 发 行　天津大学出版社
地　　　址　天津市卫津路 92 号天津大学校内（邮编：300072）
电　　　话　发行部：022-27403647
网　　　址　www.tjupress.com.cn
印　　　刷　北京雅昌艺术印刷有限公司
经　　　销　全国各地新华书店

开　　　本　787×1092 1/12
印　　　张　38 2/3
字　　　数　864 千
版　　　次　2023 年 3 月第 1 版
印　　　次　2023 年 3 月第 1 次
定　　　价　398.00 元

序言一

崔愷

中国工程院院士
中国建筑设计研究院有限公司名誉院长、总建筑师

每当在城市设计的竞赛中看到制作精美的模型、帅气的构图、致密的肌理、有节奏的序列以及精彩的节点空间，我都会猜想这一定是黄文亮先生率领的华汇规划团队的作品。它所呈现的城市气质和街区品质总是让评委们驻足欣赏，往往也会取得很好的成绩，总是名列前茅，优势十分明显。我想其中的主要原因就是它呈现了一种美的力量！

中国城市化高速发展的四十年里，前三十年几乎只有规划，没有城市设计。城市在简单生硬的道路网格下填空式地建设，建筑在规划指标控制下自洽生长，城市历史街区在发展的车轮下不断被碾压，城市边缘的田园乡村不断被无序吞噬，无论是匆忙而建的新区，还是粗放拆改的旧城，都缺乏一个基本的品质——美感，我每次乘飞机从空中俯瞰城市，都感觉大地上仿佛有一片片丑陋的疤痕，让我们这个时代的参与者深感惭愧。

近十年来，城市设计的价值终于得到了认同，人们希望城市设计能解决一系列的城市问题，尤其是城市的美学问题。于是城市设计的竞赛多了起来，设计团队们往往在原有的规划图上加入了虚幻的建筑和空间场景，以为这样似乎就能解决城市美的问题，但这显然是比较肤浅的，也是不现实的。而当这种新套路层出不穷后，人们的确也陷入了一种审美疲劳，逐渐认识到这种"皇帝新衣"般的浮夸之作不会产生真正的城市美，事实上也很难落地指导建设。

记得十年前因为唐山机场搬迁，我在机场片区再开发的城市设计研讨会上初次结识了黄文亮先生，当时黄先生呈现的方案令人眼前一亮。他巧妙地利用机场跑道与城市规划南北向格局的偏转角度，将以跑道为轴的中央公园与路网地块错动布置，形成了极有节奏的半岛型地块，很有场所感！在此布置有特色的公建项目，视野宽阔，标志性明显，城市设计真正为建筑设计提供了很好的舞台。另外，那次也是初见如此高水平的城市设计方案，着实令我印象深刻！感叹确实出自高人之手！

黄先生确实是高手，他早年留美，师从国际知名的城市设计大师，又在著名事务所工作过，无论是理论修养还是实践经验都十分丰富。他对城市美学、景观学和建筑美学有长期的观察体验和创作探索，绝非一般规划师和建筑师可比。可喜的是黄先生从海外移师内地，加入周恺大师的华汇团队，强强联合，为国内城市设计界增加了一支生力军！的确，自那之后，我许多次在重要的城市设计竞赛中看到他们的作品，每一次都是认真全面地分析环境、找准问题、提出主张，用清晰的轴线空间、紧凑的格局、有尺度感的街区、富于变化的街墙界面形成很有空间艺术性的、理性的、构思缜密的城市图底，以形态舒展、富有张力的标志性建筑体态点出重心，以浓密的绿林、明亮的草坪和蜿蜒的河道组成大地景观，从图面和模型细部到大胆用色、排版构图、字型选择都十分讲究，每一次都是完美的呈现，给大家以美的享受！

我总说城市设计师应该是理想主义者，黄先生的理想主义色彩在城市设计实践中表现得淋漓尽致。因为我们都明白城市设计和建筑设计有很大的不同，无论是复杂的用地条件、一系列的专业分工，还是众多投资利益主体的各自诉求，当然也包括行政领导的更迭和决策的变化，都会使一个区域的城市设计很难如一次性整体设计一般完美呈现。实际上，在不少竞赛中虽然评委们都支持黄先生的方案，但在后续的决策中其方案也会因为种种原因而半途天折，抑或只能停留在概念上，推进中的变数很大。但黄先生明知如此，却一如既往地精心投入每一次设计中，初衷不改、决心不变、标准不降，永远追求完美。虽然京津近邻，但我去华汇的次数并不算多。可每次我到黄先生的办公室，看到他办公桌上摊开的草图和一把散布其上的不同颜色的铅笔，我就能感受到那种对营造美好城市由衷的热爱和执着的精神，令我敬佩！

当然我认为黄先生工作的意义并不仅仅是为城市、为甲方呈现出一种美好的远景方案，更重要的是示范一种城市设计的方法和技术路径。比如小街区密路网的规划理念，不仅能改善城市交通，也能让城市拥有宜人的尺度；比如混合功能街区的规划理念，不仅可以减少上班通勤交通量，也有利于保持街区的活力；比如对街道的尺度、功能和街墙的连续性要求，使街道不再仅仅是为了满足机动车交通，更为步行出行营造好的条件；比如对规划容积率的弹性可调，使城市用地开发更可持续地迭代升级。诸如这些理念，大多是在国外经典城市设计中被验证行之有效的方法，今天已经逐渐被国内规划界接受，并在许多重要的新区建设和城市更新中得以推广应用。黄先生也十分重视对中国古代传统营城理念和技法的研究，并注意将其创新应用。在许多实践案例中都能看到他对于地域性和历史性城市文脉的表达，从地形水系的利用，到轴线序列的构成、院落肌理的疏密、建筑形态的传承，他都在试图让未来的城市能传承历史的文脉，找到自身的特色。每当听到黄先生用缓慢的语速娓娓道出其设计的内涵，我都十分钦佩他想得深、看得远、做得巧。

另外，我想说，华汇规划发展得好，和周恺大师高超的建筑创作水平也密不可分。周总这几十年来潜心创作的大量建筑精品已形成一种典雅的风格，这种风格也经常出现在华汇规划的城市设计作品中，如我了解的一般，有些关键节点周总都会亲自动手设计，而这些关键节点也往往成为方案的点睛之笔。实际上，在城市设计中，规划师和建筑师的合作也是十分重要的。记得前些年行业里曾经一度对城市设计究竟该由谁来做颇有争议。规划师掌握着自上而下的知识体系，但缺乏落地做空间设计的功夫，建筑师有自下而上的设计能力，又缺乏城市规划和管理的知识。最好的办法就是团结合作，而实际上当下许多城市设计也是由联合体共同完成的，但一般这种临时拼凑的联合体在内部会有明确的分工，这就会造成各自的工作很难真正融合，在评审中往往很容易看出规划和建筑设计水平不一，从而造成城市设计整体品质不高。而华汇规划的高水平不仅是因为黄先生建筑和空间设计的高水平，也是他与周总两个高手通力合作的结果，这对行业来说也是很有示范意义的。

华汇规划新近加盟的赵燕菁教授也是一个重量级的大专家，他早先在中国城市规划设计研究院工作，后来担任厦门市规划局（委员会）局长（主任）多年，不仅对城市规划管理业务十分熟悉，也在任上为提升城市设计和建筑设计水平做了大量的工作，形成了一套行之有效的激励机制，我对此一直十分赞赏。但我不太了解的是，原来赵先生还是政治经济领域的战略家，他早年对深圳发展的预见、对当下复杂的国际关系和严峻的经济形势的分析文章写得十分精辟，读后常会让人脑洞大开。另外，他也是热爱设计的发烧友，尤其对中国古代城市空间的研究颇有心得。我想华汇三杰汇聚一堂，集战略策划、城市设计、建筑设计于一体，一定能对中国的城市发展作出重要的贡献，十分值得期待！

不久前，黄先生发邮件让我为他的新著《可承传的城市诗情》作序，自感非常荣幸，因为如前所述，我对城市设计的认知在很大程度上是从黄先生的指导和对华汇作品的观摩研读中获得的。黄先生这本新著更是体例独到、文字精辟、图片精美，很有设计感，当然更重要的是对当下城市存在的"失根、失能、失态"的普遍问题都提出了有针对性的独到见解和医治良方，我尤其欣赏他们为本书起的名字——城市诗情，它让我想起盛唐的诗篇和辉煌的宫城！它让我想起北宋的词赋和繁荣的街市！它让我感怀四十多年来史无前例的国家快速城镇化虽有那么多的不足，但仍然是值得讴歌的人类壮举！它也让我衷心期盼在未来的若干年里，中国城市的更新将探索出一条有传承、有创新、再现丰富地域特色的营城之路，而这需要越来越多的有诗情和画技的城市设计师参与进来。

相信有志于此的业界同人们会从这本美著中获益良多，建立新的城市美学的标准。

祝华汇规划让城市更美好！

2022年11月21日

序言二

杨保军

住房和城乡建设部总经济师
中国城市规划学会理事长

土耳其诗人希格梅有句名言：“人一生中有两样东西是永远不能忘却的，这就是母亲的面孔和城市的面孔。”母亲的面孔永远难以忘怀，但城市的面孔却几近模糊难辨。因为在快速城镇化大潮中，推土机的轰鸣加上城市空间的批量生产，使城市普遍患上了“失忆症”，原有的个性特征逐渐泯灭，代之以相似的妆容与表情，置身其间，已然“不知何处是他乡”。

有鉴于此，2013年中央城镇化工作会议指出：“依托现有山水脉络等独特风光，让城市融入大自然”——这是一种自然观；“让居民望得见山、看得见水、记得住乡愁”——这是一种人文观；“要融入现代元素，更要保护和弘扬传统优秀文化，延续城市历史文脉”——这是一种历史观；“要融入让群众生活更舒适的理念，体现在每一个细节中”——这是一种民生观。这段话切中了时弊，强调了城市建设必须树牢“四观”。2015年召开的中央城市工作会议进一步指出：“城市工作要把创造优良人居环境作为中心目标，努力把城市建设成为人与人、人与自然和谐共处的美丽家园。”这是对过去将城市视为增长机器观念的矫正。会议还强调要加强城市设计，注重城市的空间立体性、平面协调性、风貌整体性、文脉延续性。

呈现在读者面前的，就是一部关于城市设计理论与实践的呕心之作。作者黄文亮先生笃志此业、学贯中西、兼收并览、广议博考、勤耕深思、穷理致知、反躬践实、自成一家。本书是他从业45年的专业心得和智慧结晶，从中可以领悟城市设计之“理”，也可以印证城市设计之“法”。如果只知其理，不得其法，则作品难以生动精彩地呈现场域本质；如果只得其法，不知其理，则容易在形式技法上兜圈子。唯有得理据而守法度，方能做到但凡构思落笔，必合天地人情。

黄文亮先生一直都在探求好的城市设计，在前辈大师的启发下，坚定了“悟道”和“显道”的探索之路。“悟道”始于对地域的观察、感悟，必须有严谨恭敬的态度，如果对天地山川、历史人文没有尊崇心，没有敬畏感，就根本谈不上对自然和社会的深刻理解，以一己之心来度量整个世界，必然无法产生与天地相感应的心理，也就难有大格局。黄文亮先生虽然学养深厚、才情横溢，但不论是在工作还是生活中，都是温良恭俭、谦谦有礼，这并非全是天性使然，而是职业生涯中内在修行的自然流露。“显道”是将地域文化精神通过设计方案具象化地、清晰而强劲地呈现出来，这需要高超的艺术素养和精湛的专业技能。好的方案应该是自然的（遵循空间内在生成逻辑）、从容的（自信、中和）、毫不勉强的（坚实、稳定，非强加于人）。书中大量案例告诉我们，设计之功，既要具象，也要抽象；既要取形，也要出神；既要隔分，也要融合；既要习得，也要感悟。

城市营建的最高境界是实现诗意的栖居理想，城市设计则是实现这一理想的桥梁。海德格尔赋予“诗意的栖居”哲学内涵，是想弄明白生命的意义和存在的价值，用来解释人“本真”的存在是什么，并非指物质层面的东西。过分追求物质的东西就会让人的生活失去"诗意"，从而陷入苦闷。这里的"栖居"并非一般意义上的占有居处，或者是物质上获得的筑居，而是为了获得与心性相通的、使自己心灵得到安置和张扬的精神居所，是关于人生境界的至高情怀。反观当下的城市，物质主义烙印很深，人文关怀委实不足，市民对城市的认同感、归属感、自豪感不强。有作家批评说，现在的城市过于刻板单调、平庸枯燥、缺乏特色，没有引人入胜的景致，没有耐人寻味的细节，没有不期而遇的惊喜，没有动人心扉的场景，没有情景交融的诗意，生活在城市中，连文学创作都似乎失去了灵感。本书将这些城市问题归结为城市"失根、失能、失态"三大病症，并从城市设计角度提出了相应的解决方案，书尾是对中国营城文化复兴的思考和探索。读罢全书，启迪颇多，收益颇大，突出体会有以下三点。

其一，道通天地有形外，思入古今遗韵中。

天地有情，万物有灵。岁月悠悠，遗珠难数。于是，师法自然、借鉴古人成为艺术创作的一个法门。掌握了这个法门，就能感悟自然造化的神工，体味品类之盛的生机，得到源头活水的滋养。城市设计虽然具有艺术创造属性，但不全然是无中生有，否则就成了无源之水、无根之木。城市千篇一律，皆因失了根、丢了魂，徒有相似的躯壳。古人讲："万物有所生，而独知守其根。"历史上城市生生不息、延绵不绝、千姿百态、特色鲜明，正是因为有这种根的意识。体现在城市设计营建上，就是要领悟地域环境特质、彰显地域文化精神。面对当下城市"失根"之痛，城市设计应该从感悟"地灵"、传承历史入手，追到根、溯到源，则设计创作灵思不绝、从容自信。作者强调了"地灵"这个专业术语，它并非指玄学中的神灵，而是具有体现地方环境特质、蕴含地方文化精神、给予人身心安宁、具有生命关照意义的内涵，它决定了空间生成的内在逻辑，规范了城市设计的模式语言，也因地域差异而绽放出异彩纷呈的景象。

一方水土孕一方灵，育一方人，营一方城，成一方景，这是自然的馈赠、天地的恩泽、时光的嘉惠、人类的创造共同作用的结果。典型的意象如"白雁西风紫塞，皂雕落日黄沙"对比"杏花春雨江南，小桥流水人家"，西北与江南，不同的风土风物，造就不同的风情、风韵、风格、风貌，这是"地灵"之"道"外化为"器"的结果。故此，城市设计之初的现场调研踏勘就至关重要了，不光要用眼观察，更要用心感悟。《易经》上讲，如一个人心性洁静，就可以"寂然不动、感而遂通"。感而通，是作者所述的"悟道"过程，也是捕捉、了悟"地灵"的过程，我理解是将地形、地势、地物、地貌、地利、地景、地脉、地文等综合考量、融贯升华为地灵。

其二，地灵一方堪养笔，诗情满卷可征心。

文学、绘画、音乐、舞蹈等各类艺术，都离不开大自然的哺育滋养，都得益于大自然为艺术作品赋形注魂。例如白居易的诗句"楚山碧岩岩，汉水碧汤汤。秀气结成象，孟氏之文章"，意即襄阳碧水青山的灵秀凝聚成为气象，在孟浩然笔下变成山水诗章。又如维也纳自然风光绝美，大地春声律动，空气中弥漫着音符，山水间流淌着旋律，成为无数经典交响乐的诞生地。城市设计也是如此，应以地灵涵养画笔，而非向外寻求奇思妙想，悟道得地灵，下笔如有神。好的设计方案一要入理，二要入心，方可动人。入理即遵循地灵意志，入心则是敬畏生命、热爱生活、崇尚生机、灌注诗情。

书中列举的诸多案例，可以窥见作者的苦心孤诣，其中许多方案都体现了作者对地灵的深刻感悟和准确传达，也反映出作者对诗意空间的不懈追求。学习品鉴这些方案，别有一种美学享受，既有宏观尺度的整体把握，又有近人尺度的精微雕琢，节奏感、均衡感很强，建筑与空间始终处于对应、互补、相生相成的整体之中，秩序井然，和谐融洽，格局清朗，气韵生动，宁静安和又充盈着生机，并透出款款温情。书中其实间接透露出作者的城市设计经验：有感而通于天地万物，会心而观于山水自然，虚怀而察于众生百态，契理而合于法则规律，忘情而耽于画意诗情。

其三，十分造诣源于悟，一点真知总在情。

"悟道"是城市设计入门的第一步，不入门就谈不上登堂入室，入错门也难窥堂奥，成就有限，一如万丈高楼根基不稳。但"悟道"并不简单，不光看灵性，还要看心性，心地光明，自见澄澈天地，从这个道理上讲，做设计首先要做人，一个人的敬业心、责任心、敬畏心、珍视心、关爱心、济世心，都关乎"悟道"的难易成败，也关乎设计作品的优劣。另外，人类社会发展到今天，经历了自然的世界、神的世界、人的世界、物的世界，现在进入情感的世界，一切创造活动都不能脱离情感，被物所役。城市设计更是如此，不能见物不见人，而要见人见情见烟火。黄文亮先生就是富有情怀的设计师，他对大地怀有深情，对历史怀有厚情，对中华怀有赤情，对家园怀有温情，对专业怀有痴情，对工作怀有热情，对众生怀有真情，对复兴中国营城文化充满豪情。只有在设计作品中注入情感，才能让人感受到生命的律动和诗意的流淌，才能引发人们的赞赏。我期待黄文亮先生有更多的佳作问世，让更多人体验诗意栖居的生活。谨为序。

杨保军

2022年10月14日

前言

缘由

从事城市设计行业45年以来，今年是我来到国内定居，并在天津工作的第18个年头。在国内外多位城市设计战友的一再鼓励及督促下，我终于鼓足勇气，同时也心怀忐忑地开始我第一本书的撰写。面对我国独特的、不断改变且迅速进化的城市设计时空背景，我通过这本书可以传递什么信息呢？

熟知我的朋友应该都知道，我在华汇工作的这十几年一直致力于探索开放街区与中国国情的适恰性。可能由于我们的经历中失败远多于成功，崔愷院士曾风趣地评价华汇的城市设计在我的坚持下是"劝导式的规划"，这其中不乏对我们执着于理想的鼓励，也道出了我们的辛酸。

随着国内城市建设由增量发展转换到存量优化，实践华汇设计理想的时机也愈发成熟，是时候由我代表华汇城市规划设计平台对我们的探索历程进行总结，并与关怀城市设计的朋友共同分享我们的成败经验了。或许只有汇聚大家的关注，通过集思广益形成超出我们自身的合力，才能更快地找出一条应行且可行的"城市设计在中国"的当代之道。

主旨

"可承传的城市诗情"是华汇城市规划设计平台合伙人共同追求的目标。

我想在这本书中比较系统地说明我们坚持开放街区理念背后的原因及意义，并及时充分地分享我们的探索。本书虽由我个人执笔，但全书的内容是与所有合伙人一再讨论后得出的共识。

本书第一章源于合伙人之间的闲谈，何贤皙先生和任春洋先生把其中值得介绍给读者的信息汇总起来，意在简单勾勒我、周恺与赵燕菁先生三人全然不同的成长经历、各自的专业关怀以及与城市设计结缘、彼此产生共识的渊源。我们的共识凝聚了华汇人的专业热情，也是我们认为国内现阶段城市设计专业应该探讨的方向。

本书第二章到第四章针对目前城市发展呈现的三个主要病症，系统地阐述了产生病症的原因、病症可能引发的潜在问题、城市设计能够开出的药方以及药方依据的理论基础，并在每一章的最后都举例说明了我们为解决相应病症而做出的实际探索，通过简要的构想说明分享我们的设计经验。

第五章意在说明华汇在所有项目中都特别关注"公共空间舞姿塑造"的原因，借助最直观的图底关系及实体模型阐明形塑公共空间舞姿是承传城市诗情最可行的城市设计手段，并向读者呈现华汇设计近20年来探索高品质城市设计的历程与突破。

最后，我们倡议：

坚持推行开放街区的城市发展模式，积极探索城市公共空间舞姿的设计路径，共同携手迈出中国营城文化复兴的坚实步伐。

致谢

感谢
华汇城市规划设计平台有志一同的各位合伙人
周恺先生、赵燕菁先生、何贤皙先生、任春洋先生
的专业协作及精神支持。

我的师长
黄宝瑜先生、王大闳先生、Gerald McCue先生及Hideo Sasaki先生
的专业启蒙。

国内设计前辈
汪定曾先生、彭一刚院士、郑时龄院士、卢济威老师
对我的鞭策与关怀。

国际城市设计前辈
Danial Solomon, Jonathan Barnet, Gary Hack，Harrison Fraker，Alen Ward
对我的专业引领、解惑及鼓励。

城市设计挚友
刘可强先生、华昌琳女士、喻肇青先生、白瑾先生
从年轻时开始、数十年来的心灵陪伴。

崔愷院士、杨保军先生、李晓江先生、朱子瑜先生、
霍兵先生、孔宇航先生、黄晶涛先生、袁大昌先生、朱雪梅女士、龚清宇女士
对我的专业启发及在华汇城市设计工作中的专业切磋。

华汇建筑设计平台的合伙人
江澎先生、张大力先生、张一先生
对本书出版全心全意的支持和帮助。

最后，特别感谢
华汇城市规划设计平台全体同人的全力投入，
尤其是自华汇成立以来就一路打拼、像家人一样的伙伴
刘莹、李博、邱渺、董清（按姓氏笔画排序）
汇总20年来他们参与的所有项目的成果；
以及李晶竹博士对书稿的建议和修订，并协助本书出版。

目录

第一章

华汇的城市设计缘

华汇城市规划设计平台
是一个以华人为主体，
坚持"中国乡愁 中国人育"，
坚持以"通过城市设计提升改善中国诗意栖居环境"为己任的
民间专业团队。

代表华汇城市设计思想的三位领军人物均被业界所熟知，他们是
周恺、黄文亮、赵燕菁。
他们三人都属虎。

十几年间，
三只成长背景截然不同的"老虎"
不期而遇，殊途同归，先后融入华汇，
皆因他们在各自的专业生涯里所遇见的
城市设计缘。

周恺
天津华汇工程建筑设计有限公司
创始人

黄文亮
天津华汇工程建筑设计有限公司
规划设计分公司总裁

赵燕菁
华汇城市规划设计平台
资深合伙人

周恺的城市设计缘

周恺，是地道的天津人。
生于天津，长于天津，求学于天津，执业于天津。
周恺之为周恺，与天津有密不可分的关系。

应对天津地灵的天津营城精神

天津，处于华北平原大气、理性的宇宙观地景中。不断蜿蜒变幻的海河，为天津的理性宇宙观地景注入了难得的浓郁浪漫气息。这个特殊的地景，在历史的进程中，或因为水运的集散，或因为京师边戍防御的需要，渐渐聚集了人气，形成了城市。

由于天津多为盐碱地的特质，加之作为卫戍城的边际区位，天津人营城的资源极为有限，天津人必须运用最实际、最质朴的建造方式，将城市和家园融入大气的地景中，来营造兼具人性及灵性的、属于自己的诗意栖居环境。

直到如今，在大津城中依旧能够体会到应对在地地灵、既质朴又极富灵性的诗意营城文化。天津营城文化所体现出的精神，造就了天津独有的既大气又浪漫的营城文明境界。

目前，我们在天津仅存的中国民居聚落杨柳青古镇中，在当时面对同样营造条件的外国租界中，都能见到天津独特的营城精神。周恺的建筑创作也深受天津营城精神的感染。

追求场所美感的灵魂养成

周恺生于1962年。其父亲出生于北方，耿直而才华横溢，琴棋书画样样在行；母亲出生于南方，爱画也爱书。因此，周恺自幼就喜爱绘画，既秉承了北方人的大气，又兼具南方人的娟秀灵性。

那时候的小孩儿基本不忙于读书，学习压力也不怎么大，功课随便弄弄，剩下的时间都是玩儿。儿时的周恺在学校里当班长，回到家就和大院儿的孩子们一起疯玩儿，出去抓各种活物，蛐蛐、蝈蝈，甚至和很多孩子们一起垒过一个砖窑，烧过砖，认识了天津最常见的建材。在祖父家里住着的时候，由于家里地方大，他就经常用粉笔在地上画，从前屋画到后屋。老人们看见，觉得十分有趣，从不阻止。

那个时候，周恺在少年宫学习素描和国画。他经常自己一个人，提着画板、画纸，穿梭在海河边的原英法租界中，偷偷溜进大街小巷的院子里，对着不同时节的河景和风格各异的建筑静静地写生，绘出在天津旧租界文脉中东西方古典建筑透出的质朴美感。

天津的诗意特质就这样潜移默化地深植于童年周恺的才情中，成为他日后宏大审美观中特有的执着。

周恺的建筑缘

从唐山地震中体验自然力量及领悟建造乐趣

1975年，周恺升入初中。初一时，父母因他成绩优异，奖励他暑假去唐山的阿姨家游玩。1976年7月26日，少年周恺买了火车票，提上旅行包，兴高采烈地独自去了唐山。7月28日凌晨，唐山发生了震惊中外的大地震。阿姨家住的是木结构房屋，虽然全家经历了极度的惶恐，所幸最后都安全无恙。周恺亲眼看到残损的建筑在余震中倒下，深深地感受到人在大自然力量前的渺小。震后，周恺加入邻里互助的救灾行动中，参与了砍树并以树木做支撑，用苫布搭窝棚的工作，开始了他人生中的第一次"建筑实践"，这让他直接感受到"建造有意义"，同时清晰地感受到自己对建造有强烈的兴趣。

进入建筑领域的机缘

恢复高考后，天津开始有了为考入重点高中而产生的竞争。周恺经过两年的努力，考上了新华中学，开始了他的高中生活。由于那个时代的口号是"学好数理化，走遍全天下"，因此周恺更注重理科的学习，成绩也很突出。

不料在高二时，周恺被检查出患了肺结核，当时只能长期住院休养。1980年9月，已经考上大学的高中同班同学来与他分享成为大学生的喜悦，而此时的周恺却只能待在医院里，什么都不能做，心里焦急万分。随后，他慢慢了解到结核病一时半会儿摘不了"帽子"，要考大学的话，必须与结核病彻底"分家"。当他问大夫如何能彻底治好病时，大夫提到通过手术把染病的肺叶切掉，或许可以令他彻底脱离肺结核。即便这在当时是一个大手术，但听到这个可能，他好像在无尽头的黑暗中突然看到了一线光明，便毅然说服父母，冒着相当大的风险动了手术。周恺很幸运，手术非常成功。

学校对术后恢复的周恺非常照顾，允许他自由选课，补足了他自己觉得养病时落下的知识。那段时间他天天苦读，终于顺利地参加了1981年的高考，并获得了高分。考虑到他身体不好，父母建议他留在天津，不要去外地读书。就在这时，周恺当时的高中班主任给出了影响周恺一生的建议。由于班主任的爱人在设计院工作，因此班主任觉得周恺具有绘画的艺术天分，再加上数理功底，是做建筑师的好苗子，于是极力向周恺推荐建筑学专业。周恺和父母也觉得学建筑跟他从小的绘画兴趣相吻合，也许能轻松些，就欣然同意他进入天津大学（以下简称"天大"）建筑系就读。

师从天津大学大师接受专业熏陶

1981年，周恺成为天大新生，专业学习的第一步是画画。严格的基本功训练从修铅笔的比例开始，到勾勒草图的方式，再到图面布置，这不仅是培养职业素养的必要环节，也是对性格的磨砺。周恺总结的天大的教育方式是先强化基础，然后带领学生多接触建筑类型和建筑的建造情况，要求把设计的每个细节、每个层面都考虑清楚，最后再去创新和发挥。如此，想象力和创造力才能有机会充分发挥。因为想象力其实是建筑师的个性化能力，不可能通过课程教育统一培训。随着时代的发展，学生接触新鲜事物的机会也必然会逐渐增多。天大的教育是教给学生方法，剩下的靠学生自己努力。学校也会不断引进创新思维，并鼓励学生探索。学生时期的经历让周恺受益匪浅，天大的优良传统也深深地烙印在他身上。

在天大受教期间，两位老师的教学风格及专业素养对他影响至深，一位是聂兰生先生，另一位是彭一刚先生。聂先生的设计灵性、多元思考能力拓宽了周恺的视野，无私、热心助人的坦荡胸怀洗涤了他年轻的灵魂。彭先生毕生坚持专业理想的热情、定力与毅力，对周恺而言，是最真切的以身作则的最佳示范，给予他无比清晰而坚定的指引。

作为周恺伯乐的彭先生与聂先生，通过对他不断的锤炼，为中国培养了一位有专业素养、有热情与信心，设计上亲力亲为，作品既谦和又极具灵性的建筑大师。

德国游学时期的城市空间体验以及眼界开阔

从天大毕业后，周恺留校任教。一年多以后，他有机会去德国工作和学习了一年半。周恺觉得行万里路胜读万卷书，在这么短的时间内，与其守在学校里只跟几位老师学知识，不如多开拓学习的对象，多到处游走，这样可以更真实地见识到、触摸到、感受到当地的环境景象，实现更广泛的学习。因此，在德国期间，周恺花了更多的时间游走在这个现代建筑起源的国度中，实地参观了很多千百年逐渐生长出来的城市，以及在各个历史时期融入城市的建筑。徜徉在不同城市的街道广场中，感受着历史和当代创新建筑和谐共处，周恺时常为精美的地标建筑与周围背景建筑形成的和谐场景而心动。这次难得的德国学习之旅，开阔了周恺的眼界与心界，也坚实了他回国做设计的信心与决心。

在华汇执业期间对建筑精神的追求

1995年，周恺和一群志同道合的朋友成立了自己的建筑设计公司，即如今的天津华汇工程建筑设计有限公司。公司成立后，他始终保持清醒的思考，在建筑设计中寻求理性与感性之间的平衡点。他认为建筑的理性工作通常是在界定好的前提下，通过严谨的演绎推导得到一个相对确定、合理结果的过程；而有些时候，也需要一些批判性思维。除了理性的思考外，建筑师应该更感性、更自我地进行工作，避开纯推理的、抽象统一的形式，为真实的生活进行设计，考虑该地区的多样性及其特性。周恺把建筑设计看成理性与感性的结合，认为任何项目都存在这两极的交互作用，应在实际的项目中找到这两极之间对应的最佳平衡点。

在30多年的职业生涯中，周恺始终把对场所、空间、建造的关注作为工作的主线。

场所

建筑设计的起点是相地，即了解场地自然环境、社会环境、人文环境所包含的种种信息。

1）自然环境

掌握自然环境中区位、自然地理，包括地质、地形、地貌与气候互动产生的人居环境关系，以及其对营造宜居环境的影响，是设计的基础。

2）社会环境

在城市中，建筑设计的工作必然要以具备社会共识的规制为大背景。建筑设计必须对城市原有的脉络、韵律和整体性进行统一考虑。尊重规划、尊重城市设计、尊重建筑所在地原本平衡的秩序，避免过分强调标志性，要与周围环境建立良好的互动关系，以一种谦和的姿态融入环境。在限定中创作，也能常常带来别样的惊喜。

3）人文环境

克里斯蒂安·诺伯格-舒尔茨（Christian Norberg-Schulz）在《地域精灵：迈向建筑现象学》（*Genius Loci: Towards a Phenomenology of Architecture*）一书中将"地域场所的特质"称为"地域精灵"。"地域精灵"也通过各地的民间经典故事被传承下来，影响着世代生活在各个地域的人们的民族性及文化价值观，并直接影响人们应对自然、应对社会的方式，最终逐步衍生出共同认可的生活方式，以及实践这种在地生活方式的真实环境氛围。人们有意识地在同一个空间里进行生活的集体行为，使得这个空间具备了认同感、归属感、诗意感等场所精神。这样的场所就具备了跨进人文环境门槛的地域特质。周恺认为掌握建筑与人文环境的生成关系要靠感性的领悟，悟得其中之道是一项长期的、需不断积累的修行。

周恺设计的建筑谦和而极具灵性，与所在场所的自然环境、社会环境、人文环境形成了**得体**的**"共生关系"**，这一切的起点便是**相地**。

空间

"情景设计"是周恺求学时期自己造出来的一个词。他脑海中有很多关于人们在空间里生活的鲜活画面。建筑设计要将这些动人的情景想象转化为空间设计，赋予空间具体的内容以及在存在价值上可感知的特质。情景的设想是对整个项目超出物理上要求的一种想象，就是设计中的感性方面。

周恺认为空间是建筑的灵魂。对建筑内外的空间进行情景设计，使其产生空间的意境，是他在建筑设计过程中最大的乐趣。

建造

建造是将"满足建筑功能、产生空间意境、形成与所在场所间得体共生关系"的设计构想具体化实现的营造方式，作为建筑师，要清楚建造的逻辑关系。建筑师对建造知识的掌握，离不开对建造技术及建造材料的持续学习、研究和积累。在过去传统的社会环境中，建造的技术及建造的材料都受时代或地域的限制，孕育建筑聚落整体感的地域特色往往很自然地就形成了。而在现今的时代中，技术在不断快速地创新，材料的获得在全球化运输体系的支撑下也更为便捷，无论是技术还是材料的局限性都不复存在了，建筑聚落的整体性及和谐性的形成不再像古时那么顺其自然。周恺一直在追求合理、巧妙地运用建造技术、建筑材料和建造逻辑，赋予建筑合宜的、诗意的品质。在当代复杂及矛盾的场所环境中，这种态度对实现建筑群落的整体共生性大有裨益。

周恺在30多年的执业过程中，在不断改变的创作条件下，一直潜心追求 **"营造得体的、诗意的共生建筑"**。

从城市设计视角解读周恺的建筑

周恺坚持的建筑观与城市设计追求"诗意的、整体感的和谐栖居环境"的目标是相契合的。

他在中国工商银行天津分行、南开大学商学院创作中，将大气娟秀的现代建筑融入天津的现代街景；在南京建筑实践展01号住宅、青岛软件产业基地设计中，巧妙地将或大或小的建筑融入自然地貌；在东莞松山湖凯悦酒店、玉树格萨尔王文化展示馆设计中，强有力地通过建筑或强化或衬托自然地形；在天津耀华中学、石家庄城市馆、承德博物馆设计中，精心而适度地运用或转化在地文化建筑语汇、承传在地文化、延续当地场域感……这些作品都清晰地展示了周恺运用建筑实现城市设计愿景的深厚功底。

集群设计开启周恺对城市设计的新感悟

周恺曾经参与过许多建筑集群设计活动，包括南京建筑实验展、东莞松山湖、成都建川博物馆群等。在当时城市设计概念较为松散的情况下，要想将自己设计的建筑融入环境，需要不断地与参与其中的建筑师们折中协调。此后，周恺深深体会到如果设计能尽量保持谦和，并衬托其他建筑或整体环境，最后产生的总体效果通常会更好。这些经验很快成为他的设计准则，这也成为他有意识地尝试城市设计的开端。

近些年，他一方面参与了有详细城市设计或在严格城市设计导则下进行的建筑创作，包括于家堡启动区城市设计大师营、石家庄正定新区城市馆及图书馆设计、"十九集美"厦门杰出建筑师作品园中的万千堂博物馆设计、秦皇岛西港区更新城市设计、景德镇陶溪川创意广场艺术学院设计；另一方面也开始担任建筑集群设计如天津大学新校区、雄安市民中心等项目的建筑总设计师的角色。

在这些活动中，他清楚地认识到建筑师作为城市大戏的演员，必须按照剧本演戏。剧本绝不会限制演员发挥精湛的演技，相反，演员恰如其分的表演会使大戏更精彩。建筑师在限定中表现出的设计创意才是建筑师的真功夫，设计出的作品也才更有意义。

在现代化建筑空间中探索中国建筑文化的复兴之路

改革开放后，中国城市发展迅猛，"千城一面"的现象随之出现。为此，中央针对城乡发展工作出台了一系列重要政策，也提出了"望得见山、看得见水、记得住乡愁""生态文明建设""中华优秀传统文化传承"等。

关于中国建筑文化的复兴方向，在建筑界有许多新的讨论和探索，将传统建筑造型形式作为文化符号运用到新建筑中是近年来在许多重要的地标建筑上尝试的方法。然而，现代社会对建筑功能、体量的需求与传统社会截然不同。在传统社会中孕育出来的建筑形式不见得能够极好地承载现代社会对建筑的需求，硬生生地将传统建筑形式加在符合新时代建筑体量需求的建筑上，极易出现视觉美学的缺失或建筑美学意义的错乱。成功运用此种方式进行创作并能产生良好效果的，比较局限在特殊的项目或少数地标性的项目中。城市采用此种方式实现全盘性文化复兴的可能性极低。

周恺一直在他或大或小的各种建筑创作过程里，静静地尝试引用中国传统的营城空间——院落、胡同及在地墙与窗的建构方式，为现代建筑注入具备全新生命力的文化基因。如天津大学冯骥才文学艺术研究院中的水院、圭园工作室的院落系列、天津大学图书馆的林荫中庭、玉树格萨尔王文化展示馆外城市尺度的墙与馆内一进一进人性尺度的院以及承德博物馆的石墙、斜窗、前院内庭与劲松。

从城市设计的角度来看，周恺在现代化建筑中、在现代化建筑群落中注入传统城市空间的文化基因，是一条传承中国营城文化极为可行、极有希望的路径。周恺的尝试对中国营城及建筑文化复兴具有重要的启示作用。

周恺的华汇城市设计缘

周恺与城市设计的紧密互动始于黄文亮正式加入华汇，二人共同成立了规划设计部门。自2005年以来，在黄文亮主持的城市设计工作中，不少项目的建筑设计均由周恺亲自主持创作，他对城市设计的认识也越来越深刻。周恺在建筑设计构思阶段就反复体会城市设计的构想，通常在落笔之前就充分考虑了建筑与城市的互动关系。近年来，周恺更加强调建筑设计唯有依托于好的城市设计，建筑师才能明确建筑在场所中的存在价值，进而更清晰地将整体的城市观贯穿并落实在建筑创作中。

2020年，具有规划背景的另外三位合伙人赵燕菁、何贤哲和任春洋正式加入华汇，与周恺和黄文亮一起成立"华汇城市规划设计平台"，期望在新经济的情势下，能以民间的力量为中国营城及建筑文化复兴、生态文明建设目标的实现尽一份心力。

黄文亮的城市设计缘

见证建筑师锥心之痛

父亲毕生从事建筑工程，从小爱画画的黄先生，在成长的过程中，有许多与建筑师接触的机会。

50多年前，在刚刚开始快速发展的台湾，黄先生选择了接受专业的建筑本科教育。在那个时代，黄先生常常见到许多自己崇敬的老师及前辈的杰出作品被淹没在无秩序快速转变的环境中，效果总是无法充分地显现。好作品被忽视、被糟蹋、被摧残甚至被毁灭的命运，绝不少见。

黄先生享受建筑设计的乐趣。但在当时社会的洪流中，建筑师们辛辛苦苦地付出，却无力改善周遭的环境，甚至无法保护自己的作品。黄先生见证了许多才华横溢的建筑师所经历的这种锥心的无力感，并对此深感无助。

开启城市设计学习之路

五年的大学时光即将结束时，或许是有缘，黄先生读到了乔纳森·巴奈特（Jonathan Barnett）早期的著作《城市设计简介》（*Introduction to Urban Design*）一书。巴奈特先生在书中述说了他在纽约推动城市设计过程中斗智斗勇的经验。黄先生读后，忽有拨云见日之感，觉得城市设计或许是应该探索的方向。在由经济主导的快速成长的社会里，城市设计能为杰出的建筑师和他们的作品提供一个逐步改善创作环境并陈列作品的稳定环境。

此外，当时在加州大学伯克利分校任教的克里斯托弗·亚历山大（Christopher Alexander）教授刚完成《恒久的营造之道》及《建筑模式语言》两部大作，黄先生读后深受感动，便立下了学习城市设计的志向。于是，在父母的理解、鼓励及支持下，黄先生在本科毕业后决定跨出台湾岛，寻求接受开放思潮及拓宽视野的机会。

感受城市设计思潮的冲击

1975年，在两位恩师王大闳先生及黄宝渝先生的推荐下，黄先生进入加州大学伯克利分校就读，开启了城市设计学习之路。

在伯克利一年短暂的学习中，他接触到许多杰出的老师，深刻感受到知识的多元性。每位教授的领域不同，论述的角度不同，价值观也不同，因而教授们经常会因学术观点的冲突产生尖锐的辩论。对年轻的黄先生而言，每当看到这些矛盾，孰是孰非就成为他积极想弄清楚的事情。

毕业后的持续学习与价值观的累积

正因有这样的求学经历，毕业后的黄先生决定留在美国，继续投身于城市设计工作。十年间，随着自身专业阅历的累积、对专业认知的增加，经过不间断思考，黄先生对专业的理解逐渐加深，并建立了下列专业价值观。

路易斯·康（Louis Kahn）所说"悟道"的重要性：正确地认识问题的本质是城市设计"起步"的必要前提。

了解能够形成亚历山大描述的"在地模式语言"及熟练模式语言的"组织语法"，呈现"所悟之道"，是城市设计"入门"的重要条件。

促进在地关怀人群"得道"，教育在地关怀人群"入室"，凝聚在地关怀人群对环境品质的"认知共识"是城市设计"登堂"的必要条件。

应对舒尔茨论述的"在地地灵"，营造亚历山大所述的"可恒可久的诗意安居环境"，是城市设计追求的"得道境界"。

同时，在这段时间里，还有两位老师深刻的教诲深深地烙在黄先生的心上，成为黄先生从事城市设计一贯的坚持。

一位是杰拉尔德·麦库（Gerald Mallon McCue）教授。他在伯克利城市设计习作课中，开宗明义地强调：在多元的现代民主社会里，系统地、开放地探索各种截然不同的替选方案（generic different alternatives）是进行城市设计必要的基本作业过程，也是建立多元关怀团体共识不可取代的最有效的方法，更是凝练城市设计科学性与可行性的基础。同时，城市设计方案的形成与成立，必须具备坚实的立足条件，不能一推就倒（vulnerable）。

另一位是佐佐木英夫（Hideo Sasaki）先生。他退休后受邀指导黄先生负责的一个伯克利滨水开发项目。趁一次工作午餐时间，黄先生问了一个多年沉积在他心头的问题："什么是一个好的城市设计？"佐佐木先生意味深长地看了看黄先生，然后毫不犹豫地说："好的城市设计不仅要综合考虑、充分融合物质空间规划、社经政策计划、建筑、景观等各层面要素，更必须是清晰且强劲的（bold design）。"

接着，他耐心地向黄先生解释，每个项目都有许许多多要解决的问题，一定要先厘清需要解决的最重要的议题的主题思想，从而准确地突出主题的"道"。"高层次的道"与"下一层次的道"之间的差距要明显地大于下一层次各个道间的差距，这样"主题的道"才能被看清。不论是从理性出发，还是从感性出发，清晰且强劲的"显道"方式都应该是自然、从容、毫不勉强的。唯有如此，清晰而强劲的"主题的道"才能够站得住、立得稳。

这两位前辈的提点，成为黄先生40余年的专业生涯中能够应对社会起起伏伏的动态，通过强力的设计理念、开放的设计过程、动人的设计品质，坚持专业理想，发挥专业影响力的利器。

展开城市设计专业服务

1985年，因父亲年迈，黄先生自美国返回中国台湾，受聘于中原大学建筑系，与喻肇青先生共同创立了台湾第一个城市设计工作室。黄先生一方面在台湾各地开展城市设计的研究及实践工作，另一方面在积极推动两岸学术交流的赵立国先生的组织下，参与了许多两岸交流活动。

1990年，黄先生决定专注于城市设计的实务工作，在刘可强先生、白瑾先生、喻肇青先生及姚仁喜先生的大力支持下，组队创办了境群环境规划设计顾问有限公司（以下简称"境群"），正式开始为台湾各个城市及地区提供前所未有的城市设计专业服务。

1992年，黄先生领衔设计的台北车站获得美国景观建筑师学会年度城市设计奖。因此，台湾建筑师协会受同济大学邀请赴上海参加城市设计学术论坛，黄先生代表境群参加，并发表学术讲演。此后不久，他便与同济大学的郑时龄先生、卢济威先生、陈斌钊先生成立同济境群城市规划设计咨询有限公司，这为黄先生开启了了解中国大陆城市发展情况的窗口。

1994年，通过好友赵立国先生热情地穿针引线，黄先生与当时赵先生的学生周恺互相建立了相当的了解。赵先生向黄先生介绍周恺是他从事教育工作以来认识的最杰出的设计天才，极力希望促成双方的合作。但是由于当时时机还不成熟，双方并未能够找到机会见面。

1999年，黄先生因为家庭原因，必须离开台湾的工作环境，回到美国展开城市设计咨询工作。其间，他与新城市主义的起草人之一丹尼尔·所罗门（Danial Solomon）教授展开了合作。所罗门教授是黄先生在伯克利读研时景仰的先辈，长期致力于开放街区城市设计及其中的平价住宅建筑设计。受他的中国夫人的影响，所罗门先生特别关心中国城市的发展品质，尤其对中国最普遍的封闭小区给城市文明带来的负面影响深感惋惜。为此，他一直鼓励黄先生在中国推广开放街区的理念。这对黄先生日后确定并坚持专业工作的方向影响甚为深远。

黄文亮的华汇城市设计缘

2001年，黄先生受厦门政府邀请，负责环岛路东南半环沿线城市设计工作。在工作期间，周恺大师到厦门访问，天津市规划设计研究院（以下简称"天津规划院"）厦门分院黄晶涛院长负责接待，并促成了黄先生与周恺大师的首次会面。2003年，黄先生受天津规划院邀请，到天津参与天津规划院的重点项目。在赵立国先生的安排下，黄先生与周大师得以再次会面。二人当时都觉得十分投缘，便陆续地展开了合作。合作的首个项目是唐山机场的改造开发城市设计工作。在此项目中，二人都深深感觉对方与自身的设计热情、亲力亲为的工作方式及对设计品质严苛的追求是完全一致的。因此，在双方慎重考虑下，黄先生于2005年初正式加入了华汇，负责城市规划设计及景观设计工作。自此，黄先生秉承中西方城市设计的丰富实践经验，从天津重新开始，以华汇为平台，循序渐进地向中国城市设计业界推广国际先进的规划设计理念和实践经验，并系统地展开了本土化探索工作。

赵燕菁的城市设计缘

自幼立志成为建筑师

赵先生自幼爱好广泛，最喜欢的是绘画。兴趣使然，在大多数人对建筑学专业还不甚了解的时候，他就立志成为一名建筑师。然而，高考失利让他到现在都时常自嘲"以全国最低分考入重建工"（注：重庆建筑工程学院，现在的重庆大学）。几经周折进入城市规划专业后，他无比珍惜来之不易的学习机会，兼修了规划和建筑设计。儿时的兴趣使他在设计课程中名列前茅，勤于思考的品质助力他在大学生论文竞赛中获奖，并最终形成了发表在《建筑师》杂志上的处女作。

规划生涯的开始

1984年本科毕业后，赵先生被分配到中国城市规划设计研究院（以下简称"中规院"）的业务室，负责非专业性质的管理工作，用他开玩笑的话就是等同于"做杂役"。然而，机会总是留给有准备的人的，当他以"拎包小弟"的身份参与到"大咖"云集的国家级研究课题之中时，他并没有因为工作分配的不如意而自暴自弃，而是时刻留心学习，不停地思考，在课题结束时还发表总结性的文章。几次下来，单位领导对并非名校出身的赵先生刮目相看，并给予他更多正式参与国家级研究课题的机会。

跨界进入经济领域

实践的历练让赵先生意识到仅凭大学里学的知识无法完全解答现实对规划提出的问题，他便抓住所有机会向周一星、胡序威、吴友仁等"大咖"前辈学习。渐渐地，他的研究越来越偏向经济地理方向，并对经济学知识萌生了兴趣 。

此后，他在担任中规院厦门分院院长、城市规划理论与历史名城所（以下简称"名城所"）所长期间，先后参与并主持了三亚总体规划、广州概念规划、深圳2030发展战略等一系列具有全国意义的重大项目。在工作当中，他特别注重理论与实践相结合，主张根据业主的需求，直击城市发展的要害。正是在这些实践中，赵先生意识到空间地理，特别是经济地理对于城市规划的独特重要性。

1988年，中规院与英国阿特金斯公司达成战略合作协议，责成赵先生前往英国的阿特金斯公司工作，以学习国外的专业工作方法与经验。在英国期间，赵先生去卡迪夫大学访问，拜访了当时还只是高级讲师的克里斯·韦伯斯特（Chris Webster）。抱着试试无妨的心态，赵先生提出了读博申请，就这样被卡迪夫大学录取为在职博士生。2004年完成博士学位论文后，赵先生便回国在厦门市规划局挂职，正是在这段时间，他得以从政府的视角对城市规划进行全新的思考。在英国城市制度经济学开创者韦伯斯特指导下，赵先生又重新思考了自己之前的论文，于2009年以一篇几乎完全重写的博士论文《政府在城市化进程中的市场角色》一次性通过了答辩。自此，他的规划研究开始延伸到经济领域。

2004年到2015年，赵先生担任厦门市规划局局长的这11年，正是中国城市化发展最快的时期，这使得赵先生能近距离观察中国城市运行的内在机制。赵先生意识到土地在中国城市化乃至整个经济中的核心作用，在任期内提出了对"土地财政"全新的认识，并以此为基础构筑了中国城市规划的新的理论基础和应用工具，将城市规划拓展到了更广阔的领域。与此同时，赵先生从管理的角度对城市设计这一传统的规划领域进行了探索，并在规划局建立了从人才发现、设计权获取到技术规范设立与调整、建筑艺术专审会等一系列制度，将城市风貌管理从设计延伸到审批。厦门的城市风貌由此得到整体改善，获得了广泛的肯定，多年来一直被誉为 "高颜值"城市。

2015年，赵先生受厦门大学之邀，成为厦门大学经济学院及建筑与土木工程学院的双聘教授。无论是作为设计院的管理者、副总工，还是政府领导，抑或是大学教授，赵先生都非常注重审视我国城市面临的国际新经济格局、国家发展中的热点话题。他比较早地提出中国城市必须完成由增量发展向存量更新转变，以适应城市经济由高速度向高质量发展的历史性转型。在教书之余，他更乐于发声，在网络或学术研讨会议上大胆发表自己的观点，引发更多人对国家城市建设的关注。作为自然资源部专家，雄安新区、上海、深圳等地的规划顾问，赵先生深度参与了中国从"多规合一"到"国土空间规划"几乎所有的重大规划事件。

在管理上，赵先生也有自己独到的见解。他主张领导者应甘做平台，不追求个人功绩显赫。他任职并担任过领导的中规院厦门分院、名城所，原厦门市规划局下属的规划院和信息中心及中国生态城市研究院等，总能群贤毕至、英才辈出。赵先生除了业务上的实力，在财务运营上也十分成功，经费上或从无到有或扭亏为盈，这些也已成为设计院体制改革的重要参考。

精彩的人生历程

赵先生可以说是我国规划界的顶级流量担当之一。他曾在一次与年轻人的聊天中，谈到自己"三步走"的人生历程。

第一步，毕业后立刻进入设计院。在设计院继续丰富自己的知识，磨炼自己的技术，提高自己的专业修养，确立自己的专业方向及理想，并努力工作，积累了人生的第一桶金。

第二步，建立专业自信。有了在设计院时期打下的经济基础后，进入政府专业部门工作。不同于在设计院时常常只能听业主的，进入行政岗位后，有机会善用行政职权，抓住机会，高效地指挥专业技术人才，实现自己的专业理想。

第三步，全盘清晰了解政府推动城市品质提升的障碍及瓶颈后，进入学术界。对国家和社会遇到的城市问题进行深入的研究，并以学者的身份，畅所欲言，提出客观中肯的批判及积极的建议。

赵先生坐言起行，剑及履及，不怨天尤人，写文章石破天惊，做设计大开大合，人生的每一段都活出了精彩。

赵燕菁的华汇城市设计缘

赵先生担任厦门市规划局局长之时，黄先生刚加入华汇，同时他在厦门与何贤皙先生共组的城市设计团队也仍在继续开展工作。赵先生在中规院一起工作多年的同事恰好是黄先生在同济大学的学生，从他那里了解到黄先生仍经常来往于天津与厦门之间，赵先生便开始邀请黄先生团队参与厦门的城市设计工作。华汇与厦门市就此展开了长期的合作。多年来，黄先生与何先生一致认为赵先生是国内眼光最独到的"城市设计伯乐"。

随着城市设计工作的推展，厦门开始邀请知名的建筑大师承担厦门重要的建筑设计项目，周恺大师也在受邀之列。在项目的合作过程中，周大师也深感赵先生对品质追求的诚意，对大师的真心尊重与信任，并感佩赵先生勇于创新、勇于承担责任的精神。

在同国内外顶级设计机构的广泛接触中，赵先生发现华汇同那些名声显赫的国际机构相比，不仅水平毫不逊色，而且对中国文化有着更深的理解，方案也更具有落地的现实性。因此，一遇到紧急、挑战性强的项目，赵先生便会第一时间想到华汇，而华汇也总能不负众望，拿出让委托方眼前一亮的解决方案。赵先生离开政府岗位后，黄先生每到厦门，总会找赵先生聊天。很快，两只"老虎"便成了知心的好友。据黄先生说，他从未送过赵先生任何实质性的礼物，唯一经常送的礼物便是在聊天的时候，赵先生滔滔不绝地说，黄先生静静地听，静静地吸收，让赵先生畅所欲言。

赵先生从事专业近40年，涉足规划及经济领域，规划的技术活、行政活、学术活样样精到，都过足了瘾。但在赵先生心中，仍旧有着当初要念建筑学、通过建筑与景观设计实现诗意栖居环境的执念。因此，他深感如能集结志同道合的朋友，像国际顶尖的民间专业团队一样，从精明的城市发展战略开始着手，通过优秀可行的城市设计，再经由杰出的诗意建筑及景观设计，系统地为营造东方诗意栖居环境提供完整的服务平台，会是一条应该探讨的实现专业初心之路。他觉得，只有中国拥有了足够多的这样的团队，中国营城文化复兴的理想才能真正全面实现。

在赵先生看来，过去40年中国城市的伟大成就还缺少与之匹配的伟大规划思想。而在众多的规划实践中，最接近世界水平的领域就是城市设计。中国是世界上少有的城市设计实践平台，而华汇就是中国最顶尖的少数几个设计团队之一。以设计师为核心的精英体制，不受行政约束的自由创作氛围，平等宽容的合伙人关系，使得华汇成为最有可能率先登顶世界的中国设计机构之一，这也是华汇对赵先生最大的吸引力。2020年底，在已有多年深厚专业默契的老友黄先生及周大师共同的盛情邀请下，赵先生非常乐意及爽快地同意加入华汇规划团队，成为华汇城市规划设计平台的合伙人，圆了儿时的设计之梦，开启了一段新的人生之旅。

华汇的城市设计观

三位好友，相识多年，
异途而聚，彼此欣赏，
在华汇城市规划设计这个全新的平台上，
优势互补地扮演着各自的角色。

赵燕菁先生是
能够精准透视全球瞬息万变的社会经济现象、直指城市发展问题的先知，
为未来城市战略及城市设计方向指路的前瞻掌舵人；
也是
认清城市设计问题根源、
描绘城市设计愿景的制作人。

黄文亮先生是
坚持公共利益、推广城市主义理论的传道者，塑造城市意象结构及空间序列舞姿的创作者；
也是
城市公共空间的编曲人，
城市公共空间舞剧的编导。

周恺先生是
天生能够敏锐捕捉、感悟地灵的高僧，透过动人的现代建筑创作歌颂地灵的朴素诗人；
也是
表现城市愿景大剧效果、忠实传递剧情、塑造角色的领衔主演。

华汇的核心成员本着相当不同的专业背景与经历，
在数十年的专业切磋中，
针对国内城市发展常见的**三大病症**：

千城一面的"失根城市"
破碎断裂的"失能城市"
无序蔓延的"失态城市"

建立了当前及未来追求的"**城市设计价值共识**"：

悟"城市地灵"，塑"城市特色"
织"连续城市"，旺"城市生机"
谋"精明成长"，育"生态文明"

本书的用意在于：
与大家分享触动我们心灵的价值感受与城市设计的实践及探索之路。

第二章

悟城市地灵，塑城市特色

城市中高楼林立的"千城一面"现象

城市病症一："千城一面"的失根城市

"千城一面"现象溯源

城市特质丧失是快速城镇化过程难以克服的都市通病，"千城一面"并非中国独有。世界各地的城市随着工业化进程加快，都或多或少地面临个性丧失和独特性重建困难的问题。

近几十年来，交通运输及通信的发展使经济全球化成为大势所趋，伴随企业运营全球化、个人自由迁徙全球化、建材选择全球化步伐，建筑构造方式及用材完全摆脱了地域的限制，各地城市中的地域建筑风貌迅速被解构。取而代之的是企业个体、设计者个体价值观的争奇斗艳，城市大多出现了复杂与矛盾交织、杂乱无章等类似的现象。

随着科技的发展、资本市场的集中，传统的建筑形态不再能承载新兴产业的运行需求，也不能满足人居需求的建筑形式、尺度、功能以及建造速度。新的时代，亟须新的文化产品。对建筑师而言，创新是神圣的任务及令人兴奋的挑战。但在短期内，要为新文化产品找到与传统诗意对应的方式，并建立社会共识，却是相当困难的。在建筑风貌上，传统与现代对立的冲突处处可见。结果显而易见，工业化宏大的现代建筑体量及不断重复的简陋构件，极易全面地压制传统建筑手工艺化的人性感。

当前，国内各地的城市无论是在宏观的整体风貌上，还是在微观的细部风貌上，大多丧失了在地场域特质以及具有中国文化特质的识别度，"千城一面"的现象已遍布全国。

"光辉城市"的理念

工业革命以后，欧洲城市化进程加快，乡村人口涌向城市，许多历经千百年形成的欧洲城市面临过分拥挤、公共卫生恶化等严重问题。英国社会改革家霍华德在19世纪和20世纪交替之时，提出了"田园城市"的构想和实施路径，即通过新建卫星城疏解城市人口，该理念成为当时学术界热论的营城范本和社会改良举措。

不久之后，面对巴黎日益衰败的城市环境，才华横溢的建筑大师勒·柯布西耶（Le Corbusier）在20世纪二三十年代，发出"要生存，要居住"的呐喊。他将机器时代视为重塑社会和改善所有人生活的机会，提出一种乌托邦式的理论宏图和极为大胆的城市模型。包括"当代城市(Ville Contemporaine,1922)"和"巴黎市中心重建(Voisin计划,1925)"在内的"光辉城市"构想，将工业时代的营造技术和小汽车带来的便捷推向极致，倡导严格的城市秩序和功能的绝对实用性。在柯布西耶构想的"当代城市"规划方案里，24座相同的、60层高的十字平面摩天楼可以承载300万人口的日常生活，这些建筑占地仅为城镇总用地的5%。

"光辉城市"的设想包含高效的交通方式——塔楼之间由小汽车通道连接。塔楼里的人们平等地享有空气、阳光和绿地。柯布西耶幻想为居民提供更好的生活方式，建设一个更好、更有组织、更实用的世界，将新城市打造成生活的机器。借助工业革命带来的批量生产技术及标准化产业模式，以少量的住宅产品就可以不断复制生产，为城市的快速发展提供高效率的建设途径。

"光辉城市"理念的推广

试图将巴黎中心5平方千米夷为平地的Voisin计划不出意外地遭到反对，包括巴黎在内的欧洲大城市不可能实践"光辉城市"的理念。第二次世界大战前后，柯布西耶四处游说，但直到战争结束，10年间没有任何项目接受他的理念。作为极端的城市规划蓝图，这种高度集中、彻底敞开、速度极致的建造方式，不可能破解当时欧洲城市的困境。

二战后，"光辉城市"中关于生产线式的住宅复制方式有了用武之地，开创了高密度住房新类型，尤其适用于战后、震后住房短缺等情形，也为推动新城建设提供了最低廉和最快速的方案。

在"光辉城市"提出之前，柯布西耶为应对斯大林第一个五年计划，提出"莫斯科绿色小镇计划"。方案中，城市中心布满"十"字形塔楼，楼宇四周环绕着公园，但该计划因过于激进而被拒绝。1950年以后，苏联政府一方面要给国民提供基本住宅保障，另一方面又要与"旧样式"决裂。在这样的背景下，如"光辉城市"中的塔楼那般千篇一律的预制装配多层集合住宅迅速占领了莫斯科大部分地区及苏联当时的各加盟共和国。"居住的机器"在计划经济体制下得以野蛮生长。

"光辉城市"对中国的影响

1949年后，在苏联的影响下，中国逐步建立了城市规划体系，拟定了关于日照、道路设计等涉及建筑及城市空间功能设计的全国性规范。在快速且大规模的城市化进程中，土地金融的操作机制及城市设计的规范为"光辉城市"进一步在全国遍地开花提供了土壤。在强大住宅市场力量的助推下，"光辉城市"的示范不仅主宰了新开发地区的建设，也逐渐蚕食了城市中千百年积累出的城市肌理。除了极少数受到严格保护的历史地区外，旧有的营城传统成了弱势文化。

勒·柯布西耶1925年提出的Voisin计划

"干城一面"现象的负面影响—— 失根城市

最初，高楼林立的"干城一面"现象对许多人来说是城市进步的象征。2014年以来，中央政府正式关注"干城一面，万镇同工"的发展窘境，将其认定为"民族文明的悲哀"。《国家新型城镇化规划（2014—2020年）》特别要求"发掘城市文化资源，强化文化传承创新，把城市建设成为历史底蕴厚重、时代特色鲜明的人文魅力空间"。除了城市风貌问题，"干城一面"对城市产生的深层负面影响有哪些？是否严重到值得如此关注？

居民对城市的归属感

根据让·皮亚杰（Jean Piaget）的儿童心理学研究，人对环境的认同感是从儿童时期发展而来的，因此，认同感是归属感的前提。认同感的具象表现是记忆中某些具体的环境事物成为不容抹去的重要部分。基于环境认同而产生的归属感，使得一个城市超越了"出生地"，进而具备了成为精神层面"家乡"的特质。当人们离开家乡，并渴望源自家乡的那份归属感时，"乡愁"便自然而然地生发出来。

然而，城市是一个与时俱进的"生命体"，城市的物理空间不会一成不变。当一个城市迅速变革以致它原有的环境特质遗失殆尽或微弱到居民无法体会、认知的时候，城市就无法持久地为那些带着乡愁离开的人们提供归属感，人们记忆中儿时的家乡在偌大的城市中再也找不回来了。"乡愁"是他们本以为与家的联系，而那一头的"家乡"却不存在了，他们便成为"失根的人"。

丧失了可持续的环境特质，城市便无法持久地为居民提供可靠的家乡感。城市一旦成为"干城一面"的城市，那些徒有"工业化"标签的躯壳，就只是一个谋生的落脚点；失去了可供回忆安放的乡魂，就再也无法凝聚居民回归的心；它自己也会落入用之可弃的悲凉境地。

可见，一个城市想要为所有居民提供归属感，就要让任意一个居民都可以在他的生命周期中，清晰地体会到具备认同感的环境特质或非物质文化是连续且持久存在的。北京厚重砖石堆砌的大气沉稳，江南粉墙黛瓦的清秀雅致，成都街道坝子的巴适风情，上海湾江港埠孕育的海派包容，天津喜闻乐见的市井文艺……都已成为本地居民引以为傲的家乡感。

城市的诞生、成长也如孩童逐渐成熟一样，需要在多方共识下，不断地得到全体居民的呵护，这样才能奠定良性的基础，朝着积极的方向发展。这种良性关系存在的关键，是居民对家乡的爱和心意；而爱的具体对象，正是城市与生俱来的环境特质。一个具有独特意境的城市，会极大地提升自身的向心力及影响力。

承载"乡愁"的具体场所在"干城一面"的城市中不复存在，这样的城市不再是"我"与"家"的物质纽带，它成为"失根城市"。

全球化趋势中城市特色的意义

在人才、资金、信息、货物愈来愈开放流动的全球化经济格局中，鲜明的城市特色是城市聚集人才、吸引资金、发展旅游的宝贵资源，是城市社会经济发展的推进器。具体来说，能被世人津津乐道的独特的城市风韵，是城市最有价值的商标。一个拥有自己独特风韵的城市，更容易在全球化的竞争中，拥有"干城一面"城市所没有的发展机遇。

纵观全球城市，在历史的长河中，在社会、政治、经济变革和技术创新越来越快的全球化时代里，那些特色鲜明且能包容多元性的城市，始终保持着强劲的竞争力，能够吸引最好的人才，如巴黎、纽约、旧金山、阿姆斯特丹、伦敦、威尼斯、米兰、巴塞罗那、布拉格……它们在各自不时遇到的艰难困境中，总有办法快速而强韧地重新赢得发展的先机、展现旺盛的生命力。

反之，"干城一面"的失根城市，在现今激烈的城市竞争中，至多只能分食残余的资源。城市极易陷入"资源不足导致品质下降、品质下降导致竞争力跌落、竞争力跌落导致资源愈发贫乏"的恶性发展循环中。

因此，在全球竞争与协作并存的时代，具有竞争经济规模、形成产业共生链的区域城市群展现出来的整体化"鲜明地域感"及区域城市群中各个城市展现出的个性化"鲜明在地感"，不仅是令居民共享其中、感受诗意栖居的家园特质，更是城市参与全球化竞争的利器。

改变"千城一面"现象的困难

长久以来，专业领域清晰地指认了"千城一面"的病症，中央政府对此病症也制定了明确的政策，中央城市工作会议指出城市发展建设规划要"望得见山、看得见水、记得住乡愁"。由此，地方政府纷纷针对各自的城市问题，尝试凸显自身特质的城市发展策略。

事实上，"千城一面"一旦形成，城市就已经与各自的传统营城文化断了根。众多断了根的城市想要重塑城市原本的特色，其难度是超乎寻常的。各地在探索破解这一困境的过程中所遇到的困难主要集中在以下几个方面。

1）工具导向价值观的误区

在当今的科学及工程界，部分人秉持着唯有科技的发展成就才能代表文明进步的价值观。这种工具主义至上的思想发展出"以人定胜天为民族自豪"的心态。移山、填海、造湖技术突飞猛进。在短期利益及效益的驱使下，参与城市建设的领导及专业人士越容易产生"愚公移山"的欲望及冲动，守护并发挥地景禀赋的使命就越艰巨。

2）规划智慧的提升赶不上开发的时间压力

凯文·林奇（Kevin Lynch）认为"城市设计是时间的艺术"，从规划设计到建成使用，空间的独特性需要经过长时间的精雕细刻。然而，即便进入存量规划时代，快拆快建仍不鲜见，不少规划设计的规模越来越大，而编制周期却越来越短。对规划师和建筑师而言，创新是神圣的任务及令人兴奋的挑战。但在短期内，要为新文化产品找到与传统诗意对应的方式并建立社会共识，却是一个极难消化、极为艰巨、几乎不可能成功的挑战。在社会经济发展的洪流中，规划师和建筑师极易向现实低头，陷入模仿或自我重复，这必然会进一步增加艺术性重回城市设计的困难。

3）强大的市场力量压制决策空间

政府在通过土地财政争取城市运营资源的压力下，无疑要首先面对地产招商的压力。地产企业行销，都会给项目起一个可以令人神往、憧憬的名字，让市场认识它、记得它、消费它。项目必然会因为名字而有它自己的个性，因此而形成的项目IP（Intellectual Property，原意是知识产权，现指有资产价值的产品品牌）很多来自外地甚至外国为人熟知的案例，与在地的特质全然无关。许多企业坚持自己的品牌命名，坚持产品的IP形象。政府有招商压力，导致商业IP价值凌驾于城市IP价值之上。地方政府对土地财政的依赖愈强，愈难坚持地方特色的塑造。

4）建筑及城市相关设计规范片面化及僵化

固定及标准化的国家标准、法规，无法适用于每个地区独特性的营造；加之部分地方行政部门较缺乏灵活弹性的责权机制，在审批过程中迫使设计必须优先满足现行的条款，从而在一定程度上加剧了城市结构和肌理的趋同。此外，几乎所有的规范都是在纵向的管理机制下编制完成的，不同规范之间难免存在无法协调的问题。教条地满足所有规范的设计结果，有时也不尽合理，甚至有违城市安居诗意营造的初心。规范与制度设计是一项"道可道，非常道"的课题，必须保留横向整合的余地，才能促进城市保持各自的独特性。如果规范不能及时创新，审批制度也无法授信于专业，城市特色的营造势必困难重重。

5）发展中国家助力高水准决策的人力资源不足

面对重建地方特色的困难，地方政府的决策者较缺乏专业背景或丰富经验，因而有心无力，不能及时指引正确的方向、认清团队的专业能力水平。同时，也有部分决策者持有低水平恋地心理，无法理解"创新性承传"的重要性，也缺乏"创新性承传"的审美观。多数地方政府对于经济发展方面的诉求高于对人与环境心理连续性的关注。此外，公众意见中少数的真知灼见也缺少更通畅便捷的反馈途径，因此专注于城市特质营造的关键性智囊资源仍存在一定缺失。

在众多困难中，许多政府决策者只能无奈地仿制复古风格或复制其他城市带有他人特色的做法，以期在短期内产生可观的业绩，抑或高价聘请对地方不甚了解的顶级国外专业团队。清醒地看，这些方式或许可以在短期内为城市局部制造出说得出、看得见的特色，但对于解决"失根城市"的病症毫无助益，甚至这种揠苗助长的做法，更可能抑制城市独特性的自发孕育。

破除失根现象的对策
悟"城市地灵"，塑"城市特色"

彻底改变"千城一面"现象，应由悟城市地灵做起，经由居民及专家共识营造出来的具有特色的城市才能有"根"，才能具备独一无二、令人一见难忘、可持续的风貌意象。在城市形态独特性营造的设计理论方面，舒尔茨和凯文·林奇的经典著作分别对"悟城市地灵"和"塑城市特色"具有引领性贡献，可以令城市设计师不断产生新的感悟。

安居与"风土""地灵"的关系

人在地球上居住，
在其所处的自然环境中，都会产生一些不可控、不可知的恐惧，
因而都会祈求有一个安全的、安适的庇护场所，
都希望能诗意地栖居。
这就是安居的概念。
在古早时期，
为应对一些在日常生活中随时突发又无力控制的威胁，
地域居民一方面逐步总结出建造"安居环境"的经验与智慧，
同时也逐渐想象出
能够安抚居民心理状态的"守护神明"
或
体现地方环境特质的"地域精灵（Genius Loci）"。
要在一个地方生存安居，
无论是在物质上，还是在心理上，都要与场所维系良好的相互依赖关系。
"地域精灵"一词源于拉丁文，
对应中国传统观念中的"风水之灵"。
每个天地山水树石之间的"独立场所"都有自身的特质，
世世代代生活在当地的族群
将这些特质神化为"地域精灵"——"场所感的守护精神"。
这种精神赋予族群及场所"生命的意义"，
伴着族群的民众从生到死，也潜移默化地影响着族群的特色或本质。

舒尔茨在《地域精灵：迈向建筑现象学》一书中，将地景分为三种基因原型：

- **宇宙观地景**
- **经典型地景**
- **浪漫型地景**

他认为这三种地景基因原型的特质以及三种地景基因不同程度地混合而生出的特质，影响着所有地域场所的特质。地域场所的特质进一步影响地域族群的特质以及他们对安居诉求的特质。

宇宙观地景

在一望无涯的地形中，如大草原、大沙漠，天上的宇宙秩序是无涯地景中人能够辨别方向的唯一依靠。白日，太阳恒定地由东边起、西边落。夜晚，北极星恒定地指引着北方。

"天上的宇宙秩序"主宰了"地上的地景"，这就是宇宙观地景。

生存条件严苛、极度缺水的中东沙漠，白日的酷热及夜晚的酷冷形成了鲜明的对比。在此生活的族群，顺理成章地受到日日夜夜都可以清晰体会到的唯一宇宙观秩序的影响，与此同时，也形成了是非分明的价值观及毫不妥协的民族性。

沙漠中的绿洲是地域居民安居的天堂。对生活在此的民族而言，安居意味着在沙尘暴的威胁中，用建筑围塑出可控的生活环境 ——象征生命的绿洲景象。

相对于生存条件严苛的沙漠，绵延无尽的草原上处处都是生机。驮着随时可拆可建的蒙古包，"逐水草而居"是游牧民族的生活方式。在大草原出生长大的人们，将"男儿志在四方"的情怀深深地烙印在他们的基因中。只有大草原才能够孕育出成吉思汗、忽必烈等一代代英雄豪杰，创造出横跨欧亚的版图。

西非撒哈拉沙漠的宇宙观地景

经典型地景

在经典型地景中，我们能深刻地理解到由清晰、多元、独立要素构成的地形形态的整体性。每个地形的构件都有它自身可感的特质。不同的地形构件组合在一起，形成强有力的、天地交融的整体场所特质。如同贝多芬的四季交响曲由"春""夏""秋""冬"四个章节构成了整体音乐盛宴；犹如功能形态截然不同的五官，共同构成有感情、有内涵、有识别度的整体表情。

身处地中海气候类型的希腊半岛，在清新的空气中、在均匀洒下的强烈阳光的洗礼下，没有参天森林的覆盖，那些形态明确的山丘、明晰可辨的边际、意象可感的自然空间，如自成天地的谷地或盆地，都极致地显现出"雕塑般的存在"。不似沙漠中呈现的极端特质，此处高清的蔚蓝苍穹温和地拥抱着大地，地面同时具备连续性及多元的场所，人活在和谐的天地之间。总之，希腊经典型地景可以说是由众多独立场所构成的、有意义的安居秩序。

在希腊人创造的神话故事中，地景的场所特质被拟人化，那些联系自然与人性的神话人物是希腊人钟爱及崇敬的对象。因此，经典型地景的地域精灵首先体现在清晰可感、为人钟爱呵护的场所中。

希腊人营造安居环境，就是在清澈的光线中营造极具雕塑感、充分体现场所地灵的，既能形成多元亦和谐的整体性，又能彰显每个个体自明性的光影秩序。

希腊色萨利的经典型地景

浪漫型地景

行走在地形或地貌复杂的场域中，看不透的前方随处都会有意想不到的变化，随时都可能有未知的惊或喜，像诗句"柳暗花明又一村"描写的情境一样，这就是浪漫型地景。

地形狭长、南北延伸近2000千米的挪威，东侧以群山峻岭与瑞典为界。高耸的山脉间，冰川将高山切割成深深的峡谷。山背上常见参天浓密的森林。冰川随地形急剧下降，在西侧的挪威海岸线上生成了众多海湾。深蓝清冽的海水，倒映着巍然矗立的冰山；峻岭、海湾、礁石犬齿交错，曲曲折折地绵延超过两万千米，形成独特的峡湾风景。

挪威境内不断变幻的山脉、冰川与海岸，坐落在不断起伏的湿地与乱石上，看不透的浓密森林，处处都是浪漫型地景。天幕上变幻莫测的极光，更为浪漫型地景增添了一份令人难忘的、既灵动又圣洁的神秘感。

身处浪漫型地景中，高大的挪威人想象出一种无处不在的小巧神秘力量——挪威小矮人（troll），他们的"地域精灵"能够帮助人们应对大自然中的任何不测。浪漫的挪威人对穿梭在低矮林下空间中、生活在石穴中的小矮人，有着从未固化的多元浪漫想象。在世代流传的讲述中，有的传说描述小矮人是坚强的英雄，也有传说描述小矮人是粗野的恶霸，也有人说小矮人是出世的凡人。至今，挪威人仍把小矮人放在他们心灵的深处，近代的挪威人还把小矮人视作可爱的吉祥物。

明显地，对生活在由微细尺度空间构成的浪漫型地景中的挪威人而言，其生活环境处处散发着自然的力量。安居意味着在蛮荒的自然中、在岩块及阴暗的针叶林中、在最临水的溪流旁找到一个安身之处，这也使得居所成为人与环境中的自然力量紧密互动的媒介。

身处北欧的挪威人，必须在与严酷的自然紧密接触的状态下生存，必须以虔诚的认同心接近自然。因此，直接地参与及投入地面上的自然环境，比天上显现的抽象元素及秩序更为重要。然而，这样的参与不是社会性的，而是意味着个人或个体在自然之中找到能庇护自己的安身场所。挪威人认为"我家就是我的堡垒"。

生存在严寒的气候中，北欧人需要时时心怀热情。北欧人内心暗藏着一种冰火交融的激情。因此，北欧能够孕育出色的摇滚乐，浪漫的挪威造就了层出不穷的杰出的摇滚乐团。

在中国，江南的水乡地区地势虽然平坦，但蜿蜒曲折的水道密布在看不透的原生密林中，形成了柳暗花明又一村的浪漫型地景。浪漫的江南水乡孕育出许多艺术大家，如我国古代的顾恺之、倪瓒、唐伯虎，以及近代的黄宾虹、吴冠中、徐悲鸿、潘天寿、吴昌硕……

挪威的浪漫型地景

复合型地景

宇宙观、经典型及浪漫型地景是自然地景的三种主要类型。经由天地之间的基本关系生成的三种地景类型，能够帮助我们理解各个地方的地域精灵——地域精神。但一个地域从地景类型来看，只有极少的地域会纯粹地仅属于一种类型，大部分地域都属于以不同方式综合而成的复合型地景。

也正由于在复合型地景中，不同地景形态有着复杂的交织交融方式，每个地方都是唯一的存在，如同中国传统哲学思想中的天与地、风与雷、水与火、山与泽，置于不同经纬和朝向即可衍生出世间无穷的风景一般。

中国白洋淀湿地

意大利维得斯卡平原

马来西亚金马仑高原

中国呼伦贝尔草原

中国桂林的复合型地景

掌握地灵，在地景中安居

德国诗人弗里德里希·荷尔德林（Friedrich Hölderlin ）说:

"人安居世间，固然尽显其才，但要诗意盎然。"

"Full of merit, yet poetically, man Dwells on this earth."

每种地景，都属于千变万化的复合型地景，都有它们自身的特质。"地方精灵"就代表一个物体或场所的本质。先民们生活在空间特性能被明确感知的具体环境中，能真切体验到构成他们生活家园本质的地方精灵，这也是非常重要且具象的存在感。因此，在自然环境中安居，并不只是寻求庇护，更意味着将一个特定环境理解为由宏观到微观的一系列有意义的内部空间。

当人能将他所理解的世界具象化到他所居的建筑、所处的空间、所用的物件中，他就达到了安居的境界。"具象化"是一个艺术活儿，需要收集生活世界中的复杂与矛盾，形成居民一致认同的诗意安居环境。建筑的目的在于帮助人类安居。建筑属于艺术，甚至是一种难度更高的艺术。从艺术的角度看，仅建造城镇及住宅构筑物是远远不够的，只有一个环境的整体艺术观被看

到、体验到，建筑才具备了诗意的存在价值。一般来说，这意味着将地域精灵具象化。安居的境界，用路易斯·康的思想来看，就是达到"这个场所自身想要成为的状态"。

在浪漫型地景中，人感受安居建筑的视野从微观层面向宏观层面展开，即刻便能体验到来自周遭地气的力量，而上天的力量则是被隐藏的。用中国的堪舆观念来说，安居看地气。

在宇宙观地景中，正好相反，大地衬托着上方苍穹的宇宙力量，安居建筑由天上的宏观环境向地上扎根，以形成围合的通天庭院或天堂为最高的追求。用中国的堪舆观念来说，安居看天象。

在经典型地景中，安居建筑置于和谐共存的天地之间，是既可入内安居，又能外出探索的福地府邸。用中国的堪舆观念来说，安居看天地。

掌握场域地灵、营造地域诗意栖居环境的方式

将地灵具体化、创造诗意栖居环境的方式

舒尔茨通过纵观历史，将人们自古至今具体化地运用从所处的自然环境中领悟到的环境特质营造栖居环境的方式分为三类。

意大利中世纪村庄的视觉模拟

意大利中世纪小镇的互补强化

中国古代屋顶的文化象征

● 视觉模拟

第一种方式是最直接的"我造我所见"。

人都希望在他已据有的立足点上，通过模拟的方式表达出他们在视觉上对自然的理解。人们跟随着自然给出的暗示，在空间分割的地方筑起一道墙，在呈现中心感的地方建造一个公共中心，在指明方向的地方开一条路。

托斯卡纳人在可以环视四方、眺望周遭田园地景的岩丘上，模拟坚实的岩壁，建造岩屋，形成了许多诗意的山村、山镇及山城。

发迹于山谷的罗马人模拟山壁间极具安全感的线形空间，在聚居的村镇城市中建造了罗马人钟爱的、由街墙构成的街道。

中国人架木为巢的建筑文明特质，想必也是模拟自然环境中的现象而形成的。

● 互补强化

建筑存在的意义或目的就是将一个地方变为一个场所，找寻、发现在既定环境中有可能呈现的意义。为了满足人们对所选安居场所多方面的需求，人们会借由建筑补充和强化他们自觉不足的部分。

一条河两侧的聚落，在有桥之前，整体的场所感并不存在；而在有桥之后，桥将许多既有事物的价值汇集在一条特定的通道中，形成一个特殊的"场所"，同时，桥的存在使两个聚落共生的整体场所感清晰地显现出来。

建造者在河流两侧的缓丘顶部，运用朝天升起的解构建筑强化地形的戏剧性，同时也反衬出解构建筑的主宰性，凸显了聚落结构的自明性。

中国的万里长城串联了崇山峻岭的山脊，强化了山脉整体的防御性，成为最宏大的世界文化遗产之一。

● 文化象征

人都想要将他对自然（包括人本身）的了解象征性地表达出来。"象征"意味着将体验到的意义转换到另一个地域载体中。比方说，自然的特色可以通过某种方式，转换到能够彰显其意义的建筑里。

象征的意义是一个族群将在地安居方式的意义自原来的环境状态中提炼出来，变成在复杂环境情况里可被识别的或可以被迁移的"文化象征"。

希腊的柱式、沙漠中的绿洲庭院、意大利的街墙、中国的亭台楼阁和斗拱都是具有极高识别度、可移植的文化象征。中国境内的由外国人兴建的租界区、中国人在各地兴建的唐人街，都具有明显的文化象征。文化象征帮助身处异乡的人群，在有乡愁安慰的情况下，适应异乡的环境。

结构性城市意象特质

1960年，凯文·林奇在《城市意象》一书中，提出五种城市意象元素，并提出这五种元素的意象特质及它们组构在一起的结构形态特质是生成城市意象关键因素的理论。我们从克罗地亚小城杜布罗夫尼克（Dubrovnik）的鸟瞰中，可以清楚地读到这五种城市意象结构元素，以及它们构成的具有地灵感的强烈城市意象。时至今日，令人津津乐道的大大小小的世界名城，都具有清晰的地灵特质和别具一格的城市意象结构。巴黎、佛罗伦萨、威尼斯、阿姆斯特丹、斯德哥尔摩、布拉格、纽约、华盛顿、旧金山、萨凡纳、北京、香港等城市，都是极佳的例证。

至今，《城市意象》依旧是城市设计的入门教科书，这套理论依旧被业界高度认可，仍可将其恰当地置于现今的社会、经济、生态背景中，创新地找到可行的城市意象和结构的组织方式。

1）城市边际

在农耕时代，出于防御的需要，城镇都有明显的阻绝性边际，如城墙、河流、海岸、高台边的悬崖、谷地或盆地边的山壁等。城市边际既是城市的边缘，也是城市的门面。

因此，前人修建城市边际不仅是将边际看作防御的工事，更是将其高度艺术化，以体现城市地灵精华。外人对一个城市的理解是从它的边际开始的。

进入工业时代后，城市化现象迅猛出现，城市不断向外扩张。除了一些特殊的，如海中城威尼斯、山城锡耶纳等城市之外，许多现代城市除非具有紧临自然的天然阻绝优势，绝大部分已经失去了可识别的边际。此现象在中国尤为明显，许多城市甚至为了生长而不断地侵蚀紧临的优美的自然地景。

目前，在"生态文明建设"政策的引领下，中央政府为建立国土空间规划体系，提出了"划定生态保护红线"，即明确"城市增长边界"的范围。这将是借助新的规划编制，理性重塑高颜值、显地灵、有特质城市边际的绝佳契机。

城市边际

城市通道

2）城市通道

任何城市及其局部地区都有一条或数条供居民及访客进出的主要出行通道，这些通道形成城市里的通道网络。通道网络为城市提供了清晰的方向感，并成为极具城市特色的城市活动轴带网络。巴黎的香榭丽舍大道、巴塞罗那的兰布拉大街、纽约的第五大道、威尼斯的大运河、北京的长安街都是令人印象深刻、一见倾心的城市主要形象通道。

城市的交通出行技术在不断地提升，城市的通行方式也在不断地改变。凡是代表城市主要形象、具有深厚历史累积的通道，都需要与时俱进地不断引入新技术，以适应使用者的新需要。但任何时代的新技术仅仅是提升通道为人服务的品质的手段，通道品质提升的目的永远是为了更好地为人们提供人际交流的平台空间，不能为了展示新科技，损害通道的作用或历史记忆。在新开发地区中规划的新通道，更应考虑交通空间的立体维度和多元需求的协同，一方面应为出行工具的日益多元化现象留有发展空间，另一方面更要为人们提供促进人际交流、创造更高不期而遇的概率及更方便的、更舒适有趣的停留空间。

城市地区

3）城市地区

城市的边际、城市主要通道网络、城市中具有边际特质的自然廊道、城市内的自然地形形态等会将城市划分为不同的地区。因此，每个地区外围都有各自不同的边际特质，地区内都具备同质性较高的城市肌理，为地区的居民在心理上提供能够指认的领域感。一个城市所有地区的肌理都应具备同样的地域地灵特质，为城市提供和谐的整体感。但每个地区也可以有各自不同的功能特质，次一层的结构特质、文化特质，亚文化特质、建筑肌理特质，为居民提供认同感及归属感。

随着互联网的快速发展，人们采用线上交往的现象愈来愈普遍，线上社区层出不穷。但地区居民对实体地区内邻里社区的认同及生活品质的需求依然是不能被取代的。居民及访客行走在地区内的方向感、居民间守望相助的安全感、地区内居民共享的公共设施、地区风貌特质构成的资产价值，都需要居民的共识才能建立起来、运行起来。居民的共识必然会形成或改变地区的特质。

一个能够被居民认同、有归属感的城市，必然有整体的地灵感，也会有多元的地区感或社区感。

4）城市地标

行进在城市的通道中，居民及访客都需要知道自己所处的位置以及目的地的方向，这样才能获得心理安全感。当具有鲜明识别性的建筑或地景被巧妙地安排在目的地或行进中的决策点时，可以形成有利于指引方向的地标体系。城市地标除了扮演指引方向的角色外，同时也是一个城市最高价值观的体现。作为一个代表城市精神的地标，它的设计应该由当代最佳的设计者执笔，以体现城市独特的文明特质、当代建筑及景观设计艺术的最高水平以及一个城市集体对未来的憧憬。

因此，作为城市地标的建筑或地景，必须从表现城市边际、城市通道、城市地区及城市节点集体意象的背景肌理中脱颖而出，与背景的肌理形成鲜明的对比，这样才能发挥易于识别的地标作用。此外，为了使城市的地标体系有效运作，凡是不位于规划地标位置的建筑，都应该扮演谦和的背景角色，以维护地标的突出性。

城市地标

城市节点

5）城市节点

每个城市中都有承载着特殊意义或特定功能、可举办重大活动的焦点区域和场所，如城市的行政中心、文化中心、演艺中心、消费中心、宗教中心、学术中心、体育中心、就业中心、国际交往中心等。

城市节点是城市出行的目的地，也是城市生活的精彩亮点所在，更是感受城市特殊价值和空间体验的窗口。如纽约时代广场体现着百老汇戏剧文化的高地形象；华尔街代表了世界金融中心形象；巴黎左岸是文化天堂、盛行浪漫脱俗和放荡不羁的热土；象征昔日日本开化文明的东京银座、今日日本时尚开放的原宿及表参道，都是东京的购物天堂；昔日的上海浦西外滩象征着中国的开放与国际化，今日的浦东陆家嘴体现了中国的经济实力及上海的全球化成就。

城市的节点通常不会被清晰的边际所包围，因此城市节点的规模能随着机能的强化而成长扩大。作为城市中可识别的目的地，节点中必然有吸睛或受欢迎的代表性场所，如上海外滩的滨江整体立面，陆家嘴直上云霄的城市天际线；巴黎左岸悠闲的花神咖啡店及莎士比亚书店，银座中心街头熙熙攘攘的人潮；哈佛大学城中校门旁哈佛广场里的国际报摊……在互联网时代，节点的经济活力与节点的受欢迎度有直接的关系。节点在城市中的特殊价值要与时俱进，否则在经济全球化的趋势中，将会丧失城市的地灵特质，也就意味着该城市将在全球的竞争力日渐式微。

杜布罗夫尼克城市肌理

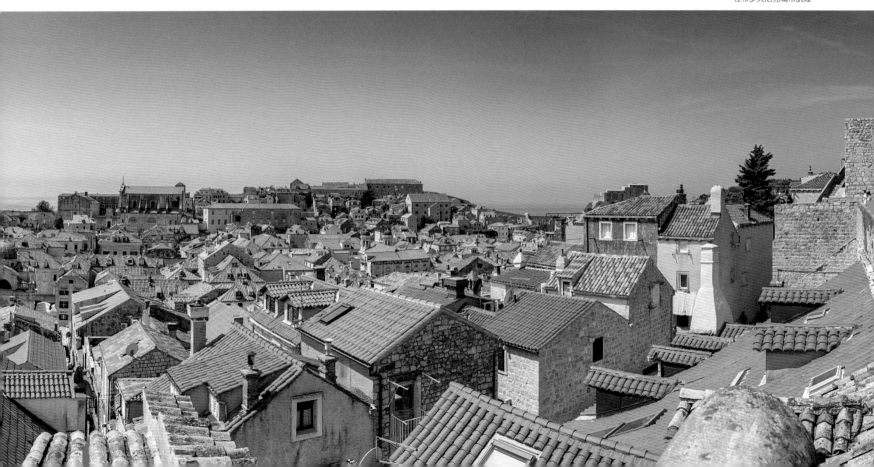

常人对城市意象的理解

凯文·林奇提出的城市意象结构不只是一个学术理论，在具备清晰的城市意象结构的城市里，它是促进居民认同城市、心灵归属于城市的最重要的城市公共资产。从居民及访客心灵上的感受中，我们也可以体会到阿姆斯特丹和旧金山这两个城市不同的意象结构。

1）阿姆斯特丹的意象结构

阿姆斯特丹，一个活在阴天中的温馨水都。城市中一栋栋尺度亲切、高度大于宽度、顶部带有精美细部的建筑比肩并排站立在运河边，形成以相同韵律不断变化的街墙，奠定了城市的人性基调。

在街墙中透出的灰仄仄的天空下，一栋栋建筑漆着各不相同的温暖色彩，墙体上极富韵律感地布设着比例相近、细长的白色窗框。

相对厚重的门框及入口石阶画龙点睛般地突出在街墙面上，清晰地形成建筑与街道的首要联系。

在游船划出的条条水浪击岸的波声里及马蹄敲打路面的声声脆响中，小汽车、自行车、行人优雅有礼地交织穿梭，漫行在石缝中长着青苔的窄街上。

夜晚，居民及访客坐在色调温暖和谐的餐厅里，享受着摇曳在运河水光荡漾中、由点点窗光倒影形成的跳动韵律，真是慕名来水街，陈香未饮人先醉。

难得见到阳光的阿姆斯特丹人，在阴沉沉的天色下，在低于海平面的地域里，以理性的情怀，智慧地通过至简的方式，为自己塑造了天天可供享受的温馨浪漫家园。

阿姆斯特丹运河城市意象

2）旧金山的意象结构

旧金山是在蔚蓝天空的覆庇下、清澈阳光的照耀下，凸显山丘起伏地形、洋湾环绕、白皑皑的现代山城。行走在叠加于起伏地形上的方格网街巷中，人人都能享受到迷人的湾景。

无论是维多利亚时代精美的建筑、现代拔地而起的超高层建筑，还是处于二者间其他时期，在城市设计导则控制下兴建的各种新兴功能建筑，都一致地遵守着城市规划当初订立的25英尺[1]土地细分模度形成的人性尺度。

突出街墙面的观湾景窗，与历史建筑细部相融的种种虚实对比及光影对比，戏剧性地造就了属于国际名城的城市记忆。

托尼·班奈特（Tony Bennett）的名曲《我心留在旧金山》（*I left my heart in San Francisco*)描述出旧金山人对家乡的心声：巴黎的可爱似乎有点灰暗，罗马昔日的荣耀早已逝去，曼哈顿让我感到孤独及背弃。我要回到湾边我的城市，我心所在的旧金山。它在呼唤我，那高高的山丘上小缆车爬到星空半途的地方。我不在乎晨雾造就的清冷空气，我的爱等候着你，旧金山。当我回到你身边，那清风拂过的蔚蓝海湾上，旧金山，你金色的太阳会为我照耀……

① 1英尺=0.3048米。

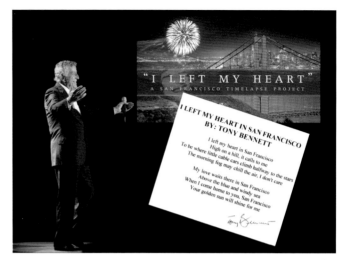

我心留在旧金山

旧金山市城景

建筑及景观肌理特质

城市的点滴都是以城市意象结构中的五种元素为基本骨架的。五种意象结构元素的具体呈现，都是由具有相似特质的建筑及景观肌理所构成的。因此，无论是扮演五种意象结构元素中的哪种角色，诚如罗伯特·文丘里（Robert Venturi）对建筑的复杂与矛盾的经典论述，建筑除了必须满足建筑或景观场所自身的功能要求外，还需要同时满足作为塑造意象结构元素的要求，以满足体现地域地灵的意象要求，这样才能真正地呈现诗意的栖居文明。

在各地诗意的民居聚落建筑风貌中，地域地灵被最直接、最真实地具体呈现出来。

在希腊的经典型地景中，具有人性尺度的白皑皑的建筑如雕塑般地存在着。在明媚的阳光的照耀下，建筑体量所展现出的强烈的明暗对比，精彩且极具戏剧性地强化了地景结构的整体感和诗意感。

罗马周边有可望见的经典远山、由绵延山脉构成的通海的宽谷，这些都是罗马地灵的组成部分。但罗马主要坐落在由台伯河两侧犹如波峰起伏的石灰岩地层及千万年水流刻画形成的地下盲谷共同构成的地形中。峡谷两侧由色泽温暖的石壁所界定，谷地中包容了如画般的自然诗情地景，呈现出浓郁的庇护感及安全感。河谷及谷壁就是当地乡土民居建筑形态的起源，形成罗马永恒的地灵——扎根在绵延起伏的谷壁间的诗情。

建筑为使街道呈现"峡谷"般的意境而存在。外观如岩壁般棱角分明的建筑连在一起，以透着乡土气息的石灰岩塑造出连续的、如田园诗歌般的圆润街墙，围塑出极具安全感的街道及各种室外的城市内部领域，作为市井居民的活动空间。除了以"拟峡谷"的栖居特质为整体的建筑地灵基底外，罗马还引进了周边宇宙观地景及经典型地景，在城市的空间结构及地标建筑空间上附加了

宗教及帝国的秩序，使罗马帝国形成不朽的、宏伟的"世界首都"意象。

布拉格就像在神秘光线照耀下闪闪发光的宝石，随着气候、时辰及季节的改变，时时呈现出不同的景象。一束束光线不时地、或隐或现地透过云层，照耀在波希米亚地域上，使其散发出强烈的神秘感。作为波希米亚汇集各方多元文化的焦点城市，布拉格的建筑群落及建筑内部形成的空间组构出似乎永远没有止境的空间层次，紧接地气、厚重坚实的建筑底座上深陷的拱廊及窗洞，像火焰般朝天升起的尖塔群落，处处诉说着天、地、人之间的神秘感。接地的水平建筑体量使得城市呈现出稳定的整体感；接天的垂直建筑体量群落使得城市充满了动感；在水平基座与垂直塔楼之间的墙身上，布设有与墙面齐平的窗子，灵动地反射着天光、树木与街景。三者互相作用，共同构成波希米亚神圣的城市地灵，诠释了波希米亚与天地间的精彩互动。

由阿姆斯特丹、旧金山、罗马的三个外国案例可知，城市整体意象的构成、地灵的显现，除了要靠基于地域山水、风土特质形成的城市结构性特质外，建筑及景观的肌理特质也是至关重要的因素。中国民居显现的安居文明特质更是值得我们去深究的。

中华安居建筑文明特质的形成及在地化的现象

徜徉在臆与悟间的喜悦

在纪念路易斯·康的《静谧与光明》一书中，描述了路易斯·康的设计思想，给人以深刻启发。

好奇的臆想，不是知识，也不是悟道。
但你一定曾经有过"固化的知识并不比臆想的能力更为重要"的体验。
好奇的臆想本身就是一种伟大而奇妙的感觉。
臆想时，你没必要有所顾忌地保留，
不会受强制胁迫，也无必要计算得失。
好奇的臆想可以紧密地契合于你的直觉。

有臆必有悟，迟早而已。
臆是出于对无法衡量的美好品质的感动，悟是依赖天性与直觉的反应。
每个人都是美好的，每个人都是独特的，每个人都有不一样的天分与潜能；
应对同样的情景现象，每个人悟道的深浅或方向都不可能全然相同。
然由臆到悟，无论最后悟之多少，其过程都是令人喜悦的。

"道可道"，满心喜悦所悟得之道是可以说明的；
虽说是"无常道"，所悟之道不可能完全不变地被承传，所悟之道亦非唯一之道，
然恰因臆道、悟道、求道的过程不断产生喜悦，文化就这么一点一滴地累积而成了！

路易斯·康肖像

天地万物皆有灵，中国城市亦然

愿中国当代建筑师，能以独特的使命感，秉持传统求安求灵的蕴生精神，以开放的心态，于宇宙万物的启示中臆道、悟道、求道；不受传统之"形"的束缚，忠实地满足、顺应现在与未来的天地人时之缘，以和为贵，开创有灵韵、有生机的安居世界。

中华安居文明特质的形成

1）臆想一：坚壁后的石窟

在少雨的黄土高原上，在寒冬呼啸的北风中，一位中华先民手上提着刚刚在寒地里打着的野兔，急匆匆地往山脚下奔去。那儿有他的安身之处——一个位于山丘土壁上朝南的自然洞穴。坚实的土壁确保了山洞的稳固性，厚重的土壁使得洞内冬暖夏凉。洞内大小适中，尺度亲切而不局促，空间紧凑安全而不压迫，并有许多小壁龛，可用来贮藏他从四处收集来的维生用品。他的家人在洞口嬉戏，等候他的归来。

洞口外面有山壁环绕，形成了一个户外的、可掌控且十分安全的活动天地。原始人在洞口熟练地将木材堆起，钻木取火，开始烤兔肉。饱餐后，一家人走进洞里，原始人回身用树枝将洞口遮住，这样做一方面能抵挡寒风的侵袭，另一方面可使得岩洞更为隐蔽，给人以实质上及心理上的安全保障。

进入洞后，他把兽皮安置在一个不正对着洞口且较高的角落里，大家舒适地躺下，安稳地进入梦乡。在梦里，他梦到自己未成年的儿子长大成家了，他内心忧虑，想着能不能在附近找到两个相邻的洞穴，以便于大家长长久久地住在一起。

他忧愁着醒来后，瞪着洞旁的土壁，突发奇想：也许自己能在洞旁的土壁上，再挖一个更好的洞穴！

北京延庆古崖居

漳州水乡古树

苏州沧浪亭中的翠玲珑

2）臆想二：安土上的老树

在烈日照射下的开阔原野中，一位身心俱疲的先民自然地朝着一块高地上的老树走去。那是一个他所熟悉的、十分安全的、可以让他放心歇脚的地方。他第一次注意到这里，是在幼时远眺的过程中，并且只看了一眼就被那老树浓密高耸的树冠吸引了。高地的大小适中，在那儿他可以眼观四方，掌握原野中的各种情况。他习惯性地倚着温暖厚实的树干，在隆起的树根上坐下，享受着浓荫下的清风。他喜欢这儿，一切都洋溢着生机。

苍劲结实的树干，如盘龙般地由地面朝天升起，古朴的树根显示着岁月的痕迹，童年玩耍时刻画的印痕依然清晰可见。

水平伸展的枝芽，以或弯或直的优雅线条，有节有律，抑扬顿挫，层层叠叠，支撑着树冠积极地向上向外生长，争取赖以生存的阳光。

片片紧密相连的树叶，飘逸而有韵律地形成树冠，对天欢愉地接受阳光的洗礼，对下仁慈地形成了阴凉的蕴生场所，神秘的阳光透过叶间的缝隙，圣洁地、浪漫地洒在树枝、树冠及地上。在微风的吹拂下，伴着摇曳的光影，小鸟、松鼠轻快地在枝头跳跃。

他想："希望这美好的地方，这令人愉悦的生机，也能为子子孙孙所享受，或许我们能像小鸟一样，筑巢而居。"

河南陕州地坑院内景鸟瞰

河南陕州地坑院

3）瞻想三：中国合院的源头

天地万物之象皆可成为建筑存在的本源。高地上的老树、坚壁后的石窟等，为人们筑屋提供了易于体会、便于模仿的安居之道。

建造是人们从自然之"象"，到悟安居之"道"；从有形之"做"，显现无形之"道"的过程。建筑存在的最初意义为"人在宇宙中求生的立足点"，中国人的堪舆观更将其视为"求延续天地之道，求庇护生命之灵。"

在中国的成语里，有一个词描述了先民未有房屋前的生活状况，即"巢居穴处"。这个成语说明了先民栖身于树上或洞穴里的经历。"巢穴"两字在中文里，就意味着"安居"的营地。

审视中华文明的发源地从黄土高原到黄淮平原的演变过程，先民起初利用天然的土穴，而后模仿土穴在山壁上开凿的窑洞，再将窑洞移植到地坑中，如此逐步显现出中国合院的雏形。

"有巢氏"这个称号是后世之人依据传说追赠给第一个在树上建房者的尊称，他是传说中的人物，是后人虚拟出来的。实际上，"有巢氏"代表的是人类发展史中从穴居到巢居的一个阶段，标志着原始社会的进步。但"巢"不具备"穴"的坚固性，逐渐地，中华先民结合了"木巢"与"土穴"的长处，将巢穴建筑的智慧运用到土地上，创造出中华独有的合院原型。

北京鼓楼地区四合院

源自地灵、体现地灵的中华安居文明特质

源自地灵的中国土木华章构成元素

- 如山壁 的 "墙"
- 如树冠 的 "顶"
- 如枝干 的 "身"
- 如磐石 的 "台"

彰显地灵的中华城市建筑类型

- 独立于空间中通透 的 "亭"
- 连通场所光影律动 的 "廊"
- 作为目的焦点宏伟 的 "殿"
- 作为温暖的生活庇护场所的 "屋"
- 享有优雅景观舒适 的 "阁"
- 形成高耸地标可供眺望 的 "塔"

对应地灵满足城市功能的公共空间类型

- 体现天人合一意境 的 "园"
- 界定顶天立地领域 的 "院"
- 提供祈福场所情境 的 "埕"
- 促进四季人货交流 的 "街"

应对地域地灵的民居美学特质

- 大气沉稳 的 "华北民居"
- 温润雅秀 的 "江南民居"
- 精巧细致 的 "闽南民居"
- 有机律动 的 "湘西民居"
- 坚实质朴 的 "客家民居"
- 拟山独立 的 "西藏民居"

掌握地灵、蕴含地灵、呈现地灵的聚落安居方式

- 宇宙观地景中的 "北方营城方式"
- 浪漫型地景中的 "江南营村方式"
- 经典型地景中的 "坡地营寨方式"
- 复合型地景中的 "河谷平原营城方式"

源自地灵的中国土木华章构成元素

大昭寺的红墙

墙

如山壁般坚实厚重的"墙"屹立在地面上，为墙内的居民提供防御屏障。"墙"围塑出受保护领地的防御单元。墙外充满了不可知的威胁，墙内是安土，是被保护群体的生活领域。在中国，墙无所不在。

过去，宅邸有院墙，园林有园墙，里坊有坊墙，城池有城墙，国家有长城。墙可以横平竖直地反映宇宙的秩序，可以蜿蜒曲折地反映浪漫的地形，可以高低错落地形成典雅的情境。

墙是中国各地安居文化的根本，它的作用不仅仅是隔绝外部环境。需要透过隔墙与外界沟通时，可以在墙上开窗、开门，有门窗的墙强化了防御一侧的领地感。精心设计的门洞、窗洞可以为墙增添特色，形成防御单元的门面。要做生意，更可以破墙开店。墙上连续的店面，共同形成繁华的街面，连续的街墙保证了商业街的活力。在中国，遍布各地、多彩多姿的墙，经常是当地的形象名片。

大同代王府

顶

如树冠般生气盎然的"顶"，朝天升起，使建筑向上与天相接，向下为居民遮阳避雨。

由外观看，状如树叶的瓦片搭接在一起构成有利于排雨的曲面。中间高、四周低的屋顶，为建筑中的人们提供温馨的庇护。在坡角起翘形成的弧之下，营造出能够促进室内与室外空间交融的过渡空间。

犹如树冠般的"顶"，从世界的眼光来看，是中国建筑最易识别的特色，千百年来，已经形成中华建筑文化的象征符号。

故宫午门

身

如树干般挺拔向上的"身"，是支撑建筑内部使用空间的主体。如大树枝干般的架木体系，确保了室内使用的弹性及灵活性。如树干般挺拔的立柱，造型似侧枝悬挑的斗拱和光影如繁叶细致的窗棂，彼此连接共同塑造了独具韵味的中华室内空间美学。

故宫太和殿

台

如磐石般坚实沉稳的"台"，是建筑的立地基石，可保证木构建筑免于水患、对抗雨雪侵蚀。台可以是朴素的单层建筑基础，也可以多层叠加，通过提升建筑高度增加尊贵感。

坚实的台可以在细部增添许多处理，成为刻印文化符号的载体，因此，中国建筑的台也与其他文化族群建筑的台截然不同。

宁波郁家巷的灰墙

苏州博物馆的白墙

金沙民俗村的街墙　　武侯祠的红墙

杭州灵隐寺　　漳州埭美古村　　恩施彭家寨

北京东城区智化寺　　扬州历史建筑　　故宫庑房

无锡荡口古镇　　安徽歙县宝纶阁　　拉萨布达拉宫

彰显地灵的中华城市建筑类型

建筑存在的意义是基于其功用，依其发挥的不同作用，建筑的形态可虚可实，以匹配天地人时之缘、阴阳之道、刚柔调和之境。在中华文明的进程中，发展出各种不同的建筑形态，以及由建筑组构界定的城市空间形态，充分体现出中国建筑之美。

亭

作用：在自然中，可供遮阳避雨、展望四方，强化基地唯我独尊的态势。

形态：宛如高台上的古树，使浓荫遮蔽下的空间与周围环境融合为一体。

廊

作用：遮阳避雨的通道。

形态：犹如线形的"接地林丛"。

殿

作用：作为治国决策场所的神圣高堂。

形态：位于高台上、锚定领域中心，具备四方来朝的威仪，面阳顶天。

屋

作用：提供安全稳固的空间，以保护和孕育生机、灵性，还可用于收纳。

形态：屋的顶和身，如树冠顶天、坚壁对外；屋的檐如繁叶密布下的浓荫；屋的内部，如穴如林，可遮风挡雨。

阁

作用：可供主客亲友小聚、远眺、游憩，或供私人藏书和供佛。

形态：四周通透，直面自然景致，宛如处于自然地景中的参天树丛。

塔

作用：用于铭记、缅怀的地标，供人们登高瞭望，传达与天同在、直通天际的情怀。

形态：形如遗世独立、高耸入云的参天神木。

杭州西湖的亭　　　　　　　　南浔古镇的老屋

杭州西湖的廊　　　　　　　　北京颐和园的廊

故宫太和殿（侧面）　　　　　故宫太和殿（正面）

南浔古镇文昌阁　　　　　　　桂林日月塔

对应地灵满足城市功能的公共空间类型

在中国营城文化发展的进程中，由建筑组构的城市空间至少包括园、院、埕、街等类型，每种城市空间的功能及意象简述于下。

园

功能：供人在墙内自然地景安全的小天地中安稳地游憩，思悟天人之道。

意境：在被限定的墙内安全空间（即"一方安土"，下同），通过有限的构成元素（山、水、林、木、石、花、草、鱼、鸟、虫、天象），再现无穷道理，象征性地体现人应对自然天地之道、寻求生灵安顺的体验与认知。

杭州花港观鱼

院

功能：确保内部与外界全然隔绝，自成立地顶天之气势，为人们提供可静谧、可聚气、可欢庆的规整空间。

意境：在"安土"内，院是核心空间，提示聚落向心伦理和自身价值，具有天人合一的至道精神。

丽水河阳民居

埕

功能：位于具有重大意义的地标建筑前，可供公众在此聚集。

意境：以公共性地标为视觉焦点，以自然环境为前景，并具备聚合力的开阔规整空间。

金门古祠堂

街

功能：引导人车流动，促进人际交往。沿街两侧可提供公共服务，中间可容纳集体活动。

意境：两侧由连续建筑或墙面所界定，可汇集人气，具备充满活力的多元性及律动性。

福州三坊七巷

青海玉树格萨尔广场

应对地域地灵的民居美学特质

中国大地虽幅员辽阔，但各地的建筑都包含具有浓郁中华建筑特质的四种建筑元素（墙、顶、身、台）；同时，又因为各地气候、水土不同，当地居民世世代代对应地域地灵累积而生出的诗意栖居美学也不同。各地的地域美学特质使得各地建筑呈现出极易辨识的城市意象，包括但不限于后述各例。

大气沉稳的"华北民居"

存在于北方冬天寒冷的大气宇宙观地景中，发展出黄灰砖石
垒砌的厚重、沉稳的美学特质。

山西于家大院

温润雅秀的"江南民居"

存在于华东温带的浪漫水乡地景中，发展出粉墙黛瓦敷饰的
温润、雅秀的美学特质。

安徽宏村民居

精巧细致的"闽南民居"

存在于亚热带丘陵绵延的绿林田谷地景中，发展出红砖石雕
细做的温馨、精巧的美学特质。

泉州红砖古厝

有机律动的"湘西民居"

存在于华西山水交错的林石崎岖地景中，发展出因地制宜、
下石上木的有机、律动的美学特质。

湖南凤凰古城

坚实质朴的"客家民居"

存在于亚热带深山峻岭的典雅翠谷地景中，发展出外土内木
夯构的坚实、质朴的美学特质。

福建土楼

拟山独立的"西藏民居"

在蔚蓝苍穹和清澈阳光的洗礼下，依附在多元壮丽的经典型地
景上，发展出古朴、粗狂、富有浓厚宗教色彩的美学特质。

雪山脚下的西藏民居

掌握地灵、蕴含地灵、呈现地灵的聚落安居方式

在中国的不同地域，传统建筑以不同方式模拟自然环境中体现地灵、顶天立地的形态造型。隐含文化寓意的建筑构件、凸显地灵的建筑形态原型以及呈现地灵的城市空间，层层递进、彼此依托，以多种多样的方式呈现出各地独特的营城文化，编织谱写出截然不同的城市意象。

■ 宇宙观地景中经纬分明的"北方营城方式"

山西平遥古城

■ 浪漫型地景中有机组构的"江南营村方式"

宏村传统村落

■ 经典型地景中顺势而为的"坡地营寨方式"

广东瑶寨村落

■ 复合型地景中锚定城市中心、对应场景的"河谷平原朝圣营城方式"

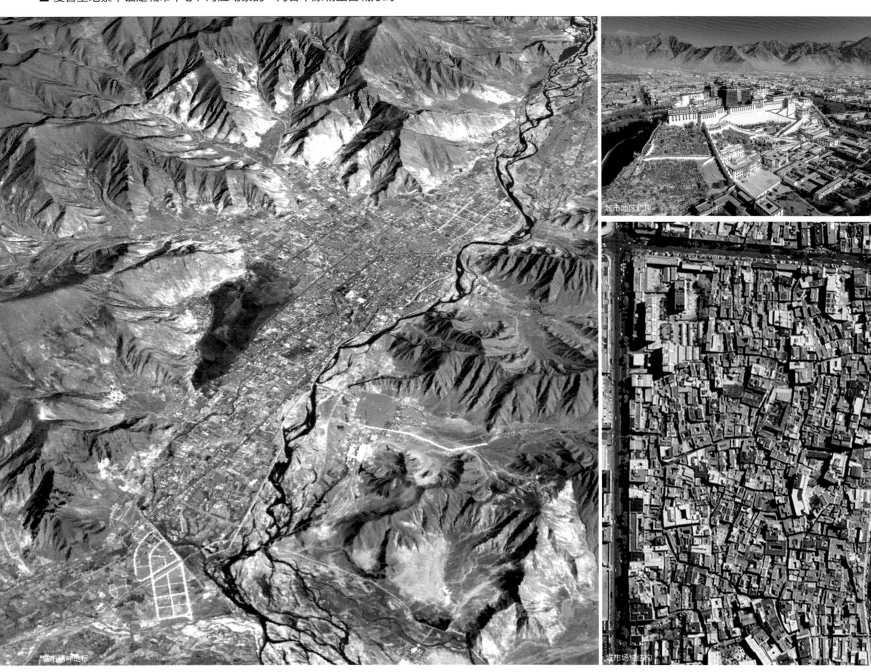

城市精神地标

城市地区肌理

城市场域结构

土木华章

掌握土木华章的地灵精髓

由架木为巢发展出来的建筑文化特质是中华先民长年积累出的建筑智慧，与西方以土石为建造方式发展出来的建筑文化特质截然不同。古人巧妙地运用"穴居"的"坚壁"特质，在平地上围塑一片安土，再在安土上运用"巢居"的"架木"特质，营造出灵动的建筑使用空间，形成了"拟树拟穴"的合体建筑。

土木华章是中华"拟树拟穴"建筑艺术化的极致境界。

中国当代建筑对地域建筑特质的承传

场所也是有生命的。一个场所的结构不会一直处于永恒不变的状态。场所变化的必然性与动态性是一个恒定的规律。场所会改变，而且在当代变得很快，但这并不意味着场所精灵会改变、会迷失。在地的稳定性是人类生活的必要条件。

首先，可持续的场所感必须具备能接受外来事物冲击的能力。

其次，显而易见，一个场所应该可以用不同的思维来诠释。

保护场所精灵，本质上是在不断更新的历史背景中，把场所的要义重新具象化。任何场所的历史变迁都是基于自身特质的再诠释，通过新旧兼顾的建筑创作行动，来唤起地域场所精灵存在的初心。

城市地灵的永续体现，与地方经济的发展息息相关。支撑现代城市经济的产业发展呈现出产品更新快、行业细化、领域多样化的明显趋势，城市必须能够快速地应变。在快速变化的城市中，维护城市的地域地灵是城市孕育现代文明的巨大挑战。

Rainer Maria Rilke：

"人若无法诗意地安居，无法真正有意义地安居于世间，他的成就也不算什么。"

青海玉树格萨尔广场

承德博物馆

1)抽象的空间意象特质承传

中国各个地域的传统建筑美学特质大多是能被大众所感知并理解的,也能配合现代的材料及构造工法进行抽象诠释及创意表现。每个地域的建筑,无论新旧,如果都能保持同样的抽象地域美学特质,中国就有希望破除"千城一面"的困境。

天津大学冯骥才文学艺术研究院

2）具象的建筑元素特质承传

源自传统地域建筑的文化符号，会随当地人外迁而移植到别处，并在新的定居地经历在地化演变，进而真正融入新的社会环境中。因此，我们常常能看到中华文化与异地文化的交融，体会到中华文化的包容性。

当代建筑师肩负中华文化复兴的任务，创造性地将既有的文化符号适度地运用在当代的建筑上，是一种大众接受度较高的承传地域特质的方式。常见的设计手法包括运用在一些地标建筑中的曲面屋顶造型的简化、斗拱造型的再诠释、窗棂符号的放大等。

3）传统建筑具象文化符号的局限

传统建筑的文化符号是根据传统建筑空间需求及传统建造方式发展出来的，是将建筑功能及建造方式进行人性化、艺术化升华的结果。但新时代的建筑日新月异，其功能多种多样、规模不断增大、工艺水平突飞猛进，强行将传统文化符号与前所未有的建筑体量、建筑形态生硬组合，定会与主流审美相去甚远，更无法呈现建筑的诗意境界。例如，在城市开发强度较高的大片居住区中，住宅建筑被强加上与建造方式全然无关的、粗糙简陋的文化符号，其要素风格就会与任何一种经典类型格格不入。

上海世博会中国馆　　　　　　　　　　中国美术学院象山校区

中国国家体育场

承德博物馆效果图

4）建筑顶天立地精神的再诠释

"拟树"的中国屋顶形态是古人运用当时的建造技术，出于顶天遮阳避雨的需求而创造出来的。而如今，屋顶结构与屋面防水工艺的种类层出不穷，传统形态复现失去了必须性。即便有时候运用传统屋顶的形态不显突兀，但多数情况已不尽合理。此外，封建等级外化于屋顶制式的深层含义，在现代社会的价值体系中更失去了意义。

一个城市的群体建筑所采用的具有一致性的"顶天"形式，是形成城市整体意象的关键设计手段之一。

面对全球气候变暖的威胁及国家提出的2030年前"碳达峰"、2060年前"碳中和"的目标，新建筑的屋顶必须为清洁能源、雨水收集再利用、降温固碳等新技术的应用提供可能和便利。如果我们能够秉承传统屋顶应天承天的智慧，基于自身所在地的气候及风水条件，创新地发展出适应城市的建筑集体顶天形态，城市特色就会自然而然地生发出来。

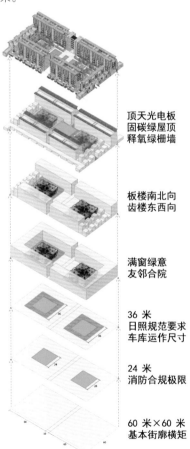

顶天光电板
固碳绿屋顶
释氧绿栅墙

板楼南北向
齿楼东西向

满窗绿意
友邻合院

36 米
日照规范要求
车库运作尺寸

24 米
消防合规极限

60 米×60 米
基本街廓横矩

"拟树"精神再诠释

建筑顶天立地精神在设计中的应用（组图）

中华城市空间特质在当代的应用与承传

1) 由园林到公园

极具中国特色的园林，在过去是富贵高官、文人墨客流连忘返的游憩场所，是封闭的私人领域。而在现代高密度的城市中，普罗大众也需要有与自然接触的机会，徜徉在自然的环境中。因此，封闭独享的园林必须开放共享，"公园"应运而生。

现代公园不再是供少数文人墨客享受的空间，因此设计者在设计过程中就必须考虑符合大众游览需求的尺度，并将环境可持续的任务以及激发城市经济活力的潜能纳入全盘考量中。目前，中央政府积极推动的"公园城市"理念与政策是传统城市中未曾有过的设想。

新时代的需求与过往截然不同，前所未有的城市空间定会促使新的产品应运而生。因此，这些充满全新诉求的公共空间正是重新诠释传统园林意境的新沃土。在过去，中国人能够创造令世人惊艳、国人自豪的"中国园林"；在未来，中国人当然也能够再一次创造出各具特色的"公园城市"。

苏州拙政园

邻里公园在开放街区中的应用

2）由内院到合院

传统四合院是一个家庭、家族或机构内部的私有空间。在现代城市里，城市的肌理大部分是由比四合院强度高许多的住宅构成的。在中央政府推行的开放式街区的政策里，窄街道、密路网构成的"围合小街廓"是基本的保安单元。每个街廓内都设有促进邻居互动的院落。

即便新式合院所在地区的建筑强度远超过去，空间尺度也大于传统内院，但内容的核心空间地位和共享生活中心的属性仍如过去一般不会改变。

合院是街廓邻里邻居守望相助的催化剂，也是街廓邻居产生归属感的标的空间。

由于新合院与街道既能相通，又能完全分离，因此，在高强度的城区里，身居合院中，依然可以远离城市的喧嚣。每一个独具特色的院落，都可给予居住在街廓的居民很强的归属感。由连片的围合街廓构成的新合院城市片区，不仅独具华人的营城共性，又能呈现各地应对地域气候的形态特性，将是中国营城文化中的新型城市空间。

宁波整体搬迁复原的古建筑

天津大学冯骥才文学艺术研究院内院（组图）

3）由商街到游街

传统商街街旁有连绵不断的商店、街边有来自五湖四海的摊贩、街上有川流不息的人群。小贩的叫卖声此起彼伏，特色小食品的香味四溢，摆地摊的、练把式的、斗蟋蟀的、观棋牌的、卖糖墩的、捏泥人的……热闹非凡——传统商街是市井文化的源头。

尽管网上购物在城市未来的生活中会愈来愈普遍，但街道依旧扮演着不可取代的重要角色，并为现代城市中的"熟人社会"及"生人社会"提供人际交流的空间。与熟人不期而遇、与生人互看互赏，依旧是大家生活中无穷的乐趣。直观的购物体验，从橱窗购物到冲动消费，为爱人买一束花、为小孩买几颗糖、为自己买杯咖啡，都是在互联网和虚拟世界中不能享受到的。

现代的国内街道受出行方式多元化以及方方面面规范的影响，街道至为重要的人性尺度往往受到严重的冲击；自发性成长的传统街道呈现的有机多元性往往被重复复制的、僵化的地产产品面貌所取代；街面底层的商业与上层的其他使用空间经常缺乏精美巧妙的过渡处理，使得街道整体环境显得凌乱不堪。传统街道的诗意已不多见。但即便如此，未来城市的街道生命力及诗意感依然可期。

道路及街道通行方式的分类可以保证商街的人性尺度。现代化的商业细分可以促进特色街道的形成，如文创街、美食街、音乐街、酒吧街、咖啡街、古玩街、书香街、电影街……即使在住宅街区内，邻里中亲切的生活性街道仍是最能让地区居民产生归属感的领地。

现代的街道不仅是商业行为的发生地，更是居民日常游憩的场所。街道的设计既需要考虑促发商业所需的消费行为，更需要考虑为街道游人提供可停留、交流、放松、发呆的适恬空间。

在未来，条条街道仍都需要有浓郁的地域感，也必须具有各自不同的现代时尚性，街道将是流行文化的表现地。过去的"传统商街"要转化为未来的"时尚游街"。

成都锦里商业街

台湾宜兰传统艺术中心文昌街

游街在保障房社区项目中的效果图

4）由庙埕到广场

在中国传统城市空间中，除了"庙埕"是信徒及市集汇聚的公共空间外，极少有可供民众聚集的公共活动空间。庙埕是庙前近水的开敞空间，除了临水的界面外，空间是有聚合感的。埕中的水体映射天光，象征天地交融的天道。在庙埕中发生着的活动，无论是平日的市井烟火，还是庙会时的庆典，都能让人感受到古时以神为尊、神与人同在、神以天道为依归的氛围。

但现代城镇化过程发展出来的大型服务设施，如文化中心、商业中心、娱乐中心，都需要为聚集的民众提供从室内延伸到室外的公共活动场所，由此，文化广场、市集广场、庆典广场、城市客厅应运而生。广场作为民众聚集的空间，也必须有清晰可感的聚合感。

新城市广场也应该以建筑实体的界面围塑出聚合

民众的虚体空间。广场周边的建筑都应在面向广场的界面上设置主要入口，显示广场的聚合力与向心力。同时，广场至少应有一座与众不同的主要地标建筑或地标物，作为广场的视觉焦点，并赋予广场存在的价值。不同的广场连同周边的建筑群成为一个整体，应该强而有力地传递各自不同的特殊精神。

台北市大稻埕庙前广场

供儿童戏水的水光广场

5）由胡同到巷道

在北京，由一栋栋连续的四合院正面院墙构成的居民访客出入通道叫"胡同"。

在上海，由一栋栋连续的石库门正面街墙构成的居民访客出入通道叫"里弄"。

距离闹市很近的胡同，只要过了胡同口就摆脱了车水马龙的喧闹，享有一片宁静的天地。胡同里是北京普通老百姓生活的场所，人们常在四合院门前的竹躺椅上坐着摇扇聊天喝茶，谈论着街坊邻里东家长西家短的各种小道消息。在胡同空间中积淀了融洽的人际关系，那是经年累月形成的邻里之间的守望相助。胡同里的左邻右舍，其实是一个归属感极高的熟人社会。

北京的胡同从外表上看模样都差不多，但其内在却各具特色。胡同的特色经常反映在胡同的命名上。胡同有以自然环境或现象命名的，如大江胡同、图样山胡同、日升胡同、月光胡同；有以人物姓氏命名的，如贾家胡同、赵府胡同；有以功能命名的，如菜市口胡同、火药局胡同；有以工艺命名的，如帽儿胡同、盆儿胡同、取灯儿胡同……现存的胡同就是一座座民俗风情博物馆，烙下了许多社会生活的印记。北京人对胡同有着特殊的感情。

以步行为主的胡同在过去是城市的脉搏，在现代城市邻里街区中，除了商业街道外，还有多种功能、形态各异的"新胡同"或"新巷道"，如：提供街廊院落的明晰地址信息，便于访客寻找的"地址巷道"；为街廊居民提供访客临时停车车位及供车辆进出的"林荫车巷"；为街廊居民提供脚踏车出行及休闲活动空间的"慢行游巷"；连接街廊院落后门以利搬家救援及居民私密出行的"服务后巷"。这些新巷道承载着现代人日常生活需求的点点滴滴，承担着生态的和经济的可持续性。在新时代中，新巷道将成为体现现代城市可持续发展生命力的脉象。

传统胡同

现代社区中的新绿巷胡同

中国营城方式在当代的应用与承传

■ 在华北宇宙观中，结合现代建筑需求及公交导向理念的营城方式

天津滨海新区中部新城项目模型

■ 在川南浪漫丘陵地景宇宙观中，结合现代建筑需求及公交导向理念的营城方式

宜宾高铁新城项目模型

华汇扭转"千城一面"现象的探索
——期望能在复杂的现今时空中，重建中国营城文明

"悟城市地灵"是彻底改变城市"千城一面"现象的第一步。通过大胆而负责的臆想，华汇不断尝试对各地的地域精灵进行重新诠释。假以时日，相信大家会找到可行的营城新路，使其成为各个地方发展的共识，真正实现能够提振市民认同感和归属感、增强地方可持续竞争力、营造城市独一无二空间意象的伟大目标，夯实为中国而设计的信心。

体现地灵感的城市结构营造

01 # 雄伟城池 · 安和民生
雄安新区启动区城市设计 2017

雄安新区的设立是国家千年大计。

雄安地处北京正南，位于华北平原最为典型的宇宙观地景之中。南临华北明珠——白洋淀，万顷碧波与苍苍兼葭交织共荣，如此浪漫型地景在北方地区实属难得一见。

■ 凸显在地地灵

宏大的宇宙观地景与柔美的浪漫型地景在这一地区有机共存了百万年，雄安核心城区作为平地而起的未来之城，在"生态文明建设"的国家策略之下，更应以全新的筑城策略进一步强化在地"蓝绿共生"的地灵特质，营建诗意栖居环境，摆脱"千城一面"的城市风貌，为新时代城市建设探索创新的发展路径。

1. 象天法地，形塑城市成长边际

雄安核心城区用地呈东西长、南北短的形态，因此界定其南北两面的城市边际就变得尤为重要。我国古代象天法地的营城策略大多为北有所依、南面活水，项目以此为据确定雄安的空间架构。

● 广袤森林为城北所依

于城西北与现有津保高速之间广植在地树种构成繁茂林带，以此作为城市北侧的成长边际，为雄安核心城区树起防风固碳的生态屏障，以促进区内农田沥水的净化与涵养，改善城区空气质量与微气候。以高耸的北方树种为主体，构筑大气的森林边际，凸显雄安核心城区承传北方平原城市独特魅力的生态本底。

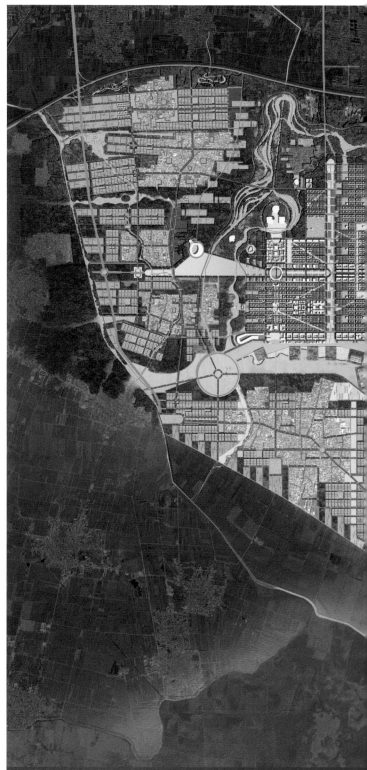

总平面图

● 活水湿地为城南所向

在南端广袤田园与多元连续的城市公共界面之间，增设一条极具护城河意向、横贯东西的大气水面。水体收纳地表径流和经过净化的城市污水，以连续水面界定新城南侧的成长边际，映衬雄安核心城区南立面的雄伟。同时，水域将开阔田园与柔美湿地有机串接起来，凸显在地两大核心地灵的共生内质。

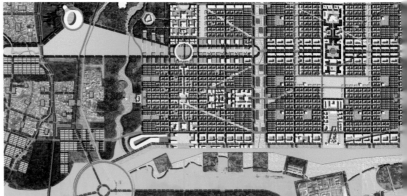

中心区平面图

总体鸟瞰图

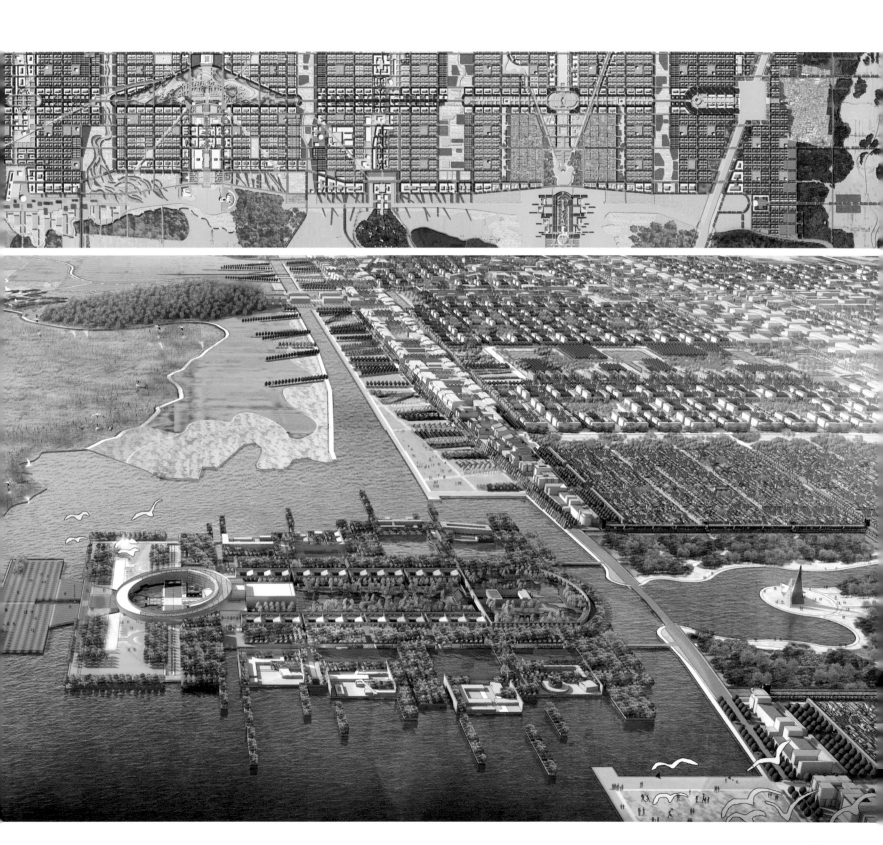

2. 经纬分明，搭建城市通道架构

● 多元纵轴显生态

打造多条贯穿南北的城市级带形公共开放空间，连接城北"护城林"与城南"护城河"，承载多级集水、净水廊道的生态功能，完善雄安核心城区的生态发展体系，夯实雄安以构建在地生态文明建设为本的营城思想。同时，以多元的生态纵轴强力地界定出多个城市建设用地片区，为城市组团分期建设锚定各显特色的生态边际。

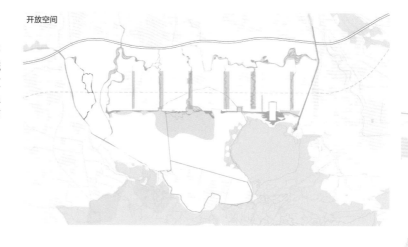

开放空间

● 大气横轴定格局

以贯穿城市东西的大气的林荫绿岛轴线（人民轴）为中央主轴，串联所有建设片区及区内发展核心，并以中轴为依托划设经纬分明的城市主要通道，确立凸显北方宏大宇宙观地景的城市发展基本格局。

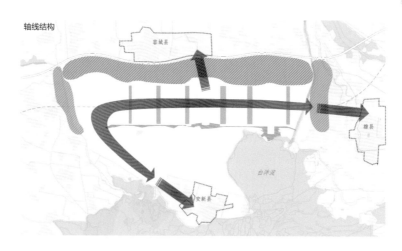

轴线结构

3. 因地制宜，构建城市多元地区

多条纵向的城市级生态廊道将线形主城区划分为多个开发规模适宜的地区，以利于在保证城市功能完整且规模适当的前提下进行分期建设。以首都高校及央企迁入为地区发展的启动引擎，因势利导地赋予每个地区各不相同的主要职能，形成多元融合的"新城郭"。运用不同的边界和通道为每个地区塑造各具特色的空间结构与城市界面，赋予每个地区清晰可辨的识别特征，构建具有不同特色的地区风貌。每个地区内部均构建不同形态的横向连续公共开放空间，作为城市海绵载体与城市级纵向生态景观轴线的次级连廊，形成覆盖全区的网状城市生态系统。

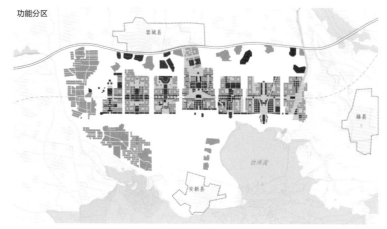

功能分区

空间结构分析（组图）

重点建筑及图底关系

4. 以点带面，强化城市魅力节点

在每个地区通道与边际、通道与通道之间的交点位置，均通过设计形成不同功能的城市节点。有些侧重凸显地区的城市职能，有些服务于地区的日常运转，有些则用于强化地区的入口形象，各类魅力节点共同构筑起凸显地灵特色、服务城市生活的公共空间。其中着力打造两大核心节点。

● 高铁站节点

围绕雄安高铁站设置的城市核心节点是新区横纵主轴的交点所在。该节点采用车站与城市开放空间高度融合的开发模式，力争将其打造成高效、便捷、生态的城市地标，以及引领城市商务、文化及产业发展的核心纽带。

● 外事接待节点

新区中正对烧车淀的开发组团，是集中体现北方传统营城手法与城市肌理的特色风貌地区。该组团南端的一处地段采用城市主界面与烧车淀隔堤相望的构图方式，并赋予其国家级外事接待的功能。该节点以浮岛形式独处于宽阔水面之上，既可满足最高级别的安保需求，又最大程度地凸显了水城相融的地方特色，是未来弘扬国家文化、彰显大国自信的重要外交场所。

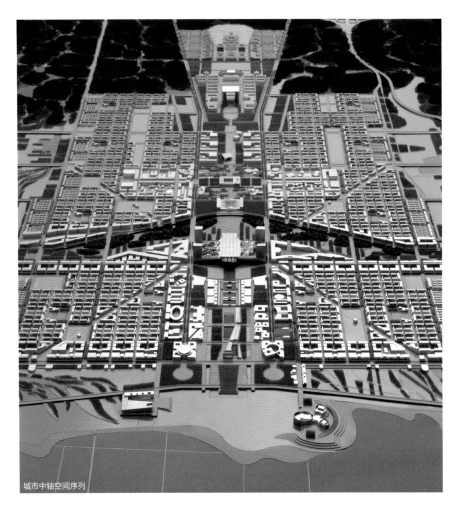

城市中轴空间序列

核心区空间序列

02 浪漫淀边·无涯田侧

雄安新区安新组团城市设计 2018

安新地处雄安正南，北临"大气几何地景"——开阔有序的广袤田园与高耸挺拔的葱郁林带形成强烈的横纵对比。

南有"柔美有机地景"——生机盎然的粼粼水光与浪漫舞动的茫茫芦苇荡交相呼应。

南侧老城依堤而建，旧时护城河以及残存城墙留下的印记界定出历史上的老城边际。北方老县城的格局和肌理被基本保留下来，虽然已显破败，但尺度和风貌依然亲切宜人。

北侧新城受土地财政的影响，出现"千城一面"的现象。夸张的建筑尺度以及单调的城市肌理与周边环境的地灵格格不入，城市与农田交错混沌的格局更严重地破坏了原有的地灵诗意。

■ 修复在地的地域地灵

有别于雄安新城强化"蓝绿共生"地灵特质的大气安稳崭新的营城策略，安新的城市设计更侧重有机缝补区域的"蓝绿"体系，在既有的"千城一面"城镇中，促进地域诗意地灵的重现。

柔美有机地景

塑造"新"安新的"新城边际"

优化"反映宇宙观地灵的城市通道结构"

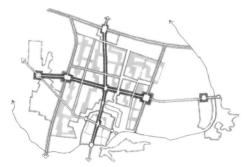

营造"强化通道起始感的地灵节点"

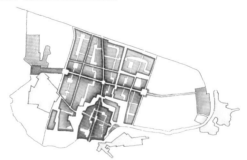

赋予城镇"多姿、多彩、多元的地区地灵结构"

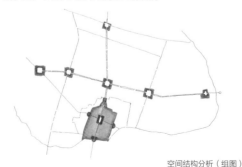

空间结构分析（组图）

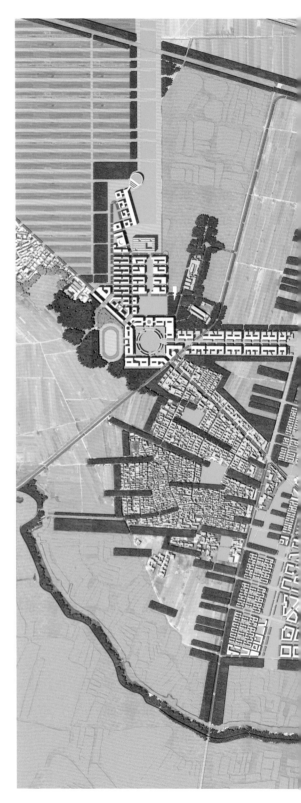

体现地灵感的城市结构营造

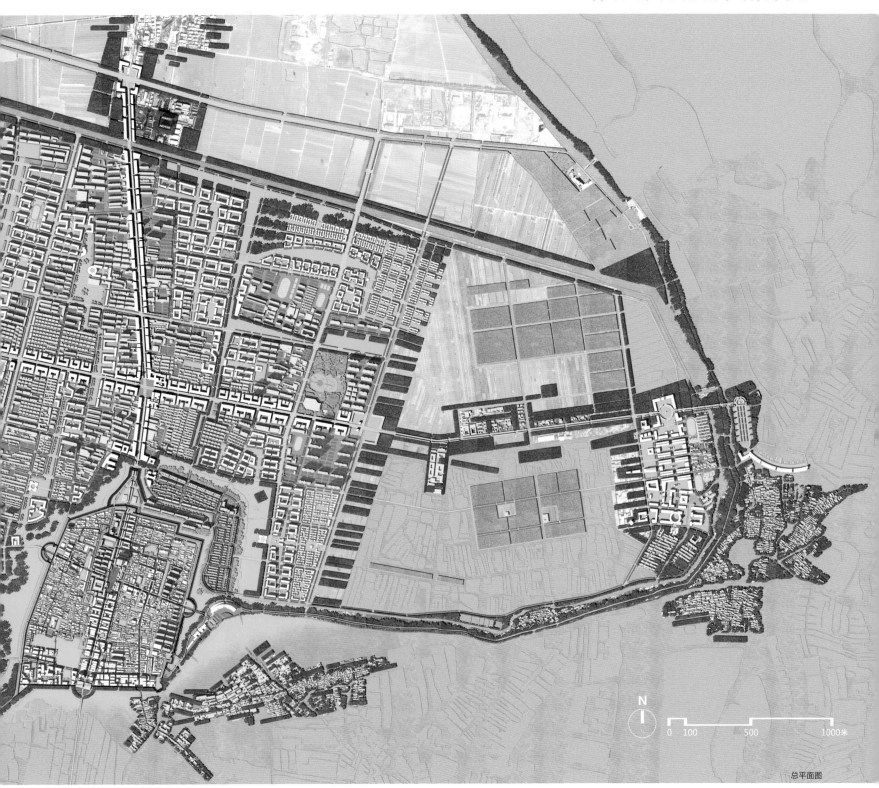

总平面图

1. 塑造"新"安新的"新城边际"

本项目梳理出两个层次的不同特质的城市边际来重塑安新的地灵特色。

● 形塑"大气的城市领域边际"

以安新地区常见的防风树列为基本元素,构筑现有新城外围清晰的城市边际,进一步凸显水平方向田园与垂直方向林带所形成的对比型"大气几何地景",同时严格限定城区发展边界,防止无序扩张。

● 活化"质朴的老城边际记忆"

恢复老城的双环水系,并结合实际情况意向性地恢复老城城墙,共同打造界定老城边际的城市公园,构建安新老城"风貌特区",营创雄安新区范围内最具地方特色并具高度活力的传统文化聚落。

2. 优化"反映宇宙观地灵的城市通道结构"

运用城市主要干道及主要线形开敞空间构筑具备浓郁地方特色的城市通道结构。针对反映宇宙观地灵的新老城区的"十"字形城市干道,优化并重构干道断面,疏导通过性交通流量,引入公共交通,强化人行空间品质,优化道路景观特色,植入新的活力功能,并透过城市更新导则及社区营造,构筑或织补致敬历史尺度与肌理的建筑,来逐渐改善"千城一面"的无序发展现状。

优质人行空间品质及道路景观1

优质人行空间品质及道路景观2

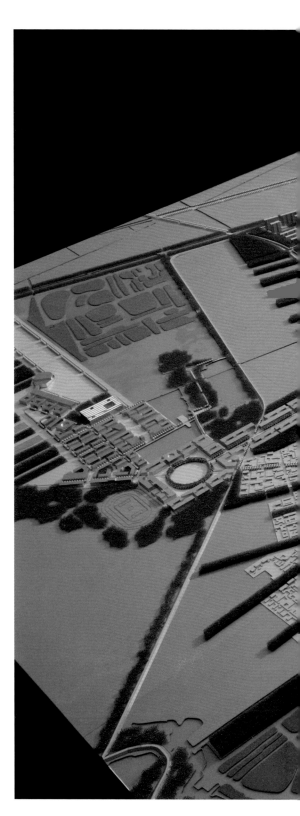

实体模型图

3. 营造"强化通道起始感的地灵节点"

强化已有的城市"十"字发展轴带，在其与三个层次的城市边际的交会处，营建不同特质的城市节点。增强各层次城市入口的辨识性，为通道提供明晰的方向感。同时，完善城市核心节点的各类服务配套功能，以期为城市营建多个能够汇聚人气、凸显地方商业文化特色的共享服务平台。

4. 赋予城镇"多彩、多姿、多元的地区地灵结构"

以主要城市街道和基于现有空地梳理出的公共开放空间为界，划定地区单元，形成居民邻里的生活领域。每个地区的环境改善均由内部自发的有机更新和嵌入式的新开发共同构成；每个地区均拥有由各具特色的边界、通道和节点共谱的空间结构，使每个地区都形成清晰的、具有识别性的特征，并将地方民俗文化地灵融入城市肌理。通过气候适应性通道将所有地区蜿蜒曲折、有机地串联起来，赋予城镇"多彩、多姿、多元的地区地灵结构"。

凸显地方商业文化特色的共享服务1

凸显地方商业文化特色的共享服务2

实体模型图

03 浪漫湖丘地景中的山水织锦城

成都天府奥体公园城概念性规划及城市设计 2020

项目位于距成都市中心五十千米的龙泉山东侧腹地，有别于成都平原与重庆岭谷，这里展现出如织锦般起伏的丘陵地形，山水交织，尺度亲切，极具浪漫场所感。

基地西临大型水库——三岔湖，湖面岛屿星罗棋布，港汊曲折迂回，山、水、岛交相辉映；北有孕育地方生态、萦回蜿蜒于丘谷之间的绛溪河。

配合天府机场的建设，基地内部的两条联系外界的快速路已建成通车，或切割或高架于一连串丘谷之上。配套住宅已在环湖路北侧开工建设。这些传统的修路平整土地的方式不仅带来了大量的土方工程量，更湮灭了地区浪漫诗意的地灵特征。

三岔湖美景

■ 突显丘陵特质，落实公园城市理念的"山水织锦城"

规划设计充分发掘基地独特的丘陵地貌特质，以一系列连续多元的公园编织山水锦城，提出能使新城从成渝都市群中脱颖而出的重要营城策略。

1. 依循自然地形，清晰界定城市边际

将三岔湖以东、绛溪河以南的第一重山脊线作为城市发展的自然边界，分别塑造不同特质的山水特色边际。

● 勾勒灵动脊线的湖滨边际

紧临三岔湖的第一重山脊线是湖区重要的生态防护线，亦是城市发展的南边界。设计灵感来自中国书法笔触，连脊成线，灵动地勾勒出湖畔自然有机、蜿蜒起伏的山脊路径，为奥体城居民及访客打造开放、连续、高活力的滨湖休闲大步道，并为其提供观赏湖光山色的最佳场所和路径。

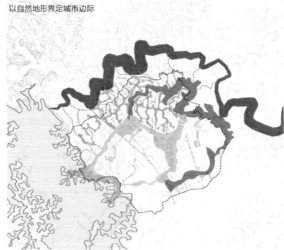

以自然地形界定城市边际

● 营造自然生态的河谷边际

北部绛溪河及与其相依的第一重山脊将作为地区北向发展的边界，亦是地区重要的行洪及生态廊道。在绛溪河生态廊道预留充裕的河道泛洪区，运用生态学原理营造野生动物迁徙通道、都市农业休闲带，绛溪河生态廊道将成为区域内完整的生态、健康、多样的景观廊道。

2. 串联河湖谷地，形塑蜿蜒绿谷通廊

规划顺应场地中主要的自然谷地，形成地区主要的开放空间通廊，并成为完整的承载海绵城市功能的雨洪治理体系。

● 建立方向感清晰的中央环廊

在成资快速路以南规划与三岔湖相连的开敞"城市中央绿环运动公园"，串联各片区，在丘陵地域中为居民及访客建立清晰的方向感，形成奥体城的IP，强化城市的整体性。在城市中央绿环运动公园的规划中，首先保留谷地，将其作为行洪通道，结合公园沿线的功能定位，打造城市公园、赛事园廊及社区公园三段线型公园；同时保留廊道内小丘高地，打造三组文体圣殿高地；此外沿绿环两侧设置连续且灵活的商业界面，确保绿环全时的活力以及城市发展的弹性。

清晰的中央环廊

● 串联自然谷地的社区园廊

将基地东北部居住社区中的排洪谷地相互串联成廊，形成绛溪河公园。同时，在社区内部打造承载雨水滞蓄和生活休闲功能的生态田园绿带。

空间结构分析（组图）

体现地灵感的城市结构营造

总平面图

3. 凸显地形特质，强化魅力节点及地标

在边际、通廊交汇的主要高地上，设置重要公共设施，作为承担该地区大型文化、体育、会议、商业等公共活动的重要载体，并作为串联各个片区内部活力商街的重要地标。

● 融于山水且大气亮眼的湖畔地标

在沿内湖西侧居中的两丘之间最为平缓的用地上设置国际会议中心，成为三岔湖北端地标。利用场地南北近10米的高差，将大体量停车及会议空间掩于半地下，通过下沉院落采光，将建筑屋顶与高地自然衔接，从而消解自身体量，减少建筑对自然环境的压迫，将建筑融于会都岛的山水之中。

中央大厅是整个建筑的标志性部分，建筑局部体量凸出于屋面，以极具四川韵味的、轻巧流畅的线条勾勒出造型独特的国事级地标建筑，犹如静谧湖面上的圣洁灯塔，成为反映天光山色与山水永续共存、令人难忘、独一无二的建筑雕塑。

● 融于城市且独具特色的绿环地标

公园绿环上的丘陵高地分别承载三组文体场馆，犹如镶嵌在翡翠项链上的宝石，"分散式集中"地融入城市，与周边城市形成共生关系，为居民及访客提供便捷的服务，且有利于赛事期间疏解交通压力；"先绿后场、先场后馆"的策略亦可使其具备足够的弹性与韧性，更好地带动各片区的产业发展。

4. 发挥既有优势，营造多元特色片区

上述通廊及现有快速路将地区划分为多个片区，规划充分利用各自基地现有自然、人文及建设优势，因地制宜地发展独具特色的功能组团，使其整体共生共荣，共同营造丰富多元的奥体新城。

● 定立门户，汇聚人气 的TOD（以公共交通为导向的开发）核心

于三岔湖地铁车站与中央绿廊高地间设置视觉通廊及慢行通道，强化访客抵达时的门户感。围绕站点，以高强度、高混合度且窄街密网的人性街区形成高活力的地区中心。

● 优化提升，宜居宜业的蓝绸带社区

为落实开放街区，建议在原方案路网结构及开发强度下，微调街廓肌理。建立可从中央绿环高地直通三岔湖的通廊，形成社区商业主街。另外开辟两条衔接绿环公园的绿道，作为安全的步行通勤、通学及通园路径，以增加商业主街的可达性。

● "双修"更新，城乡共荣的三岔社区

以"双修"（生态修复、城市修补）带动三岔湖周边村镇的有机更新，在城市设计导则中拟定城镇与山谷融合的奖励性举措，以促进其蜕变为山水织锦城的和谐组成部分。优先在现有主街及滨湖码头发展文创旅游产业，提升居民的幸福感。

大气亮眼的湖畔地标

融入城市且各具特色的绿环地标

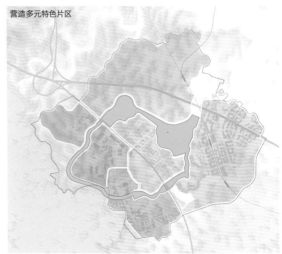

营造多元特色片区

空间结构分析（组图）

实体模型图

● 连脊成林，润谷为园的织锦山城

在山脊与谷地之间，规划方案尽可能多地保留了基地的原始丘陵地貌，形成极具地方特色的、尺度亲切的坡地社区邻里景观。结合东部山体18号线上的"山城站"，设计一条连通站体南北两侧山脊的主街，形成中高强度的特色山城组团。其余社区均由山脊自然划分，邻里组团与小集水区相契合，每个组团都包含：生态滞蓄雨水的邻里中心绿谷、分散式生态污水净化系统、弹性混合使用的活力界面、自有天地的合院住宅、看山望园的中高层绿色建筑、曲折迂回的盘山车道、通山通园的阶梯小径，由此共同构成独具丘陵地域特色的山城社区。

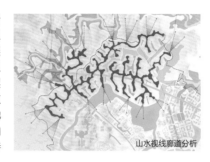

山水视线廊道分析

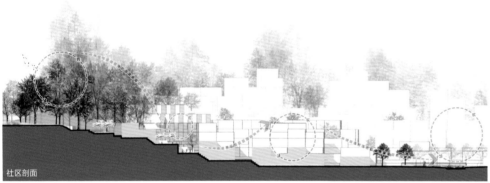

社区剖面

顺应山谷和自然水系的生态基底

界定公园界面的弹性混合用地

实体模型图

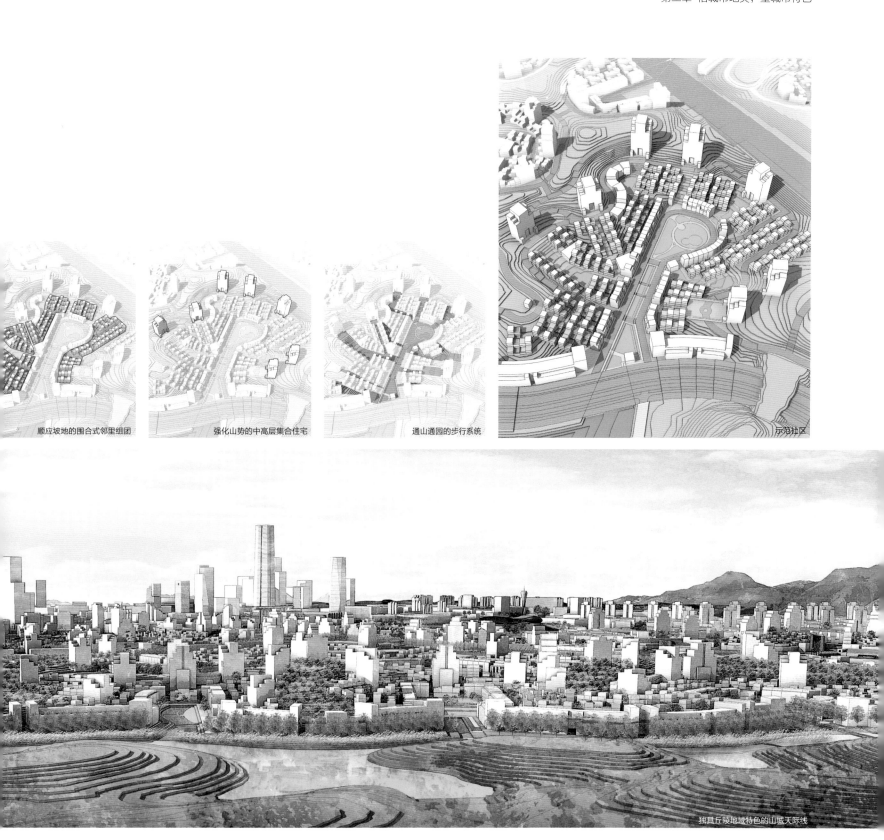

顺应坡地的围合式邻里组团　　　　强化山势的中高层集合住宅　　　　通山通园的步行系统　　　　　　　　　　　　　　　　　　　　　　　示范社区

独具丘陵地域特色的山城天际线

04 营造四季皆可游的望海暖城
秦皇岛西港区城市规划设计 2018

秦皇岛——山岛竦峙、林木繁茂、天海相连，曾引始皇东临、魏武挥鞭。我始祖先民，象天法地，择优据险而居，扼守雄关千年。

这座具有独特地灵魅力的城市因港而兴，肩负着北煤南运的重任，因此，超大尺度的煤炭转运港口与铁路专线使秦皇岛失去了滨海小城应有的惬意城市尺度与适恬生活氛围。随着横亘城市正南的现有港区东迁计划的逐步实施，秦皇岛也迎来了城市产业转型发展与品质提升的新契机。

城市设计从四个基本空间要素着手，对西港区进行改造提升，期许以连续的公共开放空间，重塑港区与老城的关联；以自然生态工法，于港区内再现秦皇岛原生壮阔地景；以人性尺度的空间，盘活地区生活气息与文旅活力。

实体模型顶视图

体现地灵感的城市结构营造

1. 以大气森林为幕，形塑防风边际

首先于港区核心开发用地的西北侧，利用港区现有支线铁路用地，营造贯穿全区的大气中央森林公园，再现林木繁茂的本土地灵特质。中央森林公园宛如"森林幕布"，烘托出滨海再开发地区用地的升值潜力。

森林公园为港区的开发建设搭建了绿色生态底景，既可以积极发挥串联地区生态的作用，又可以有效地应对秦皇岛冬季寒冷多风的气候，为港区植入的各类文旅开发提供生态防风屏障。

实体模型图

2. 梳理公共空间，锚定发展架构

延长城市中轴，梳理可能的连续开放空间与步行路径，使轴线穿过港区直达海岸，改变过去因煤炭运输造成的城市生活与滨海空间的结构断裂，强化港城一体的整体发展空间架构。

港区内各个功能区块之间由贯穿东西的开放空间有机串联，运用形似中国书画笔触的艺术线形，塑造空间连续、内容多元的城市文化公园。

以横向和纵向的两个城市级公共开放空间，共同锚定秦皇岛老城区与西港区的全新发展格局。

国际邮轮港

游客服务中心

码头街区

城市中轴

3. 划设多元地区，重构文旅肌理

依据开发区域内现有功能及历史遗存的特性，将基地划分为多个特色鲜明的文旅功能片区及城市职能片区。各片区沿海岸线展开，共同承托起港区完整连续的滨海文旅界面。每个开发片区由前述的横向城市公园进行内部串联，同时配合不同类型的居住产品，满足地区文旅配套及城市生活的需求，开拓文旅产业与城市更新协同发展、职住均衡的创新开发模式。

1 秦皇公园
2 国际邮轮港
3 活力码头街区
4 滨海剧院
5 船舶博物馆
6 滨海商娱综合体
7 游客服务中心
8 全季水世界
9 会展中心

1∶3000实体模型图

为突破秦皇岛旅游的季节局限性问题，创造性地采用传统"地坑院"
形态的居住单元开发模式。在每个"地坑院"都为居民或旅客设计了
有天有地、防风温暖的私密院落，"地坑院"顶部则形成连续互通的
屋顶花园，呈现令人心旷神怡、供居民和游客共享的大气田园地景。

"地坑院"形态的居住单元开发模式

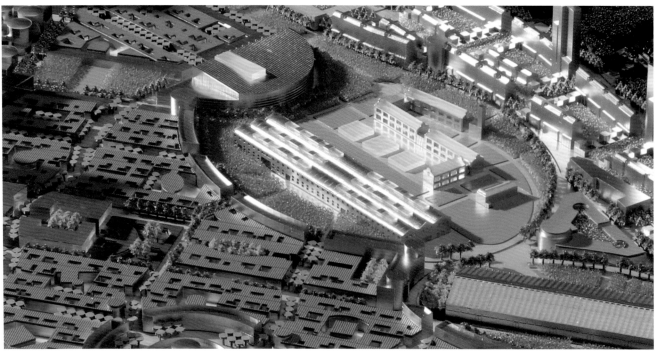

社区中心

供游客居民共享的田园地景

4. 充盈魅力节点，激发全时活力

利用港区景观良好、延伸至海中的装卸码头，设置多个能够承载各类世界级文旅产品及服务配套的关键节点。以多元且适合全季开展的文旅内容及服务，最大程度地吸引京津冀高端消费群体，从根本上助力秦皇岛脱离冬季旅游萧条的窘境。

多个立于海上的文旅节点交相呼应、有机衔接，共同组构成西港区滨海文旅新城的主界面。夜幕之下、天海之间，秦皇岛西港将以现代城市的风貌再现魏武诗中"星汉灿烂，若出其里"的曼妙景观。

国际邮轮港码头效果图

国际邮轮港滨水步道效果图

国际邮轮港商业街

国际邮轮港码头

国际邮轮港1：1000模型图

05 壶兰田居·山水站城

莆田木兰溪南岸高铁片区概念性规划设计 2021

莆田，是在全球拥有3亿信众的妈祖的故里，并以耕读传家、宗族守望、闽侨故里而著称。

高铁新城紧临壶公山、木兰溪、城市生态绿心与湿地公园，福厦双铁路、城际轨道F2线穿行其中，城际轨道选线和站点选址将直接影响公共交通带动效益的最大限度的发挥。

项目总规划面积为50平方千米，区内预留15平方千米的基本农田复耕区。

需合理统筹安排区内村庄拆迁或保留的规模，以体现壶山兰水地景纹脉与田园记忆。

过去，壶山兰水和荔林陂田孕育了诗意的在地地灵，未来，此处将成为莆田的经济高地、三生交融窗口、商贸发展走廊。

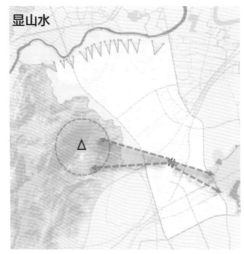

显山水

望山田

串溪渠

保留村

耕读居

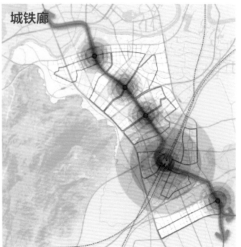

城铁廊

基地景观基底（组图）

空间结构分析与构想（组图）

总平面图

1. 依丘就势、强化互通的站城地标

以望山见林的南站城市阳台形塑抵达莆田时的第一印象；沿轴线建构的枢纽带展现了由自然到紧凑的站城空间序列。

高铁总部基地坐落于丘顶，彰显出区域门户的气势；如山峦起伏的地标建筑群落，与壶公山相映成趣。站区新门厅将成为展现莆田高品质、高颜值的门户形象。

以莆田地灵文脉为经纬，以创生营城为构想，用"田居站城"重新演绎了城市与自然，生活、生产与生态间和谐共存的关系。

2. 朝山顺水、生态共融的营城格局

营造高铁站区与壶公山之间的视廊，以强化站区的可辨识性。通过建构绿廊，使公共空间南与湿地公园相连、北与木兰溪水景相通。

划定既有农田集中区段，串联形成望山指状田园带。重整荔林水乡田园溪渠，打造片区整体海绵基底。加密城市次干道和支路系统，并以此界定基本农田边界。

指状农田周边留设宜居带与公共建筑，以再现耕读文化底景。针对近半数的保留村庄，以更新方式延续街村与宗祠文化的记忆。建构城市中轴，布局城际轨道商贸廊带，以带形空间引导高效集约的发展模式。

3. 望山见田、推窗迎绿的山水家园

规划重视与壶公山形成对景，采用引绿透风的设计手法，体现三生互融的田城布局，打造荔林溪畔水街村居，留存在地田城交织的诗意地景。

田园周边发展多层围合的居住建筑与社区服务设施，保留原有临田家园的宜人尺度及邻里守望的空间文脉。

于社区内部构建绿庭建筑群落，强化街坊间的交流互通。形成全覆盖的15分钟生活圈，营造便捷的社区服务。

西北视角鸟瞰效果图

4. 汇聚动能、高效发展的TOD路廊

微调轨道线形，布局片区中轴干道，以扩大服务范围。引导各类交通无缝接驳，鼓励居民绿色低碳出行。构建TOD站区服务圈，强化建筑多元混合形态。

布设立体连通、人气活络的城际轨道站区交流系统，便捷对接相邻的重要公共建筑，带动商贸廊带的活力氛围。

TOD新廊带将透过指状田园窗口，加强城市与自然的对话。

望山见水的城市阳台意象

TOD新门厅模型图

地灵建筑及景观肌理符号的转化

06 古渡·山城·博物园
厦门马銮湾新城西滨片区旧村改造 2022

蔡林社和西滨村是厦门风景文化的起源地。山水格局造了就其极具诗意的"渔舟唱晚"美景，孕育了丰富的古渡山村文化。西滨片区位于瑶山溪出海口东南侧，用地面积66万平方米。

西滨片区旧村改造须打破原控规制约，以重现山村、古渡的历史空间风华，营造跨路通湾的博物馆节点与望湾视廊窗口。周边配套高档宜居湾景社区，构建TOD城市综合体与特色婚庆商务版块双锚点，以强化地区多元的生活与产业活力。西滨片区将被打造成世界闽南文化客厅、中国非遗展示和活态承传的橱窗。

总平面图

实体模型图

1. 调路网 · 复古渡

设计调整了既有控规的用地布局，将蔡林路穿越村庄的路段局部地下化，以确保临村内湾港口水域的空间完整性，有利于再现蔡林古渡码头舟帆云集的历史场景。

沿岸建筑包括红砖洋楼、行商大厝、戏台庙埕等，临水景观小品有鱼塘、莲池、石桥、栈道等，街道上旅人如织，河港里舟楫穿梭，共同展现闽南海洋文化的多元魅力。

2. 保地景 · 营山城

西滨村位居临湾小丘的山坡上，西侧的闽南博物馆将采用低矮错落的尺度，

融入西滨山村地景之中。

周边布设宜居商住组团，形塑良好的湾区景观，运用开放街区模式，营造便捷有活力的街区氛围。

依托西滨夕照的浪漫美景，打造特色婚庆商务大街，以丰富地区产业链和活力吸引点。

3. 留古厝 · 造馆村

复原西滨村历史空间文脉，保护村庄原有的山村意象。结合村内三街五巷的步行路网结构，构建十个街坊，并以各不相同的文化主题进行运营，再现蔡林社的现代新八景。

博物馆造型灵感源自闽南栈房、护龙建筑原型，叠加古渡栈桥与水波脊线的形态转译，尽可能降低建筑高度，并分散化处理巨大形体。

借鉴护龙建筑的中间天井可自然地引入天光与气流的智慧，设计出前后通透的馆体立面，将山村、湾景融入馆内。

透过栈桥、跨路环廊，将村、馆、湾相互串联，打造馆村互依、复合共生的世界闽南文化园区。

4. 旧空间 · 活体验

将西滨山村、古渡口打造成活态实景的闽南文化体验剧场，用博物馆推动文化典藏与挖掘，提供大型展演平台。

西滨村将容纳文化大师的生活起居、工作排练、展演展销等全功能空间，以及游访者的旅店民宿、餐饮购物、消费娱乐等配套服务设施。

上述活动均布局于村中街巷、里坊之内，确保西滨村是一个24小时全天候皆有生命力的活剧场。

入口广场效果图

访客中心效果图

古渡码头效果图

活力街区效果图

博物馆模型图

07 因应新需求的地灵新诠释

承德大佛寺广场及游廊改造设计 2007

大佛寺又称普宁寺。承德避暑山庄及周围寺庙——山庄外北面和东面包含大佛寺在内的寺庙群于1994年被列入《世界遗产名录》。承德市政府于2006年开始着手清理整顿大佛寺前多年存在的低度利用且不协调的违章建设，同时计划为大佛寺兴建庙会等民众活动所需的广场。

■ 大佛寺前的空间地灵意境设计

在激发地区旅游产业活力、加强地区旅游设施建设的原则下，大佛寺前空间整治的重点在于积极改善该地区杂乱无章的状况，使其再现"以自然为体、以寺庙为尊"的地灵意境。城市设计的主要构想包括以下几点。

1. 庙前营造具备朝圣感的庙会广场

南移紧临庙墙的道路，保留庙墙外林荫道的大树，使原路的东西两段形成具备朝圣感的步行通道；进一步运用柱廊使其与大佛寺结为一体，清晰地界定大气的广场空间，并运用高耸的树列形成与两侧停车场之间的过渡空间，实现对停车场的有效遮盖。

2. 再现庙前开阔大草原的场所记忆

大佛寺于乾隆年间（1755—1759年）按西藏三摩耶庙形制修建完成。为复原此景，腾清庙前广场南侧的废弃军营，重新展现三摩耶庙前纯净的大草原景象，草原音乐会等各种大型公共活动也可在此举办。

3. 遍植高耸杨树林界定草原及开发地块边际

运用高耸的杨树林界定草原的边际，遮挡现存的较为无序且未来品质不确定的周边开发，确保草原与周边山峦苍穹结为一体，形成整体的视觉感受。

4. 构建绿丘覆土建筑为地区建筑原型

对布设在绿林边际后方、地区急需的大量优质文旅产业开发地块，严格限制建筑高度，并要求开发必须采用覆土建筑的形态，以确保大佛寺前和谐而自然的整体环境品质。

基地现状

实体模型图

地灵建筑及景观肌理符号的转化

大佛寺前广场实景图

■ 反映地域文化符号的庙前广场及回廊设计

在大佛寺前设置广场一方面是为定期举办的庙会提供活动场所，另一方面是为附近居民提供优质的日常活动场所。更重要的是，无论是在举办庙会时，还是在平日，广场都应该是大佛寺整体文化环境的重要组成部分。为此，回廊设计有以下六个重点要素。

1. 朝圣通廊

将现有沿庙的车行道路转变为步行大道，保留现有参天的行道树列，美化树下的休憩空间，在明暗交错的斑驳树影中，营造神圣的朝圣氛围。

2. 群山环抱之中的大气广场

与大佛寺主体建筑群同宽的大气广场，使人能在入口就开门见山地感受到避暑山庄与作为群山地标的棒槌峰的存在。在广场中轴线的南端设碑纪念，使其成为广场的精神中心。广场采用平整开阔的铺面，为平日的市民活动提供更多的可能性。

3. 与大佛寺结为一体的广场边际墙体

运用与大佛寺外墙色彩一致、半开放的厚重实墙，强力地界定广场的边际，强化开放空间与宗教建筑的一体感。墙上的序列窗洞，隐约透露出墙后充满生机的绿意。

边际墙体

朝圣通廊

大气广场

4. 为广场增添光影韵律与具有人性尺度的"拟树"柱廊

沿墙增添人性尺度的柱廊，一方面能够为庙会香客及日常百姓提供惬意的休憩空间及服务空间，另一方面能够衬托出广场的磅礴气势。投射在红色实墙上的柱廊光影，赋予广场极富韵律的神圣感。

5. 唤起避暑山庄昔日金丝楠木记忆的钢结构

柱廊采用承德钢厂的在地钢板及钢管产品，以简化了的传统文化符号构建空间意象。经过防锈处理的耐锈钢材，酷似昔日避暑山庄殿堂使用的金丝楠木，显现出质朴无华但又典雅庄重的氛围；柱身采用的现代卷材钢管还隐喻传统龙柱盘旋朝天。

6. 反射天光且透光的回廊屋顶

由轻巧钢梁支撑的柱廊屋顶采用能反映天光变换的玻璃，与蓝色的苍穹结为一体，凸显大佛寺黄色屋顶的主体地位。玻璃屋顶下方采用穿孔铁遮挡部分日照，如树冠般为下方柱廊空间提供舒适的微气候。

钢制"拟树"柱廊

富有光影韵律的柱廊空间（组图）

回廊及玻璃屋顶

市民在广场活动的实景图

回廊光影实景图

08 隐在世界遗产旁的现代博物馆
承德博物馆建筑及景观设计 2018

承德博物馆基地处于古建筑和风景名胜的"环抱"之中——北临大佛寺,南靠避暑山庄,西望须弥福寿之庙及普陀宗乘之庙,东眺磬锤峰与安远庙,属于高级别文化遗产保护区,限建要求非常严苛。除受一般规划部门的管控之外,基地还受国家文物局、河北省文物局等文物保护单位的层层监督。在设计条件中,对建筑创作影响最大的强制条件为限高7米。

在博物馆设计理念和空间布局上,博物馆建筑及景观旨在延续康熙皇帝营造山庄时的"宁拙舍巧"的设计宗旨。本着"不与山庄争宠斗艳,须为山庄增光添彩"的理念,在严格遵守设计条件的前提下,最大程度地借由建筑与环境的融合来凸显地灵。

■ 掌握地灵,表现地灵的建筑布局

1. 藏体量,尊地灵

基地采用整体下挖的方式,形成6米深的下沉庭院。在其边缘设计层层跌落的台地,并用几组宽窄不一的坡道、台阶,通过折返转向将台地联系起来。让人在"拾级而下"的过程中,如同考古一般,不断发现、感受庭院空间和景致的变化。建筑共两层,将下挖后的新地坪作为首层,并结合庭院分散布局,形成良好的采光及通风效果,消除了常规地下建筑的封闭感。

2. 控视线,望地标

结合"藏起来"的体量及其周边景观的独特性,将屋顶设计成城市的观景平台,为人们提供远眺文物古迹的机会。通过对建筑、景观及路径的布置和引导,借助中国古典园林美学中的"借景"理念,将基地周边的磬锤峰等景观引入建筑中,形成丰富的视觉层次和空间序列。

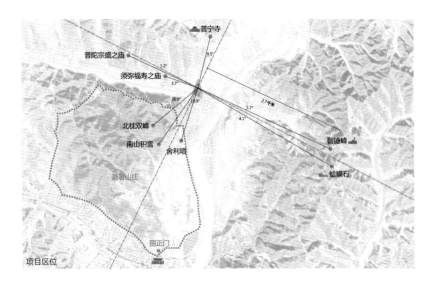

项目区位

地灵建筑及景观肌理符号的转化

实景航拍图

■ 反映地灵孕育出的地域文化符号

承德古建筑的风格不同于其他清代皇家园林，建筑少有反复雕琢，保留了朴实自然之美，但其深沉大气的皇家气派却不曾消减。博物馆的建筑与景观气质沿袭承德古建筑的神韵，简洁、沉稳、大气的原则一直贯穿整个设计。在设计语言上有对承德历史文化的传承与致敬，同时也在图形和构造上运用现代手法和形式进行创新与诠释。重点体现在以下三个方面。

1. 提取马背上民族的"马蹄"元素，将其转译至庭院

从"马背上的民族"发展而来的清王朝统治者，历年都会在承德北部的木兰草原骑马狩猎。因此设计中提取了"马蹄"这一由草原地灵孕育出的极具历史特色的元素，并将其转译至庭院，两个"马蹄"在视觉中交错，给人以步移景异的空间感受。"双马蹄"形的轮廓也作为母题转译到展厅的门上，形成内凹的门把手。

2. 将皇家园林植栽与铺装融入庭院设计

在"马蹄"形庭院中点缀两棵代表森林和山庄特色的油松，古意悠然，以"小中见大，咫尺山林"的姿态展示承德的历史文脉与意境。庭院铺地参考了避暑山庄的做法，以大方砖为主，在过渡空间辅以条石，或对缝或错缝铺砌，为庭院定下了传统风格的基调。

3. 提取承德藏式建筑中的梯形窗元素，对其创新诠释

清王朝统治者信奉藏传佛教，在避暑山庄外建了许多西藏制式的庙宇，这种大规模的藏式建筑群在西藏以外的地区是独一无二的，可谓承德古建筑中最特殊的形式，而藏式建筑中最经典的元素是梯形窗。这一元素被抽象为新的设计语言，除了在所有砌筑墙面上使用倾斜的清水线条外，还在部分墙上直接运用"梯形"。这些元素在传承历史的同时，为建筑注入了时代气息和艺术特质。

沉稳大气的夜景

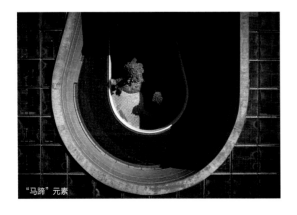

"马蹄"元素

古意悠然的庭院设计

入口广场

"梯形窗"的立面设计

09 乐享浪漫地灵的会议度假中心

成都东部新区国际会都岛概念城市设计 2020

国际会都岛位于天府奥体公园的核心区，地处如织锦般起伏的丘陵之中，西侧及南侧紧临水天一色、岛屿星罗棋布的三岔湖。身处基地之中，既可欣赏巍峨苍翠的龙泉山，亦可遥望连绵壮阔的皑皑雪山。这种既撼动人心，又极度敏感的地灵特质，在本次规划设计中被精心地加以保护。

在极具浪漫场所感的世界级景观中，唯有把握好场所尺度、强化地灵魅力，方可在川渝众多会展项目的激烈竞争中脱颖而出。本项目着力打造三处精彩的人性尺度空间。

1. 精品酒店 —— 巴蜀风情小镇聚落

精品酒店由面湖主楼、山村群落、面溪别院三部分组成，建筑体量依山势层层叠落。除主楼外的建筑均不超过树高，建筑风貌上以现代手法诠释地域干栏式建筑语汇，极具现代野奢感。三个部分相辅相成，互相支撑，形成依山、面湖、傍溪的巴蜀风情小镇聚落，隐身于人工湖内湾，是项目汇聚人气的浪漫世外桃源。

面湖主楼坐拥湖滨广场，享有开阔湖景，酒店的公共界面由此展开形成滨水商街；山村群落隐于树冠之下，曲折蜿蜒的竹林小径极具方向感地引导游客进入房间；面溪别院以退台的形式形成沿活力水街的界面，设在每层的户外露台是人们放松休闲、远眺美景的理想场所。

融入自然山水地景的会都岛鸟瞰效果图

地灵建筑及景观肌理符号的转化

滨水商街效果图

旅居小巷效果图

巴蜀风情小镇聚落鸟瞰效果图

117

2. 活力水街 —— 继承巴蜀巷弄巴适风情的人气磁石

会都岛的规划方案巧妙利用现有谷地形成了一条联络三岔湖、会都岛内湖与天府奥体公园的水系，结合这条水系，未来可由精品酒店向东延伸形成活力水街。

水街整体顺应自然曲线，蜿蜒曲折，步移景异，引人入胜。在水街中段布设曲水园林，为漫步其中的游客带来林间溪畔独有的悠闲惬意的体验。在水街南端布设户外阶梯剧场，在晚间为游客提供丰富多元的川音与川韵体验。

水街建筑设计依循山谷形态，立面层层后退，首层为餐饮、文创、轻奢精品店铺，未来将成为汇聚人气的强力磁石。以自然条石砌筑、偶覆绿藤的石墙，形成当下最新潮的"野奢"风格的连续商街界面。二层以上为精品酒店、民宿等旅游配套设施，作为水街的背景建筑，搭配使用木材、石材和钢材等，呈现既质朴又现代的整体风格，营造绿植掩映、个性鲜明的水街景观风貌。

夜景效果的水街实体模型图

活力水街效果图

3. 国事会议中心 —— 地域干栏建筑特色的创意诠释

国事会议中心的选址位于丘陵间的谷地，场地内部南高北低，高差约10米。设计巧妙利用天然地形将国事会议中心的主要功能隐藏于低处，最大程度地降低人工构筑物对自然景观完整性的干扰，种满绿植的屋顶与高地自然衔接，从而消解自身体量，减少对自然环境的压迫感，将建筑隐于浪漫的山水地景之中。

消隐于地景环境中，并不影响建筑彰显自身的个性。会议中心的主要立面朝入口广场横向展开，简洁而舒展；中央大厅作为整个建筑的标志性体量冲出建筑主体，以强势造型体现国事会议中心的地标性。建筑线条优美流畅，既具现代风格，又暗含了地域传统干栏式建筑的独特韵味，彰显大国风度。

会议中心室内通廊效果图（组图）

融入山水的会议中心效果图

会议中心主入口模型图

10 探寻苏州地灵的蜕变与新生

苏州平江路历史文化街区城市设计 2015

苏州古典园林是世界文化遗产，更是中华文化的骄傲。历代文人墨客以写意山水的高超艺术技艺在咫尺之内再造乾坤，为苏州留下一个个充满"出世感"的东方园林艺术精品。但在越来越重视人民的现代社会里，苏州需要探索一条全新的、迈向开放的、具备"入世感"的"公共园林之城"的转型之路。

项目尝试在古城东侧，紧临拙政园和平江路历史街区的14万平方米用地上，将传统营城文明与当下使用功能相结合，以**新城界、新门埠、新园林、新街巷、新院落**的设计，展开对历史场所精神蜕变与新生命力的探索，为古城植入新时代园林文明的永续生命力。

1. 强化历史轮廓的"新城界"

基地东侧是一段已修复的相门城墙。为使新城界与之隔河相衬，设计提取苏州园林中的云墙元素，以起落似龙腾的大气粉墙界定南部边界，并昭示城内新建筑肌理特质的开始。

北部的历史城墙为原真的残垣遗址。为创造最佳的观望视角，设计利用覆土建筑在其西侧形成望河绿坡，作为观赏城墙的打卡地，复现此地历史照片中大运河畔绿坡茵茵的景象。

实体模型图（组图）

2. 体现现代活力的"新门埠"

依托规划范围内人流集散的四处空间节点，形成空间特质及功能各异的四个门埠广场。

● 地铁门埠

沿干将东路穿越大运河后进入老城，首先映入眼帘的便是一片浓郁的绿荫树阵，不仅大气地衬托出相门城墙，更形成了进入基地的优雅前奏。

结合西南角地铁出口的下沉广场，为地下商街引入令人舒适的自然天光。进出站的乘客可以享受周边商铺提供的便利贴心的服务。借助来往人流，下沉广场也可以成为举办即兴表演的人气高地。

● 相门门埠

正对相门门楼的矩形广场，由延续城墙意象的建筑界定，顶部可与城墙步道串联，其内是可举办传统庙会或时尚创意市集的空间。

● 新港戏台

张家巷与城墙内河交会之处是虹桥浜广场，设计将水面扩大，在前述的云墙端头设置新港戏台，可在此坐船赏戏，再现张家巷传统戏曲文化场景，丰富游客的体验。

● 绿茵埠

最北端为由交通汇流空间界定的绿茵埠，在开阔的草地上点缀浓郁高大的樟树，营造静谧安宁之氛围。

地铁门埠效果图

相门门埠鸟瞰图

新港戏台模型图

望景绿坡鸟瞰图

3. 提炼传统园林"出世感"的"新园林"

石、水、植物是苏州园林造景的主要自然素材，我们以此为基础在南北两区分别营造叠翠园和山水园，意在探索具有"出世感"的大众化的新苏式园林。

● 叠翠园

叠翠园是大众体验绿野诗情、感悟乡愁魅力的天地。游客行经具有生态功能的活水花园，可进入被粼粼水光环抱的静竹园。静竹园中布置有承载苏州丝织厂历史记忆的三个主题空间——"茧院""丝院""染院"，给人以大隐隐于市的静谧文雅的空间体验。

叠翠园幽谧巷道

● 山水园

山水园以立体丰富的空间为大众创造了亲临山水、在市井中共享山水之乐的机会。

入口处模拟山涧的潺潺活水，将游人从尘世喧嚣中即刻带入山水园林。沿清澈水流向北，可见激涌壮阔的跌水瀑峦，游人可穿梭其中，全身心地感受高山水瀑，犹如亲临雄壮的大自然。

"青峰群"是极富园林山石的特色餐饮建筑，享有各异的活水园景观。游客沿"一线天"拾级而上，可抵达开阔的"映天池"，在天光树影之中惬意品茗。"映天池"下方为文化商业品牌集合地，在此引入创意文化引擎，可大幅提升苏州精品文化的品质。

实体模型局部

山水园效果图

4. 满足现代人车出行需求的"新街巷"

将人、车以立体叠合的方式相互分离，沿袭江南窄巷尺度，辟建贯穿基地南北且蜿蜒曲折的单行慢车道。两侧高耸连天的修竹更强化了静谧之感，使居民澄心而至、静心而行。

人行巷弄沿东西向上跨车行曲巷布局，以传统月洞门与砖雕门楼清晰地指明公共巷道和私人巷道的入口。巷内幽幽紫藤攀缘于粉墙之上，为居民提供清幽雅致的入户体验。

静谧的人行巷弄效果图

蜿蜒的车行街巷效果图

实体模型局部图

新"城墙"效果图

商街效果图

水街效果图

5. 满足现代生活需求的"新院落"

人们对现代生活的需求多元且多变，设计试图将"园宅一体"的思想应用在不同用途单元内，营造出心性相通的诗意栖居之所。

以同一尺寸的轮廓模具为基本院落单元承载商办功能，内部可由使用者自由设计，以容纳多元使用功能。

以户户有天地的叠拼住宅产品满足居住需求，多种户型的穿插布局营造有机错落的居住空间。

以高举至二层、倒映天光竹影的临水庭院，营造充满"出世感"的精品酒店。

我们试图透过此基地的更新，以当代的设计语汇诠释"新苏州乡愁"，探索苏州地灵的新生。

新里坊局部模型图

新里坊的坊墙效果图

带小院的联拼建筑鸟瞰效果图

11 探寻恒久的大学之道

天津大学新校区总体规划及校园设计 2010

天津大学是诞生并成长于津沽沃土的中国第一所现代大学。创办于北洋时期的北洋大学是"中国国际化的桥头堡"，院系调整后定名为天津大学（以下简称"天大"）。作为"国家建设的尖兵"，天大致力于工业化发展与国家基础设施建设，确立了工科大学格局。

为满足校园发展需求，天大于2010年启动海河教育园区新校区的规划工作。规划由华汇牵头，采用工作营的方式，透过精英校友集思广益达成共识，确定建设的方向。

■ 天大新校区空间意境的传承

在"实事求是"校训思想的指导下，确定了以学生为中心的规划理念，传承具有北洋精神的空间意境是新校区规划的初心与使命，重现桃花堤，博文书院，卫津路校区敬业湖的北洋亭、爱晚湖的芦苇蜻蜓、青年湖畔的晨读低诵等使几代天大人津津乐道、念念不忘的情境。

1. 会议中心
2. 文科教学组团
3. 理科教学组团
4. 行政服务中心
5. 综合实验楼
6. 公共教学楼
7. 图书馆
8. 大学生活动中心
9. 北洋音乐厅
10. 化工及材料教学组团
11. 机械教学组团
12. 计算机软件教学组团
13. 水土建教学组团
14. 生物医学教学组团
15. 学生宿舍
16. 学生食堂
17. 体育场馆
18. 青年教师公寓
19. 地铁站
20. 发展预留用地

总平面图

城市空间意境的承传

实景航拍图

■ 传承大学之道的主轴空间序列

以学生生活为本、统合新校区空间结构的东西向中轴，自东向西分三段，体现**"大学之道在明明德、在亲民、在止于至善"**的精神情境。

1. 明德段——以锚定校园轴心的圆形广场传递天大精神

由校门开始，行经由夹道高耸的树阵界定的绿埕，进入中轴的门户空间——明德广场。明德广场以弘扬多元思潮、鼓励交流碰撞为场所精神，空间由会议中心及北洋讲堂所界定，中心位置再现老校区的北洋亭，以形成广场的视觉焦点。北洋亭中屹立着创校人盛宣怀像，并刻着天大"实事求是"的校训以及重要的校史，以期使流传百年的北洋精神深深烙印在学子及访客的心里。于明德广场两侧布设了文学院及理学院，使以工学为主的天津大学学生接受"澄心而向学"的洗礼，奠定全面的通识教育基础。

利用环形图案的几何感，圆形广场巧妙地将中轴过渡到正东西走向，使新校区主体建筑群落形成正南北朝向的布局，与宇宙观地景高度契合。

"三问桥"中的"三问"源自老校长张含英先生提出的著名"三问"——"懂么？会么？敢么？"来往的师生可在此坐下来观天色、听水声、看行人、诉心声，让每一位"天大人"谨记求知无止境。

圆形广场鸟瞰效果图

2. 亲民段——以多元交流场所形成创新促酶

大学之道亲民段是促进不同学科师生交流、激发跨界创新力的校园核心段落。

具有地标性、学生共享的计算中心及实验室是亲民段的门户，段中两侧为紧临学生宿舍的公共教室，段末是由图书馆、音乐厅及学生活动中心构成的太雷广场，是校园的核心高潮区。

亲民段是校内人流最为密集之地，沿道的建筑以亲切的尺度形成光影交错的韵律。中央空间由一个个地形高差错落的半开敞院落构成，为师生提供信息交流、人际互动、思潮激荡的场所。

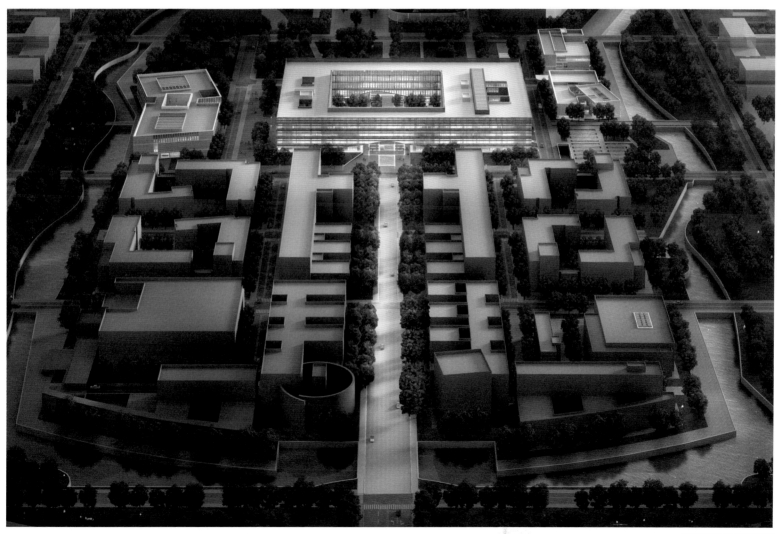

大学之道亲民段鸟瞰效果图

137

作为亲民段底景的图书馆，借鉴中国传统建筑中以"庭院"为中心的空间模式，以大气的水平向度的建筑锚定校园核心空间。建筑内院中，池水倒映着天光，树影投射于四壁，书院中汇聚了四方的求知者，中轴上的喧嚣也在这里休止。

图书馆实景图

图书馆内庭院实景图

3. 至善段——以自然绿园山水奠定生态文明

太雷广场向湖面打开，左右分设学生活动中心及音乐厅。不同尺度、形状各异的多元休闲活动场所，以轻松活泼的姿态构成通往可持续公园门户的"至善段"。

红荷碧连天的映天湖、生态可持续的净水塘、开场舒缓的绿园地以及就地取土叠翠的至善山，共同构成回归自然、天人合一的终极境地。

4. 至善环

● 以浪漫水环串联校园景观

为延续老校区以开阔水面为校园特色的景观记忆，新校区以水环为景观主体。兼具排水滞洪功能的环形生态河道，犹如"翡翠项链"般串联起各个学院；环绕核心岛的线形开放空间是晨读、健身、放松、约会的好去处，更是天大对外展示校园环境品质的重要景观资产。

于多元、有层次的滨水步道旁遍植桃花海棠，再现三代校园"花堤蔼蔼，北运滔滔"的浪漫记忆，更是校园自然感、人性感、科技感交融的纽带。

● 以传统红砖承袭校园记忆

新校区的建筑风貌以传统 "砖作"为基调，结合当代的建筑工艺，应对北方气候，呈现温暖亲切之感，承传天大的百年历史。

● 以亮眼地标点明大学精神

图书馆、体育馆等校园公共建筑以精致的设计手法和低调亲和的面貌形成校园的亮眼地标，同时建筑造型本身也成为代表天大、具备高度识别性的标志性图案，校园中的建筑作品和建筑交叉学科的技术成果成为展现天大教育精神的重要窗口。

鸟瞰效果图

第三章

织连续城市，旺城市生机

上海陆家嘴金融区

城市病症二：破碎断裂的失能城市

城市破碎断裂现象形成的缘由

汽车成为进步象征

回顾过去40年，我们可以发现中国城市的发展是汽车导向的发展。汽车是现代工业的产品，对大众而言，汽车代表了进步。对关心大众生活水平的政府而言，一个进步的社会一定要有汽车产业，城市必须有汽车的通道，并让汽车能够顺畅地通行。"车"似乎已经成为年轻人成家的最基本条件。

从1986年我国允许私人拥有小轿车后，自第七个"五年计划"起，私家车保有量迅速增长，20年后突破2000万辆。2005年以后的近10年间，私家车拥有量以15%~30%的年增速持续高速增长。到2019年，我国私家车拥有量突破2亿辆。近年来，许多城市的汽车保有量依然在持续增长。

汽车导向的城市规则

1）导致城市孤岛形成的宽马路

在汽车日渐普及的过程中，城市规划不可避免地向汽车倾斜。城市推动新地区的发展，通常首先进行的就是道路建设。出于土地财政的需要，大部分新地区会采用超大街廓的开发地块供地模式。为配合这样的开发模式，城市交通规划给出路网疏、路面宽的解决方案，试图在有限的公共道路上集中承载所有的交通流量。此后，随着汽车保有量及出行率的提升，道路断面的设计愈来愈宽，就连老城地区在进行更新时，也被开肠剖肚式地植入宽马路。超宽的主要干道围着由少数超大小区组成的地区，把城市切割成了一座座孤岛。行人要跨过这样的超级马路，从一个孤岛中央到另外一个孤岛中央，就必须绕行至很远的路口，行人过街成了一件极不容易的事情。一个上海的朋友几年前打趣说："在浦东陆家嘴，要从世纪大道的一侧到另一侧，最容易的方式是打出租车绕一圈。"拓宽马路是导致城市形态破碎、肌理断裂的第一步。

2）主张大路口、导致孤岛间联系进一步被削弱的道路设计规范

为了保证汽车的顺畅通行，20世纪90年代初，《城市道路设计规范》被批准实施。这个行业标准对道路设计的方方面面制定了详尽的规范，其中对路口的设计也提出了相应的设计原则及要求，包括：

- 依道路的等级及行车速度，在路口划设"视距三角形"，确保行车经过路口及转弯时，能够及早清楚地看到交叉方向的来车及行人，避免事故的发生；
- 在路口考虑（甚至鼓励）设置右转车道，以利于右转车辆即使在红灯时也能够顺畅通行，提升路口的通行效率，疏解干道交通流量压力；
- 依道路的等级及行车速度要求满足最小的转弯半径，确保道路通行效率不致受到右转车辆减速的影响。

此后20年，原建设部陆续修订、实施了新的城市道路交叉口规划规范，除沿用上述要求外，更进一步提出了路口道路红线切角的具体要求。

这些优先考虑机动车快速通行而扩大路口空间的控制导向条款，在城市的快速建设中，很快地从图纸变为现实。宽大的路口车行空间使得行人过街的时间愈来愈长、路径愈来愈不直接。

3）推波助澜的建筑退线要求

除了道路本身的设计要求外，基于市政管网布设、消防疏散等要求，相关规划对各层级道路还提出了其他设计要求，具体体现在"建筑后退道路红线"的相关控制性导则上，也就是说，控规通常要求临街建筑必须依道路的等级、建筑自身高度，自建筑地块用地红线退后一定的距离。许多地方政府也受到现代规划建筑理论的深远影响，要求在交通性干道两侧设置隔离绿带。这些做法在视觉上使得孤岛感愈发强烈。

4）雪上加霜的建筑间距要求

许多日照规范、消防规范、住宅规范都对建筑与建筑间的距离提出了不同的要求。这很容易使得大孤岛中的建筑布局形成均质且散落化的秩序，每栋建筑都成为更小的孤岛。这些法规源自现代城市规划运动初期推出的"花园城市"概念，其初衷是改善因过于拥挤导致的城市卫生问题。在实现了上述目标后，这些法规也导致中国城镇普遍形成了郊区化的城市肌理，彻底导致"城市破碎断裂现象"的形成。

北京环路的汽车导向城市景象

山西平遥古城的"城郭"

山西平遥古城的"市街"

破碎断裂的负面影响——失能城市

城市的意义

城市是物质环境基础、人际关系和信息技术的集成。

城

城的本义是指由城墙包围的空间.《说文》记载：城，所以盛民也。盛民安居，形成城中安居社会，城中人民得以被保护。

"城中社会"指由城市中共同生活的人群形成的能够长久维持、难以分离、相依为命的一种不易改变的人际结构。从局部看，"社会"含有"同伴"的内涵，是为共同利益而形成的联盟。从整体上看，"城中社会"是由长期合作的个体，通过发展、组织形成的团体网络。社会是共同生活的个体通过各种各样的关系联合起来的集合。

"社会关系"的建立依靠交流。交流是形成具有共识的社会思维与契合感情的条件，通过交流来发展可以共享的安居世界。在传统社会中，人与人的交流必须在具体的物质环境中发生。

城中的环境就是社会交流的媒介空间，作为"社会民众交流的乐土"就是城存在的重要意义。

市

市是交易的场所。

"城中社会"是以一定的物质生产活动为基础而相互联系的居民生活共同体。

城中的社会民众通过分工进行生产，再通过交易获得各自所需的产品、资源与服务，包括消费、娱乐、教育、医疗、行政服务等。

"市"依赖"城中社会"而存在，"城"无市亦不能存在。

"市"促进了城中社会资源的高效利用，满足了人们的生活需要，提高了人们的生活品质。作为"促进城中社会交易的空间媒介"是"市"存在的重要意义。

"市" 的空间形态

自有城市以来，不论古今中外，交易的场所通常位于物流便利之处，尤其是批发型的交易。但城中百姓生活所需的交易场所通常位于人流密集之处，并且依据交易的形态而自然地发生于三种不同的场所空间内。

1）日常生活便利型消费场所：生活街道

在公交站旁的上班路上，喝杯咖啡、买本杂志、吃个早点；在临近办公室的街道上，吃个快餐、买杯奶茶、看着橱窗逛逛街；在余晖洒落的回家路上，买束鲜花送爱人，买几颗巧克力给孩子，买盒冰激凌给自己；在人来人往的街头广场上、在人行道旁的太阳伞下，与不期而遇的朋友坐下来，享受一罐饮料、一壶热茶、一瓶啤酒，静静地互诉温馨的往事，激情澎湃地高谈阔论，自由自在地谈天说地。

布满商店的街道为民众提供了便利型消费场所，满足了人们的日常生活需要，更能刺激民众进行冲动型消费，提升生活品质。

街道是城市中促进日常交易的重要平台空间，也是促进民众进行日常交流的最重要的生活场所。

2）日常生活目的型消费场所：市集广场

在冰箱普及之前，清早去市集买当日新鲜的蔬果是百姓的日常活动。尽管居民和农友未必会每天都到市集采购和售卖，但市集广场上仍天天都有大量的人群聚集。

市集不仅仅是居民每天买菜的地方，也是邻近居民日常聚会的场所，这必然会带动广场周边其他服务的聚集。

当下，虽然早市已经不再是大多数民众日常必去的场所了，但仍有很多人热衷于去夜市吃夜宵消遣。去主打新鲜有机蔬果、鲜花礼品的假日市集逛逛，已经成为最时尚的休闲活动之一。周末的市集广场，更成为文创产业的最佳孵化平台。

里昂老城

罗马鲜花广场

旧金山联合广场

3）高端特定目的型消费场所：高端商场街坊/城市大街

每个城市的民众，无论收入高低，都会在特殊的时刻，如结婚大喜之日、家人生日或合约签订之日前，去城市中高档、有文化感的消费场所买件礼物，送自己、送爱人、送家人、送朋友、送可敬的合作对象。

顾客在购物时都希望能高效地在众多选择中，找到自己心仪的礼物。为了吸引顾客，高端品牌的商店便自然地聚集在城市中可达性最佳、最有魅力的地方，形成城市的高端消费中心——高端的商场街坊或城市大街等，像巴黎的香榭丽舍大道、纽约的第五大道、东京的表参道、巴塞罗那的兰布拉大街、旧金山的联合广场、上海的南京路淮海路、南京市的中山路、杭州市的延安路、成都的太古里……

高端消费中心的形成多是一个逐渐生长的过程，其规模也随着城市消费力的提升而扩展。在扩展的过程中，所有商店始终形成一个连续的共生体是成功的关键。

对城市而言，高端消费中心就是表现城市经济力的橱窗。

巴黎香榭丽舍大街

破碎断裂的城市是失能的城市

1）城市的破碎断裂使其丧失了促进人际交流的基本功能

城市的基本功能之一是促进人际交流。人与人之间最有效的交流形式是面对面的交流。不同形态的面对面交流都需要具备特殊场所感的空间来承载。城市中众多的会议设施、会所、教室、餐厅、咖啡厅、茶馆等都是为事先约定好的目的性人际交流提供的正式场所。

但同样重要的甚至更为重要的是城市中应该到处都有即兴的、非正式的会面场所，促使不期而遇的旧识、一见如故的新友，能够停下来聊一聊，抒发自己的感受，投射自己的情感。许许多多意想不到的机缘，就这样开始了。城市中大多数人都喜欢去人流汇集的场所，在那儿可以看人，各式各样的人；也能被看，被各式各样的人看到。有眼缘，就有机缘。看人及被看是城市人特有的、日常的乐趣。

城市中界面相对完整的、能够形成汇聚感的空间，如街道、广场、院落，有利于汇集人流，更能促成人际交流，是制造非正式交往概率最高的场所。街道、广场、院落愈多，品质愈好的城市，人际交流的机会愈多，人的际遇会愈大。

被条条框框切割、肌理断裂的碎片化城市，没有足够的连续街墙，极难形成具备汇集人流魅力的公共空间。缺乏街道的城市，就无法承担起城市该有的促进人际日常交流的功能。因此，"破碎断裂"的城市是"失能的城市"。

2）破碎断裂的城市不具备城市便利性及冲动性消费行为所需的场所条件

碎片化城市中，建筑与建筑间存在的是不经意形成的剩余空间，没有空间的连续性。人行走在肌理断裂的空间中，无法感受到本应该连续的商店界面为市民提供的日常生活的烟火气和在城市大街上的橱窗购物的惬意感。有"路"无"街"的空间形态，缺乏聚合力，无法形成人气旺盛的场所感。

碎片化城市中的消费行为多发生在集中的大商场里。大商场通常位于两条重要道路的交会点，它虽然是能够满足目的性购物的优良场所，但有两大缺失：

一是无法满足日常便利型购物的需求，且无法随时激发冲动性购买的欲望。

二是无所不包的大型商场的存在必然会扼杀街道型商业的发展。因此，国外的规划专业界将大型商场称为"全方位的杀手"（category killer）。

现代城市承载现代社会。在现代社会中，城市最重要的基本功能之一就是促进消费、提升人民生活品质。面对变局下的世界经济态势，我国的经济结构必须由外向型转变为内外兼顾型，大力促进国内经济大循环的政策因应而出。目前，我国人均消费能力正逐步稳健地提升，推动冲动型消费具备坚实的市场支撑条件。没有街道的城市，不具备城市便利性及冲动性消费行为所需的场所条件。重新织补缝合破碎断裂的城市，成了当务之急。

没有街道的碎片化城市，就是"失能城市"。
没有街道的碎片化城区，就是"失能城区"。

改变失能现象的对策

织"连续城市"，旺"城市生机"

织谱"空间连续"的城市

国内城市破碎化现象的形成，主要归因于僵化应用基于汽车导向的设计规范，指导城市开发、规划和建设。织补碎片化城市、形成连续城市，要从转变两个认知做起。

认识"街道"非"道路"，建立"街道的定位"，编制连续街道设计导则

道路因汽车而生，街道为人而存在。

道路的设计应基于机动车辆顺畅运行的需要，兼顾人行的需要。

街道的设计导则要基于以人为本的前提，兼顾融入车行的可能性。

控制性规划的编制应该明确街道独立于道路的定位，在控规中纳入街道的体系，可以针对街道的特殊需求编制与之对应的街道导则。鉴于国家当前还没有街道设计规范的现状，地方政府可以编制适于在地情况的设计导则，以快速、阶段性地改变街道存在的条件。编制"连续街道设计导则"应该遵循下列五大设计原则。

1）街网设计的原则——密街网

密街网中的街道虽然不是为车行功能而设置的，但绝对能够分担车行干道的流量。街网愈密，干道所承载的车行流量压力愈低，城市车辆通行的能力愈能得到提升，交通干道的宽度要求就能相应降低。在密街网的城市交通组织中，可以成对设置单行街道，以减少双向车行的相互干扰，简化路口信号相位，并可以通过智慧的绿波交通管理，有效提高街道通行效率。

"密街网"可以大幅降低宽马路造成的城市孤岛现象，是新开发地区避免碎片化现象最为重要的根基。

2）街道设计的原则——窄街道

若想要促成街道上的冲动型消费，就需要人能在街道一侧的人行道上看得清街对面橱窗中展示的商品。依据此需求，商业街道在满足一定通行能力并提供人们在橱窗前驻足的空间后，原则上应该愈窄愈好。因此，步行街道的宽度最好不超过10米，人车混行街道的宽度最多不能超过25米（街道的宽度是指街道两侧街墙到街墙的宽度）。

若想要促进街道上行人的交流，就需要在街边一侧的人行道上能看得清街对面人行道上行人的面孔，能够指认出交往的对象，因此，街道的宽度最好不要超过30米。

确保前述两项成立的前提是车行路面的宽度要尽量窄，车速要尽量慢，行人要能随时跨越街道，不觉得街上的行车是威胁、是障碍，更要让大家觉得行车能改善街道的可达性，唯有这样，才能达到促进人际交流及冲动型购物的目的。

3）街道设计的原则 ——连续街墙的律动感

商店为交易而存在。在平时就有频繁人流的通道旁，商店顺势聚集形成商业街道。商业街道成功的要素是商店的聚集度及视觉的连续度。

一旦街道界面的视觉连续性被打断了或被阻隔了，就会出现局部商店"可见度"丧失的现象。受此影响的店面就会受到大幅冲击，其商业价值也会大大降低。同时，就逛街购物的行人而言，如在心理上无法充分感受到"遥远的另一边"具备的商业魅力，往往就失去了走下去的动力。商店运营者的投资意愿也会显著下降，商业界面呈现的活力就很难接续下去。

生意愈兴旺的商业街道，愈能吸引更多的商店或收取更高的租金。缺乏连续性街墙的街道，就丧失了商业的可经营性。

此外，由连续街墙围合的空间能够产生具备聚合力的场所感。具备聚合感的场所可让人萌生"那儿是个好地方，我要去那里"的念头，并在那儿可感受到"我们在这里、我们在一起"的激情。聚合力愈强的场所，愈容易聚合人气，愈有人气的地方，"享受人看人的乐趣"及"人们不期而遇的概率"会愈大。聚合感强、人气高的场所才是满足"促进人际交流"此一城市基本功能的城市空间。

具备连续街墙的"微曲微折"街道，或是两头拥有地标焦点的街道，通常都能够比"笔直通畅"的街道呈现更强的场所感。古今中外成功的商业名街都具备了此种特色，如伦敦的摄政街。

要营造一条能够吸引人驻足逗留的街道，街墙的处理就不能简单地像现代建筑立面常见的、强调快速通过的水平线条一般，这就好比不能妄想用一个音符来组构一篇乐章。街墙立面的处理必须有虚实对比的节奏律动感、光影相间及色彩的律动感，要能在和谐的整体环境中随时有变化，每种变化都能产生一个"微场所"，处处有不同、处处有惊喜，随时都能让人停下来，愿意在此逛街并乐此不疲。

4）街口设计的原则——小街口

街口的空间处理对街道空间的连续性影响至深。如果街道的生机要跨街口而延续，那必须尽量弱化街口造成的空间不连续的事实，使得过街行人的动线愈直接愈好，街口两侧的视觉距离愈短愈好。同时，街口两侧建筑的处理要能够使建筑间产生可感的张力，让人产生过街的意愿与冲动。

目前许多道路的设计规范，如转弯半径的规定、右转车道的规定、视距三角形的规定，都使得路口设计偏离人性尺度，普遍形成了"大路口"的现象，导致街道两侧的距离被拉远，街道的连续性被大幅削弱。行人通过大路口时必须绕远，而无法以最短的路径过街。此外，虽然设计"大路口"的本意是让车辆快速通过，然而，由于路口空间过大，左转车辆有空间抢道左转，导致直行车辆通行受阻；同时，路口过大时，经常出现许多车辆和行人在有限的交通信号灯放行时间内来不及通过，引发混乱难解的路口塞车现象，车辆抢行也极易引发交通事故。与之相反，车辆通过"小街口"时必须减速，因街口中没有多余的空间，车辆必须规规矩矩地行驶，从而可以减少交通事故的发生。

小街口的形成，除了依赖于"窄街道"这一前提外，还依赖于街口行人道路缘石的转弯半径，该半径的设计不应依照机动车的转弯半径需求，而应该依据自行车的转弯半径需求。这样不但能使行人以最直接的路径过街，使街口的空间缩至最小，也能使街道的连续性得到维系。

5）街角建筑设计原则 ——因地制宜

街角建筑的形态，对街道的连续性至关重要。不同形态的街道转角建筑对街道空间延续的方向性、街口的识别度、街道个性的转换会起到截然不同的作用。因此，在设计街角建筑之前，就要认清每个街角建筑扮演的角色，再因地制宜地进行设计。

伦敦摄政街

巴黎香榭丽舍大街

布拉格老城

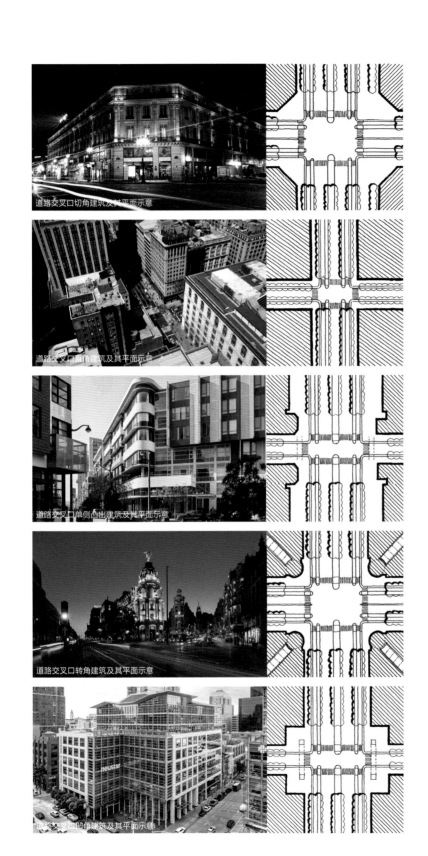

道路交叉口切角建筑及其平面示意

道路交叉口直角建筑及其平面示意

道路交叉口单侧凸出建筑及其平面示意

道路交叉口转角建筑及其平面示意

道路交叉口凹角建筑及其平面示意

① 切角的街道转角建筑 ——暗示相交街道空间的连续性

一般控规红线划设的规范要求路口转角红线必须切角，以满足视距三角形的规定，并依据道路的等级不同而设置不同大小的切角。为此，许多街角的建筑也采用切角的方式来顺应场地形状。用城市设计的观点来看，切角的转角建筑凸显了两条相交街道街墙的连续性。从建筑设计的角度来看，切角建筑两侧的街墙立面一致性越高，建筑的整体性就越容易维系。这就意味着，位于转角处的建筑采用切角形态的处理方式，暗示街道转弯进入与其相交的另一条街道后，空间仍具有连续性。同时，切角建筑在一定程度上凸显了街口的存在，弱化了街道在原有方向上的延续性。可见，街角建筑采用切角的设计手法，虽然最为常见，但并非唯一的或最好的方式。

② 直角的街道转角建筑 ——暗示相交街道各自空间的连续性及自明性

两条街道的街墙向街道转角直接延长相交，意味着两条街道都要维系各自的空间完整性。街角建筑在街角处做些许微处理，就既能保持两面街墙截然不同的特色，也能实现艺术性的转接。同时，当两条街道有清晰明确的主次关系时，直角建筑更容易保持两条街墙立面各自不同的尺度、个性及空间层级。

③ 单向突出的街道转角建筑——强化突出方向的街道连续性

大街与小街相交时，大街街墙线通常与街道路缘石间有足够空间，街道转角的建筑可以向外突出。被大街切割成两段的小街，可以通过街口突出的建筑，来彰显小街的入口，形成两个街口间的张力，弱化过街时小街的断裂感。

④ 斜角突出的街道转角建筑

空间尺度相近、个性却不同的两条街道相交时，转角建筑可以采用地标性的造型斜向突出，这样既能为两种不同个性的街墙制造适度的阻隔和过渡，又能标定街口的重要性，形成令人记忆深刻的场所感，同时兼顾两条街道各自的连续性。

⑤ 形成街头广场的街角建筑

两条尺度相近的街道交会时，两个方向的街墙同时后退相当的距离，就形成了街头的广场，使得原本被街道切分的四个街角空间融合成一个具有可识别性的广场、一个可供行人停留的场所。具备强烈聚合性的广场，可以发挥强化两条街道连续性的作用，并能使两条个性不同的街道合力形成一个一体化的街网。

由上可知，控制性详细规划中对道路交叉口红线划设的一般性要求对保持街道的连续性以及街口建筑应该发挥的城市空间意象作用，或多或少会产生不利的影响。事实上，在交叉口设计规范中，为保证行人安全而设定的视距三角形、为汽车行驶设计的转弯半径等，不一定非得通过对红线进行切角处理，也能够妥善地被满足。街口转角红线的划设应该允许通过精致的街角空间及建筑形态设计后，再行确定红线划设的形态。

因此，一定要认清"街道非道路"，街道的设计导则要以人为本。

破除必须遵守现有规范的无形心理藩篱，树立创新规范，保证街道空间的连续性

织谱具有空间连续性特征的城市，肯定不能仅仅教条地遵守既有的规范。但对许多必须承担行政审批责任的管理部门而言，突破规范就意味着可能偏离公平、公正，甚至出现不正当的获利。为了规避这些风险，粗放式的管控反而容易使得推动连续城市更为困难。

要跨越既有规范的障碍，审批管理部门就要清晰地认识连续城市的理念与落实中央政策的紧密关系，理解推动连续城市是中央赋予的重大专业技术责任，理解积极地作出突破是负责任、有担当的表现，从而建立起推广连续城市的坚定信念；同时，政府应该尽快积极地建立"安全的"实践连续城市的示范实验机制，使得行政审批责任人能发挥敢为天下先的精神，并加速加强地方领导付诸行动的决心。

事实上，许多城市的地方政府及专业团体已经进行了创新性的努力，并已经开始展现具体的成果。中规院及同济大学在成都都江堰规划设计的"壹街区"，具体地实现了规范的突破，成功地展现了连续城市的希望。上海市规划和自然资源局、上海市交通委员会及上海市城市规划设计研究院完成了街道设计导则的制定，为营造连续城市这项工作提供了有力的支撑。在天津市近几年研拟且已付诸实施多年的控规技术规程、天津市建筑工程规划管理技术标准中，重新检视了建筑后退道路红线的要求，并降低了转弯半径的要求，同时在许多城市设计项目上，通过专家的集体审议，进行了许多创新的尝试。目前在雄安新区如火如荼进行的规划建设工作，也在积极且稳健地逐步落实着规范的创新。

营造"活力连续"的城市

营造吸引行人驻足逗留的街道空间载体

愈有活力的街道，愈能吸引人。街道只有成为行人或居民喜欢逗留的场所，才能吸引人。因此，活力街道的设计必须符合人性尺度的要求。

逛街的人，无论男女老少，或多或少都有走走停停、坐下来休息的需要。或是坐在街边独自看看杂志，看看形形色色往来的行人，打个盹，享受单纯发呆的乐趣；或是老老少少一家人享用从路边买来的奶茶和冰激凌；或是两个不期而遇的朋友，坐下来叙叙旧、聊聊天。推着婴儿车、牵着爱犬、带着鸟笼遛弯儿逛街，是居民的享受，他们进入商店前，需要有地方安置婴儿车、系住爱犬、挂好鸟笼。

要使骑自行车的人能随时停下来购物、会友，方便又不妨碍街道运行的停车空间是人性街道应有的要素。

街道的设计应该满足这些人性化的需要。汉斯·卡尔森伯格和杰伦·拉文（Hans Karssenberg & Jeroen Laven）在《从视高看城市》（The City at Eye Level）一书中指出，欧洲的先进城市已经开始要求街道设计在一定的长度范围之内，必须贴心地满足一定数量的人性行为。

只要街道设计得贴心，街道就有吸引人气的本钱。人气愈强的街道，人际交流的概率愈高，冲动型购物的发生也会愈频繁。有人气的街道，就会显得有活力。

营造街道的"活力氛围"

虽然人气是衡量街道是否有活力的重要因素，但我们也都有另一种体验，当身旁无人时，仍然能够感受到所在场所有的"活力潜质"或"活力氛围"。广义来说，活力的感受是一种"活得下去的力量"，是"一个场所的存在价值"。路易斯·康在加州圣地亚哥设计了索尔克生物研究所广场。在开阔大气的面海广场中，一条笔直的狭窄水道在视觉上将广场与永恒的海天结为一体。广场界面由极具韵律感的建筑体量构成，在蔚蓝的苍穹下，与海天对话。大气磅礴的广场衬托出因应时辰流转、随时变化、令人惊艳的虚实对比、光影交错的人间景象。索尔克生物研究所广场在空旷无人的时候，是一个极富诗意、绝佳的个人沉思场所；在节庆或特殊时刻，亦是一个极富诗意的人气聚集地。在索尔克生物研究所广场中，不论是有人还是无人，都能感受到浓郁的永恒的活力。

场所的存在并不一定是为了聚集更多的人。人与人的交流也有多种形式，需要不同的氛围来支撑。一条街道在平日与在节庆时对活力感的需求也是不一样的。清早，在南京或上海参天梧桐树列下的宁静街道旁，感受透过树影间的一束束晨光，踏过满地的秋叶独自漫步也是一种诗意的生活享受。

在北京昔日的胡同里，连续的灰墙上点缀着家家户户的入口，门前是每户院落与胡同的过渡空间，门与间是墙体界定的公共领域。

在相关的社交媒体中，不乏对"北京胡同"的溢美之词。如对胡同里一扇大门前景象的描写：

索尔克生物研究所

索尔克生物研究所

在索尔克生物研究所举办的2010玻璃艺术展

在索尔克生物研究所举办的2022 LV 早春女装秀

"大雨过后，胡同里的老槐树在风中掉落了一地的芳香，飘飘洒洒，落英缤纷，黄色的花蕊铺满湿漉漉的巷子，老人悠闲地清扫着门前的花，或是三三两两坐在门前小凳悠闲纳凉、聊家常，或是邻里街坊围坐一桌打牌下棋……"

也有对大门外胡同里的描写："常见小朋友们三五成群地在一起玩耍，或是老人们蹬着二轮车吆喝卖东西……周末在胡同里遛街串巷就和大多数人去商场一样，成了胡同人的一种逛街方式和常态。"

许许多多这样的普通游客，用相机和文字记录了他们眼中的胡同和胡同里的日常生活。

有人感叹道："胡同不仅是北京这座城市的脉搏，更是北京普通老百姓的生活场所。北京人对胡同有着特殊感情，胡同不仅是百姓出入家门的通道，更是一座座民宿风情博物馆，烙下了许多社会生活的印记。"

也有人说胡同很有意思："有情调的特色餐厅、咖啡店、小店，店后身儿就是大杂院和居民。早上可以看到穿着趿拉板儿、端着搪瓷大碗出门买豆腐脑的大妈，晚上可以见到穿着时尚的文艺青年和蹬着自行车自由穿梭的老外，赶巧了还能听到'磨剪子嘞，戗菜刀'的吆喝声……"最后还建议人们："用心去感受胡同里的那一份独有的质朴！"

这些普通人的真切体验，说出了胡同在北京的意义。胡同是街区里远离城市喧嚣的宁静空间，也是北京人引以为傲、充满生机活力的场所。

北京烟袋斜街

153

一条街道要使人感受到"活力氛围"是需要通过建筑与景观通力结合才能实现的。

建筑富有韵律感的垂直体量及延伸感的水平体量的组构方式，建筑体量上虚与实、光与影的对比，建筑细部精致化与丰富化的处理，建筑的色彩都能使得街道界面产生生动的气息。

街道旁的行道树、灯杆、车阻的间距与韵律，树及树影的形态，街道铺面的材质、图案及色彩，街灯光源的强弱变化，水景的采用，都对街道的日常活力有直接的影响。

在节庆时，特殊的装饰、季节花景及灯光效果都能大幅提升街道的活力。

街道的"活力氛围"事实上就是带动街道活力的能力指标。在具备"空间连续"条件的城市中，将各具浓郁"活力氛围"特色的街道串联在一起，不论街上人多还是人少，都能为行走其中的市民提供甚为愉悦的精神享受。

商业街道界面的活力营造关键在于建立可持续的运营机制，先引凤再筑巢

不同于一般的街道，商业街道的成功最主要取决于商业的活力。在传统的城镇中，商业街道是紧密跟随市场的需求而逐步自发成长的。每个店面的持有者不同，只要商业街道的整体活力保持在健康的状态，即使店面运营因与市场需求脱节而失败，店主也可以立即调整运营方向及内容，获取满意的经济回报，从而使得商业街道的活力得以保障。

在我国现今的开发机制下，商业街道大多随着大块的居住用地一次性出让、一次性规划建设。不少地产购买者并非自住，而是为了投资，因此，住宅地区建成后，经常出现相当高的空置率，导致依规划居住人口规模而设计的商业街无法获得足够的消费支撑。商业街道上零零落落的商店使其呈现出萧条的景象。如果住宅入住率没有明显提升，萧条的景象又极易造成更不利于吸引商店入驻的恶性循环。除非地区住宅的入住率明显提高或地区的居民收入显著增长，地区的消费者购买力大幅增强，地区商业无论质与量的需求才会随之增强，空置街道的店面才能逐渐被填满，甚至出现供不应求的现象。

60年前的台北，开在住宅街区中巷道上的商店还不多见，但30年前，台北的大街小巷中已布满了商店。30年间，商店的品质不断地提升。如今，街道生活呈现的城市活力，成为台北市宜居性的标签。同样地，今天的上海，街道上商店呈现的

质与量，不但远远地高于30年前，更是超越了许许多多其他的世界知名城市。

商业街道的活力是由紧扣市场需求且运营情况良好的商店聚集在一起，并呈现连续且具有魅力的街道界面而形成的。因此，在现今的开发模式下，可以从以下三个方面着手营造商业街道的活力。

1）新开发地区的精明商业策划及商业空间规划
原则一：坚持优先设置街道型商业
街区中尽量避免设置挤占街道商业生存空间的大型商场，以免产生抹杀街道活力的现象。

原则二：合理预估街道商业启动规模
鉴于前述新开发街区消费力的不确定性，进行商业策划时宜在开发初期保守预估街道商业的启动规模。

原则三：集中启动规模商业，形成具有活力的商业街道
商业布局应依据邻里步行动线，在人流量高的街道段上，集中规划商业设施，并在此类商业街道上，策划紧凑集中的启动商业，务必使商业街道在开发早期就能聚拢人气，形成"魅力旺街"的氛围。

2）新开发地区商业街道的可持续运营
原则一：通过商业街道整体运营，确保商业街道可持续的活力
商业街道活力的持续存在，要靠商业街道整体的商业运营。唯有通过整体运营，才能控制入驻商店的品质，并促使商业街道上的商店形成一个共生互补的生命共同体。"整体运营"既能提高商业街的丰富性，又能避免各商店间的恶性竞争。同时，负责整体运营的单位，可以主动掌握市场的变化趋势，及时而精准地对商业街道的业态作出必要的调整，确保街区商业活力的可持续性。

原则二：商业街道建筑底层产权的运营决策权必须集中
商业街道建筑底层产权运营决策权的集中，是保证商业街道整体运营成功最有力的条件。

米兰的窄街

加州圣莫尼卡第三街道活力氛围

确保运营决策权集中的方式有以下几种。

一是由开发商直接持有商业街道底层产权自行运营，或委托专业公司以只租不售的方式进行整体运营。运营成功后，开发商可以享有资产价值大幅提升的收益。

二是由政府规定商业街道底层建筑必须整体持有、整体运营，产权不得切分出售。由开发公司将商业街道底层整体出售，承购单位自行运营或委托专业公司以只租不售的方式进行整体运营。

三是开发商以回租作为产权出售的前提条件，采用产权切分出售后回租使用权的方式进行整体经营，与产权所有者共享运营利润。

3）已开发地区街道及公共空间的盘活

目前城市建成地区，除了极少数历史街区外，多已呈现空间及活力不连续的现象。幸好在许多地方仍存在可以修补的契机，具备重新缝合断裂的城市空间的潜力，场所的生机及活力有望复愈。通过不断尝试及努力，逐步盘活已开发地区街道及公共空间，实现"连续城市"的愿景。

盘活街道及公共空间活力的关键，不仅仅在于设计的功力，更重要的是三个政策方向。

方向一：社区营造机制的建立

闻名全球的城市社会学家、《美国大城市的死与生》的作者简·雅各布斯（Jane Jacobs）曾说：当且仅当城市是透过各阶层大众一起创造时，城市才有照顾大众、造福大众的能力。

她还说，有一种比极端丑陋及毫无秩序更卑劣的品质，就是戴上追求虚假秩序的面具，无视或压制有人正在挣扎求生且极需帮助的真实秩序。

城市公共空间硬件品质的提升，必然会牵扯既有的权益分配，且必须靠公共投资的注入。动用公共投资，改变权益的现状，都必须得到各个利益相关方的认可。所有相关权益者间共识的达成，往往需要通过不断的沟通，逐步建立互相的理解与信任。每个社区或社群居民都有各自的利益关注点，也具有一定的维权心理。理解众多关注者的诉求及心理，需要社区规划设计师长期专注于社区营造工作，提出真正为社区所需、具有社区共识基础且能够落实的具体社区改善计划。社区需要具备固定的专项经费来支撑长期入驻的社区规划师或社区设计师，也需要有一定的资金来保障社区改善具体项目的公共资源投入。持续的、长期的社区营造，需要持久的社区营造机制来支撑。

方向二：既存批租条件的调整

在既有建成区内弥补断裂城市空间不连续的缺憾，通常需要在已出让的地块内通过增建或改建的手段来重塑地块内外公共空间的秩序，这就意味着必须对原有的地块批租条件进行调整。在调整的过程中，必须从情、理、法三方面兼顾政府代表的公共利益及地块业主的权益，例如，对强烈要求突破控规建筑容积的请求，常常会存在政府监管不力或图利他人的疑虑。因此，控规中应该增补"浮动容积"政策，对开发后修补城市所需的容积，创新地通过允许补交地价或调整批租范围并进行产权调整等方式来实现。

方向三：小区产权的细分

作为修补城市依据的社区共识，必须具备法理的正当性。现行的超大小区开发模式中，公共空间的产权为所有建筑居住单元持有者所共有。对公共空间权益的任何改变，需要经所有住户或至少绝大多数住户的同意。任何小小的改变都需要上千户人同意，这是一件费事、费时、几乎不可能完成的任务。小区必须创新性地对产权进行细分，才能有效地减少决策所需的人数，也才能使调整项目涉及的真正权益人拥有真正的决策权。

要想积极地推动城市更新，进行"连续城市"的修补，各级政府须首先对上述三个政策方向作出突破性的创新行动，只有这样，空间及活力连续的美好城市愿景才能有效地逐步实现。

营造"时间连续"的城市

时间连续的城市

城市是个生命体，会不断地与时俱进。每个生命体无论在成长过程中如何改变，都有其不变的基本的存在价值。城市存在的基本价值就是世世代代城市居民感受地域地灵并引以为豪的诗意栖居方式。

一个城市能够在保有历史建筑、历史街区的同时，拥有承传在地地灵的诗意栖居现代城区，就是一个时间连续的城市。时间连续城市的存在，是基于城市居民集体对城市先民的尊重，也是对在地地灵孕育出的在地文化的感动和保护。

在时间连续的城市中，我们能够从其呈现的和谐的诗意栖居环境中，读到世世代代生活在这里的居民共同谱写的历史长歌，并为之感动。无论是筚路蓝缕的艰辛奋斗、荣耀的辉煌时光，还是点点滴滴、有血有肉的普通生活，都被记录在城市的文脉中，体现出人们对地灵的呵护以及对未来的希望和憧憬。费城的社会山，是美国建国的启蒙圣地，建国以来历经兴衰，二战后出现日益衰败的现象。近几十年来，政府不断推动有机更新，如今社会山已经成功地扭转了颓势，呈现出欣欣向荣的景象，重新成为费城最重要的名片。虽然社会山为了成功引入资金及吸引人气，邀请贝聿铭先生在社会山设计了三栋与社会山传统建筑肌理尺度毫无关系的高层住宅楼，但在后续的更新行动中，都严格要求所有修建、改建及新增的建筑尊重原有的城市肌理及尺度特质。至今，不只是美国当年建国的点点滴滴的记忆依然存在于此，同时，时尚的氛围也活跃于此。社会山是一个"时间连续的城市场所"，同时拥有社会山、现代城市中心、宾夕法尼亚大学的费城是一个时间连续的城市。

费城水岸社会山历史街区

费城社会山街道

费城的现代建筑实践

贝聿铭设计的社会山联排住宅

社会山社区公园

时间连续的城市场所

城市由众多的生活场所构成，每个场所都有不同的存在价值以及独特的集体意象。场所的意象特质是城市特质、场所功能特质及构成场所的许多个体特质的综合体现。场所意象特质也会随着城市的发展不断地作出改变，但一个场所中"场所感"的可持续存在，必然有其不变的存在价值。场所集体意象特质是有高度包容性的，在集体意象特质明显的场所中，城市的特质依然清晰地存在于场所中，但同时，场所的特质中也包容了许多构成场所的鲜明的个体特质。场所中个体的意象可以随着时代的潮流不断推陈出新，但场所之所以成为场所，其整体意象依然鲜明地存在。

美国波士顿昆西市场、旧金山渔人码头的罐头工厂、吉尔德利巧克力工厂、加州蒙特雷湾水族馆以及国内上海新天地的更新，都是通过重新改造原本低度利用或废弃的工厂、市场或住宅等历史风貌建筑，使这些在历史上曾经意象鲜明的城区，再一次焕发出新的生命力。对历史建筑进行改造和再利用，不仅使大部分的历史记忆被保留了下来，而且恰当地嵌入合时宜的全新的时尚建筑语汇，也是为明日建筑续写今天的历史。虽然这些场所内个体机构（如商店）的性质及外观在与时俱进中不断替换，但对从小在城市中生活的居民而言，这些场所的旧时记忆依然鲜活地存在于他们的生活环境里。

同样地，在许多历经近代大发展的世界名城中，作为城市名片的公共场所，如纽约的第五大道，巴黎的香榭丽舍大道，旧金山的市场大街、联合广场，东京的表参道，围塑公共空间的众多建筑甚至街道铺面及街道家具不断推陈出新，但透过空间尺度、意象结构、集体建筑肌理以及持续存在的地标建筑的鲜明集体特质，场所的集体意象特质依然鲜明地存在于世人的心头。

波士顿昆西市场

旧金山吉尔德利广场

旧金山罐头工厂

加州蒙特雷湾水族馆

纽约高线公园

时间连续的场所及城市的营造

场所集体意象特质的持续存在，使得场所在时间维度上呈现出连续性。时间连续的场所是在城市逐步生长及成熟的过程中，一点一滴营造出来的。只有在各个时段一点一滴地营造场所意象特质，场所的"**时间连续性**"才能呈现。

作为城市环境设计者的建筑师及景观建筑师，承担每一个设计项目责任的同时还承担了营造"时间连续性城市"的责任。在20世纪闻名世界的意大利建筑大师卡洛·斯卡帕（Carlo Scarpa）的毕生作品中，几乎每个重要作品都体现了"营造时间连续场所"的坚定责任感及深厚的功力。

在意大利波萨尼奥小镇的建设中，斯卡帕完全采用了当代前瞻的建筑语汇，将新建的石膏模型画廊毫不突兀地融入乡愁浓郁的小镇中。

在因罗密欧与朱丽叶的故事而闻名的意大利维罗纳老城中，斯卡帕在二战后用了20年时间一丝一丝地慎思感悟，运用现代的工法及建筑语境逐步精雕细琢，打磨维奇奥宫的空间与实体，为古堡博物馆增添了历史的深度与广度。

石膏模型画廊

斯卡帕肖像

古堡博物馆

奥利维蒂陈列室

在城市中心的维罗纳公共银行改建及增建项目中，斯卡帕拆除了两栋平庸的近代建筑，保留了一栋18世纪的老建筑。新增的三层建筑体量不但延续了老城的尺度，而且处处兼具创意与沉稳，全新的建筑立面与通常过度简化的冰冷的现代建筑完全不同，新建筑与老城中具有精致细部与质感变化的历史建筑一样，在地中海气候的明媚阳光下，展现出层次丰富的光影变化。此外，他更有意识地凸显了风雨刻蚀在建筑表面上的岁月痕迹，就像人脸上的皱纹，引发人们阅读时间的笔记，思考光阴的意义。

在色泽令人着迷的水都威尼斯，在这样一个复杂多元流动的城市中，斯卡帕低调却又诗意十足地为圣马可广场旁柱廊下的奥利维蒂陈列室增添了现代工业设计的艺术气息。在小水道边的奎里尼·斯坦帕利亚基金会项目里，斯卡帕不仅巧妙地处理了建筑底层及院落所受到的海平面上升的威胁，还让新世纪的空气、光线与设计气息弥漫在16世纪的衰败老楼中。

斯卡帕掌握每个项目营造"时间连续城市"的契机，智慧地通过精心的设计将清新的生命力恰如其分地注入极具历史尊严的老城中，让陈旧的老城也时尚，让厚重的老城更精彩，让老城的韵味愈陈愈浓。**每个"时间连续的城市"，都是许许多多像斯卡帕一样的有心人，在时间的长河里不断投入他们的专业生命，用心维护的结果。**

奎里尼·斯坦帕利亚基金会室内

维罗纳人民银行总部

"时间连续的城市"不只是专业设计者凭借过人的感知设计出来的，更是城市中世世代代的居民活出来的。作为一个当代的、有才华的环境营造从业者，必须开放心胸，尊重世代先民累积的价值观，倾听当前社会大众的心声，而后自信地奉献自己的力量，不仅要满足业主的需求，更要自觉地肩负时代使命，不断地为城市良性发展出谋划策。只有通过有社会责任感的专业者及使用者的相互密切磨合，我们的生活环境才能体现出"时间连续城市及场所"的魅力，才能形成"可持续的诗意栖居环境"。

新时代中的连续城市

当今时代，网络的全面普及、智能技术的突飞猛进、新冠肺炎疫情（以下简称"疫情"）的肆虐对我们的生活方式产生了重大的影响。居家办公和网络会议在许多地方已经日趋普遍，网络购物的潮流势不可挡，无论距离多远，亲友之间都能通过网络视频保持日常联系。

在当下的时代，"连续城市"的存在意义是否会日趋减弱？"连续城市"还有必要存在吗？

网上购物对空间连续城市存在意义的影响

网络购物兴起后，网购迅速渗透到人们的日常生活中。以中国某购物网为例，2008年注册用户数量突破1亿人，2013年迅速突破5亿人，到2019年，月活跃用户已突破8亿人。根据商务部公布的数据，2021年中国实物商品网上零售额首次突破10万亿元。同时，多项研究显示，近年来许多街道的销售额不断下降，街面商店倒闭率持续上升。方兴未艾的网购对实体零售业的确产生了相当大的影响。然而，在网络购物出现的这些年，在已经具备连续空间和连续活力的城市里，商业街道并没有大量消失。相反，商业街道上的商店反而愈来愈多样化、愈来愈个性化，而且商业品质也愈来愈好。

- 或许是因为仍有许多人喜欢实体购物的直接感、真实感。
- 或许是因为实体店的作用已经转换成网上购物的实体展示，变成了商品博物馆。
- 或许是因为网络的方便性也为新兴文创产业提供了行销渠道，对兼顾生产及行销的小型文创工作室的需求大幅增加，填补了原有商店退出后留下的空间。
- 或许是随着网络的普及，民众消费力的增加，消费者品位的不断提升，刺激了商店品质的提升。

总之，无论如何，成功城市中的街道没有因为网上购物而消失，街道上反而不断推陈出新地出现一个又一个网红店。**在网络时代，在街道上逛街仍然是城市人生活中最愉快的休闲体验之一。**

在国家倡导扩大内需、促进内循环的当下，舒适有趣的街道无疑仍是激发"冲动型消费"的法宝之一。对地方政府而言，街道的兴衰直接影响财政收入和现金流。在可见的未来，街道仍然可以是地方财政可靠的财源之一，更将是地方竞争力的基石。

网络社交对空间连续城市存在意义的影响

与国外的Facebook、Skype类似，国内的微信、腾讯会议等网络应用程序，不但为远程办公和会议提供了前所未有的、不需出行的便利，而且愈来愈多的人使用微信进行日常联系，从而取代了电话和短信，在形形色色的社交平台上发布个人动态也促进了陌生人之间的互动。但即便网络世界丰富多彩，在世界上大大小小的名城中，街道上的公共生活活力依旧。国际游客到了巴黎，依然会去逛香榭丽舍大道；到了纽约，依然会去逛第五大道；到了巴塞罗那，依然会去逛兰布拉大街。带着爱人、孩子阖家去城市中心逛街对于城市居民来说仍是生活中的一大乐趣；邻里社区的居民，在回家的路上，走过各式各样的创意商店，买束鲜花、买盒巧克力、买个令人爱不释手的小玩意儿，带回家与家人共享，仍是生活中的一大情趣。这些体验，不是网购能够取代的。

自古至今，我们见证到："空间连续、活力连续、时间连续"的城市街道，一直是城市居民最喜爱的，也是提升城市竞争力、地区吸引力和街区活力的最佳资源，这一本质在未来依然会强势地存在。

新冠肺炎疫情的影响

2019年末以来，新型冠状病毒席卷全球。我国政府意识到问题的严重性，积极果断地采取了多维防控措施，除了积极组织医疗举措外，还高效地采用切断疫情蔓延的空间管控措施，封控政策的作用可圈可点。

疫情暴发初期，当一个城市的疫情特别严重时，就针对一个城市进行管控；当一个地区或几个街道的疫情特别严重时，就对地区或街道实施管控。在疫情初期传播阶段，政府利用国内小区普遍较为封闭、居民聚居的特点，严格地实行社区封闭管理，规定非必要不出门，出门一定戴口罩。全国人民上下一心，全力配合，国民的生命健康由此得到了保障。这些至今在其他国家都很难实现的强力国家作为，获得了绝大多数民众的高度理解。

在疫情管控期间要求居民非必要不外出、不见面，这使得网上购物及社交软件的运用愈发普遍，这期间形成的相对封闭的生活方式也慢慢融入人们的日常。那么，过去城市实体空间承载的人际交流、促进消费行为的功能还同样程度地被需要吗？

首先，疫情初期，除必要的超市、医药服务外，大量的餐饮、购物等民生服务行业均需停止营业。百姓的生计、政府的税收损失巨大。这是以限制人们出行为首要防控手段必然会面临的现实问题。在疫情肆虐了近三年的时间内，无论是疫情管控得力的国家，还是失控的国家，都能体会到疫情的确导致了街道消费额的锐减、政府财税的锐减、失业率连连增高的现象，世界各地都为此付出了极大的经济代价。即便如此，我们也见证了外卖替代堂食使得部分民生商店依然成功运行，也发现了公园广场街道等公共空间的新型使用方式。

其次，疫情得到基本控制后，街道上歇业的或倒闭的商店，陆陆续续恢复了营业。触底的消费市场迅速出现了反弹的现象。为了进一步促进经济的复苏，中央政府特别赞扬了成都巴适生活电子商务平台在疫情中展现的城市活力，进而大力推动城市的夜间经济。就成都本身而言，四川音乐学院旁的城市音乐厅的启用推动了成都音乐坊街区的更新，经过织补坊中空间，呈现空间连续性的音乐大道即刻展现出前所未见的城市活力。疫情后，上海的大学路、黄金城道依旧火热；杭州新建的具备空间连续性的天目里，成为网红"打卡"处。

最后，疫情过后，我们在各地的城市中都见证了街道活力的复苏。即便我们需要长期应对不可预见的公共卫生突发事件，也不应该质疑"连续城市"的存在价值，而应该将关注的重点聚焦于：如何精明地运用大数据技术，积极并精准地应对突发事件，有效保护国民健康，尽可能保障城市正常运行。确保城市空间和活力的连续性才是真正照顾民生福祉、提升人民满意度的举措。

米兰时间连续垒砌的街道

华汇缝合碎片化城市的探索

——重建时空连续的"城中街区"

要破除现今城市普遍出现的碎片化现象，就必须坚定地逐步营造"时空连续的城市街区"。唯有在时空连续的街区中，才能旺"城市生机"，使城市在经济全球化的竞争中保持旺盛的可持续竞争力。要重建连续城市，就必须勇于面对诸多现有城市规范的束缚，认清社会必须与时俱进的事实，敢于为人之先，勇于创新，以真正地解决实际问题。华汇愿意与志同道合的相关专业及政府人士，互相勉励，一并前行，迎接挑战。

营造空间连续的城市

12 **织补碎片化的亚热带中心城区**
海口大英山CBD片区城市设计 2014

新兴城市的中心城区，大多出现了破碎断裂的现象，严重地
影响了城市中心应有的活力与魅力。

基地现状图底关系

椰风长廊

大英山片区现有的过大的建筑退让距离和极低的建筑密度，
导致建筑周边的公共空间尺度巨大且无边际感。同时，破碎
断裂的公共空间导致其缺乏舒适的逛街环境和使人驻足的交
往空间，进而导致其无法聚合人气，出现活力缺乏、招商不
利的现象。城市设计的构想包括以下内容。

1. 增设"椰风长廊"，强化国兴大道鲜明形象

为应对海口炎热的气候条件，传承地域特色，延续海口老城
骑楼街墙，设计采用当地椰木材料建构大气并极具现代感的
"椰风长廊"，形成国兴大道的大气门面；以鲜艳缤纷的色
彩、斑斓的光影，为大道营造了浪漫的热带风情。夜晚时，
"外暗内明"的绚丽灯光变化，更展现出大道热情洋溢的迎
宾氛围。

在国兴大道南北两侧设置公共地下街，使其形成方向感明晰
的地下街网，以消弭国兴大道对南北两侧基地的严重切割，
积极强化国兴大道的街道活力，并有机衔接两侧开发地块的
地下空间系统。

椰风长廊地下商业街

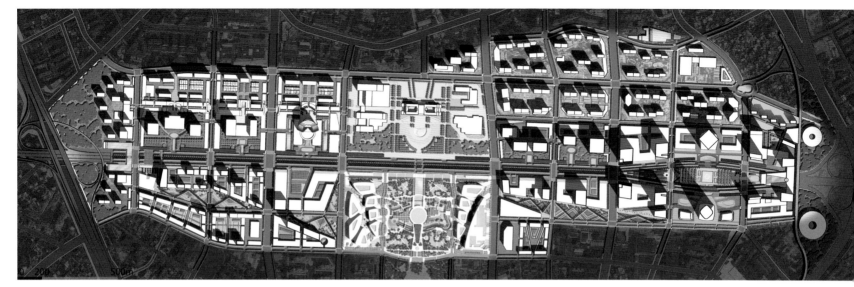

总平面图

国兴大道剖透视图

国兴大道

椰风长廊

外暗内明的椰风长廊夜景

2. 置入"下沉广场"，强化海口塔组团活力

为消减道路对组团的切割，设计将东西向车道向两侧偏移，分幅设置地面层道路，使路宽变小，为行人提供最便捷的过街体验。于中央位置设置连通南北地块的下沉广场，形成海口塔组团实质性的高活力中心。

下沉广场促进了周边超高层地标建筑群的联系，并为其提供了戏剧性的前景，为来往此处的上班族提供了优质的交流和休闲空间，这里将会成为海口城市旅游的新热点。

于广场中心设置灵动的喷泉水景，广场两侧的瀑布持续悦耳的落水声屏蔽了周边道路的喧哗；东侧的公交转运站成为广场的焦点地标建筑，为搭乘公交的人群提供明晰的方向感；极具地方色彩的蓝花楹树阵，在炎炎夏日，为人们创造了纳凉避暑的荫凉场所；大气的绿墙和极富韵律感的拱门序列，成为广场舒爽而精致的界面，拱门后的骑楼则为人们提供了便捷多样的商业服务。

模型图

下沉广场鸟瞰效果图

下沉广场步行空间效果图

3. 调整规划条件，织补地块肌理，提升整体活力

对已建成的项目，于地块临街面进行填充式再开发建设，使其余街廓外围形成完整街墙；对已设计但尚未动工和未设计的项目，提出条件变更建议。

● 适度增加建筑密度

在保证高品质开放空间面积的同时，提高城市核心区活力。建筑密度由25%提升至50%。

● 增加贴线率要求

规定建筑界面退线的上限，并增加贴线率要求，以打造连续的街墙，促进高活力的城市街道空间的营造。

● 重新拟定人性尺度的道路及转角处理方式

改变控规中为便于车行而规定的大视距三角形和大路缘石转弯半径，重新拟定符合人性尺度的道路断面及转角处道路红线的切角要求，以保证人行空间的舒适感。

● 取消地面停车场

取消造成地区碎片化现象的原有建筑周边的地面停车场，对已开发的地块进行修补性更新，对未开发的地块进行严谨的城市设计控制，指定公共开放空间的位置及性质，形成精彩的公共空间舞姿，并发挥海绵城市的雨洪治理功能。

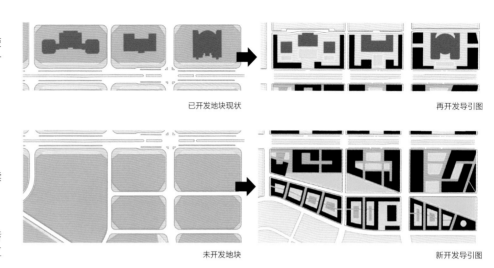

已开发地块现状　　　　　　　　　　再开发导引图

未开发地块　　　　　　　　　　　　新开发导引图

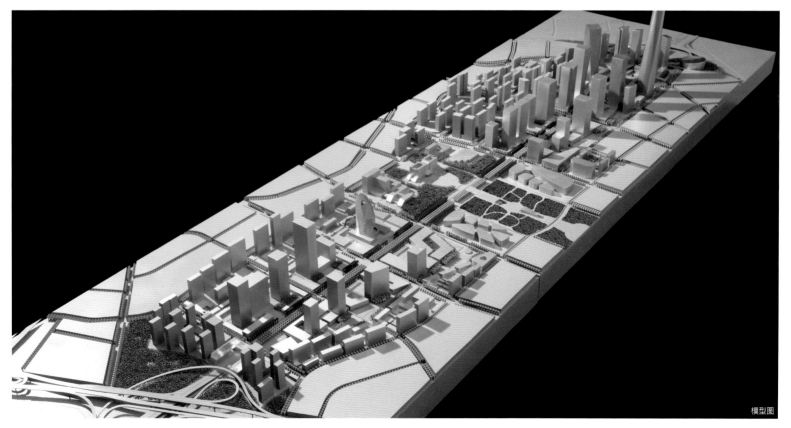

模型图

13 营造空间连续的立体公园城区

成都高新区骑龙创新园城市设计 2021

成都，位于大雪山脉及龙泉山脉之间的盆地中，自然环境独特，更因受惠于都江堰水利灌溉工程，自古就有"天府之国"的美誉。成都人顺应天府之国的地灵，孕育出来的"巴适安逸"的诗意生活，时至今日，依旧是令人神往的成都特有的文化氛围。位于高新南区文化创意核心的骑龙片区，其定位是"具有成都特色与新型公园城市发展理念的TOD示范城区"。

■ 成都山水地灵格局意象特色的缩影

骑龙片区的城市设计，以形态"拟山"的楼宇环绕上位规划设定的中央公园。设计运用蜿蜒的线形，使原本三个相互分离的整合开发地块和方形中央公园形成连续的整体形态，成为成都山水地灵格局的缩影。

中央公园半倾下沉，跨越道路，缝合被割裂的地块。景观设计方面，引入堰流，辟梯营田，偶缀林盘，增铺湿地，为公园增添具有成都地灵肌理的意象。

城市天际线

山水建筑型态转化

山峰　山岭　山峦　山阶

传统街道空间转化

街坊　巷弄　合院　坝坝

乡情景致手法转化

林盘　梯田　茶园　溪流

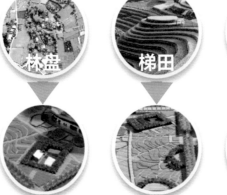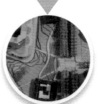

地域空间意象转化与表达

营造空间连续的城市

整体鸟瞰效果图

■ 公共运输导向的立体公园城市

运用地面、地下及空中三层通廊串联两个地铁车站、三条主要的开发带。通廊的空间均由"拟山"的建筑清晰地界定。三层通廊旁均设置高活力、多元化的商业店面及主要的公园广场，形成空间立体连通的公园城市基盘。所有的建筑均透过错落的退台造型，引绿上楼，增加建筑观景维度，强化地区固碳能力，以形成绿色公园城市的主题意象。

借助成都公园城市理念的优势经验，骑龙创新园以创生（创生产、创生活、创生态）建构支撑创新的体系；以筑景（筑街景、筑院景、筑园景）形塑诱发创新的场所，以激活人与想象力间的生产关系。

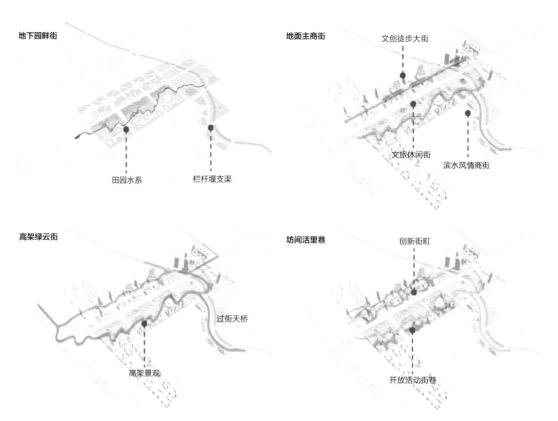

地下园畔街
田园水系
栏杆堰支渠

地面主商街
文创徒步大街
文旅休闲街
滨水风情商街

高架绿云街
过街天桥
高架景观

坊间活里巷
创新街町
开放活动街巷

慢行系统构想（组图）

空间立体连通的公园城市

图底关系

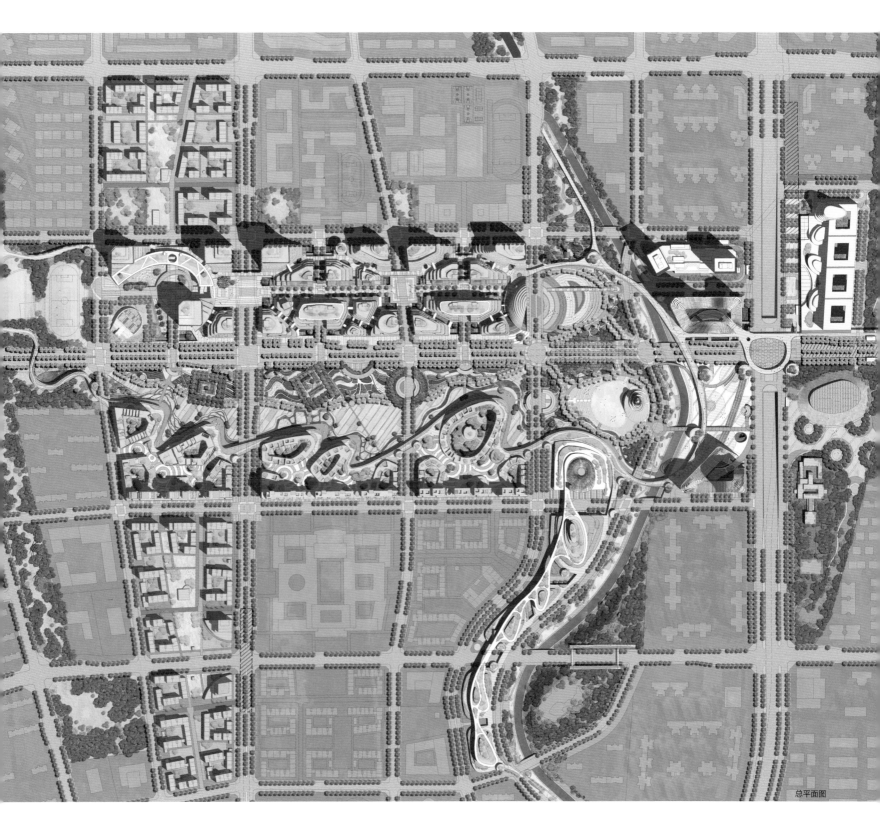

总平面图

■ 独具特色的一个门厅三条轴带

1. 创新总部新门厅

形塑大气开敞的迎宾入口场所，打造时尚热闹的活力门户公园。

结合闹中取静的栏杆堰水岸空间，缝合两岸滨水地带，展现亲水的城市氛围。

利用可供万人同欢的节庆音乐大草坪与蜿蜒的云街系统，串接三条具有特色轴带功能组团的门户空间，共同缔造整个创新园区的共享户外场域。

创新总部新门厅效果图

模型图

文创产业新街町效果图

2. 文创产业新街町

以尺度宜人、连续多元且开放的立体街町形式，打造文创产业办公群组的空间基底。

潮派的山形创意建筑、酷炫吸睛的街町入口穹门、饶富趣味的立体云街与连通小径、层层渐缩的梯式景观露台、跨街横置的空中交流花园共同构成激发文创产业创意灵感的城市场景。

模型图

3. 创意精英新里院

借由相对围合的住宅组群，形塑随性又连续的里坊序列，以创造多样的人居空间尺度。

推窗见田的社区景观、蜿蜒诗意的下沉式活力商街、处处见景的里弄社交场所，共谱了一个起伏有致、典雅诗意的山水居住组团，满足国际创意精英与众不同的居住品位。

创新精英新里院模型图

新里院街道空间效果图

屋顶花园效果图

4. 数智孵育新云台

通过高架云台串联的建筑顶层，形成独特的空中立体连续空间，以应对该组团基地的狭长形态，营造出互动交流场所。

错落有致的带状建筑群落，展现出数智孵育机构的地标性。

连通的共享屋顶观景公园，如织锦彩带般构建出创新园区的另一道亮丽风景线。

数智孵育新云台效果图

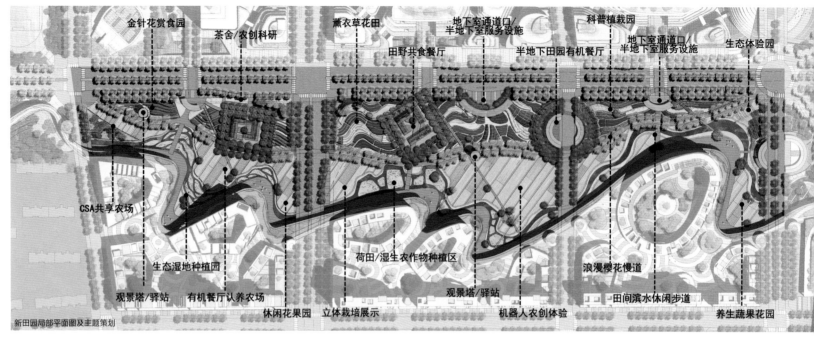

金针花赏食园　茶舍/农创科研　薰衣草花田　地下室通道口/半地下室服务设施　科普植栽园　地下室通道口/半地下室服务设施　生态体验园

田野共食餐厅　半地下田园有机餐厅

CSA共享农场

生态湿地种植园　荷田/湿生农作物种植区　浪漫樱花慢道

观景塔/驿站　有机餐厅认养农场　观景塔/驿站　田间滨水休闲步道

休闲花果园　立体栽培展示　机器人农创体验　养生蔬果花园

新田园局部平面图及主题策划

乡情诗意的天府五街田园街景效果图

夜景鸟瞰图

14 跨越三江·织谱宁波中心活力网络

宁波三江口片区城市更新设计 2012

三江口片区是宁波的城市中心区，各个历史时期均在此留下了深厚的文化印记。

城市设计以整体打造空间序列丰富的魅力滨江城市为目标，结构上以三江汇合处为中心，以六岸滨江空间场为主轴，以通江绿网为肌理，强调开放空间的梳理与延伸，并突出核心区以历史文保建筑为主体的公共设施体系。

聚合三区的三江口步行环路

1. 聚合三区的三江口步行环路

环形的步行桥跨越三江口，将更新后的三个主题鲜明的江口公园相互连接，形成蓝绿相辅共生、造型独特的整体形象，强力标定宁波城市活力中心的精神性地标。

2. 辟建连通三区的公共空间体系

在更新潜力极大但极度缺乏公共空间的江北区及江东区时，通过规划设计各梳理出一条主要的开放空间轴带，用于带动、提升各区中再发展用地的价值，并与海曙区既有的滨河公园、广场及更新后的步行街串联成一个整体的城市级公共活动环廊，加强了三区之间的交流与互动。

3. 紧密联结各片区内部与滨江的活力街网

● 海曙区：形塑历史记忆核心

规划依次串联月湖公园、天一广场商业核心区和滨江公园，以形成连续的开放空间序列。以既有的公共设施为节点，强化慢行连接系统，活化老城的历史肌理资源，整体提升滨江地区及街区的步行空间品质，打造便捷、可达的公共设施体系及多元活跃的娱乐消费中心。

● 江北区：打造艺文环廊

由通江的开放空间联结甬江及余姚江的滨江空间，并以三江口海峡文化艺术中心作为环廊的支点，强化公园的公共性，增进桃渡路地铁站与滨江的关系，并提升站点服务能级。

● 江东区：商住互补的商务中心

结合庆安会馆的滨江空间，形成海上丝路世遗公园。以世遗资产结合文创产业，形成江东滨江绿埕特色。打造三条通江绿园，结合中央林荫绿廊，形成居住与就业共荣互补、混合使用的人性化中心商务城区。

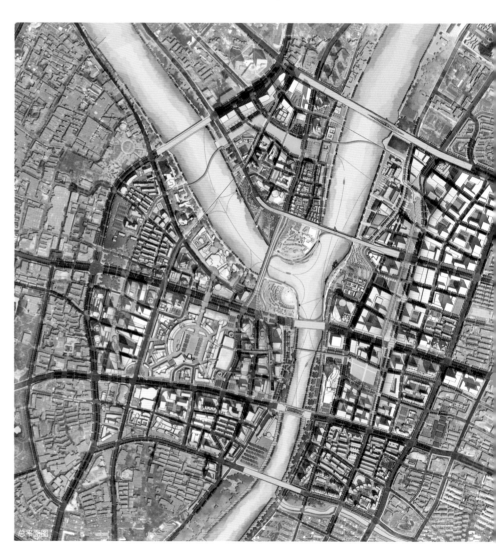

总平面图

营造空间连续的城市

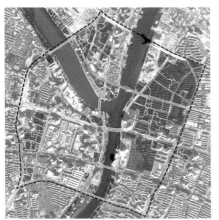

梳理可更新地块

河口串联的环形步桥

连通三区的环形通廊

串联片区内部的慢行街网

鸟瞰图

4. 重拾江厦繁华盛景的双层步道网络

海曙区东侧滨河区域是行人与机动车矛盾最为突出的区域，地面被多条交通性道路占据，且无空地。此片区的更新以优先人行活动为出发点，力图将天一广场的内部活力重新带回水岸边。

以空中二层的人行通廊跨越东渡路及车轿街，减少人流与车流的冲突。以全公共性的通廊形成高架人行主干步道，确保天一广场及江厦公园24小时的通畅联系。以"井"字形结构为近期实施方案，未来视需要可向北扩展。依据滨江公园设计，设置过江步道强化海曙与江东的联系，个别建筑可视自身需要与公共二层步道相接。将江厦街由原本的交通性干道改造为慢行道路，保留所有行道树，缩减车道，扩大人行道宽度。

因交通干道和防洪墙绿篱的阻隔，江厦公园比较静谧，略显活力不足。因此，从整理植栽着手对江厦公园进行改善，并以创意的手法重新设计防洪墙，增加视野的通透性，打造清晰的公共意象，体现"街在江边"的空间特性，并尽可能保留公园内现有大树，以整合性的设计手法布局景观设施，容纳新的城市活动。

步道网络

江厦街二层平面图

江滩公园

营造活力连续的城市

15 确保活力连续的渐进式微更新
天津滨海新区解放路地区更新规划 2016

位于塘沽外滩地区的解放路地区自20世纪50年代便是海河边重要的商业中心，90年代后，解放路步行街更成为滨海新区人气聚集的高地。近年来，传统商业街区的整体风貌与对岸于家堡脱节，面对周边新兴商业综合体的崛起，该地区呈现活力不足及公共空间不连续的现象，亟待改造提升。为不重蹈大拆大建改造方式的覆辙，本次规划采用渐进式的有机更新，精明地推动"连续城市"的修补，以期在提升公共空间品质及整体风貌的同时，为滨海新区奠定坚实的可持续税基。

解放路商业街改造前后（组图）

基地鸟瞰图

为了全面而均衡地考虑城市活力的延续与改造提升之间的关系，本项目主要提出下列六项更新方式，以点燃塘沽外滩的连续活力。

1. 建立渐进式有机更新策略

采用政府主导与自主更新相结合的方式，由政府先行主导提升公共环境品质以及推动新建公共设施地块的必要更新，以此带动商家进行业态档次的更新升级，进而推动自下而上的地块自发的更新改造。同时，建立社区营造机制，尽量减小对商家运营的影响，实现各相关主体的利益平衡。

通过制订精明的更新行动和有序的实施计划，借助政府的先期投入，有效地带动整体长期的可持续再发展。

上海道沿街立面改造前后（组图）

近期发展总平面示意图

2. 改造上海道建筑立面，营造流光溢彩的外滩门面

在不影响建筑原本使用功能的前提下，利用彩色轻质外挂隔板，营造富有韵律感的垂直立面配色，无论是雅致时尚意象、海滨清爽意象，还是人文活力意象的建筑色彩都能使外滩门面焕然一新，使其充满生动的气息，形成海河上五彩斑斓的风景线。

3. 点亮解放路商业大街，提升原有街道的夜间活力

借由地铁施工交通导行的需求，对原步行街进行道路空间改造，增加行道树列及连续灯柱，配合不同节庆布设应时应景的灯光彩饰，如凸显二十四节气的灯带展示使其成为绚丽的城市光廊，凝聚地区人气。

4. 织补商业街巷网络，扩大内街商业服务覆盖范围

在不影响商家正常经营及保证消防空间畅通的前提下，疏通街区内部人行街巷，串联商铺，扩大商业辐射网络，利用多元且各具创意的"增改建"手法重塑连续的地块内外公共空间，以促进人际交流，增加地域可辨识性，让原本传统的逛街体验拓展为处处有惊喜的探索发现之旅。政府引导成立地区商会，组织商家经营维护公共空间，打造商圈品牌并积极策划营销，以增加的税收来平衡前期的改造成本。

平面位置示意

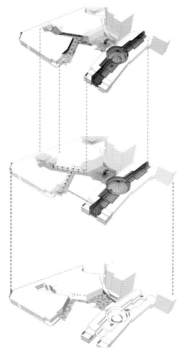

① 高活力步行商业街区：加建透光廊架

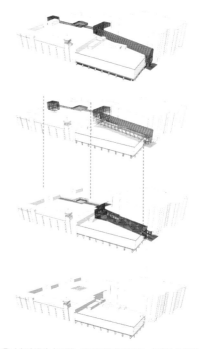

② 人气商业中心后巷：粉刷彩漆趣味墙面，加建生态阳光走廊

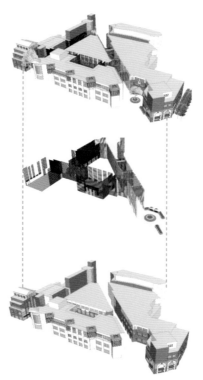

③ 衰退商业街区内部：彩漆木格栅覆盖立面

④ 杂乱数码商业街区：围塑轻质竹幕，加建中央阳光绿坊

各街区内街改造分层示意图（组图）

内街改造前后（组图）

5. 以点带线，激发商业活力

适时启动由政府主导的重点地块更新，发挥沿河景观价值，使其成为串联地区人气的活力锚点，其余由业主主导业态升级，进行商场动线的串联，保证可持续的商业活力。

6. 公园二次更新带动各土地权利地块有机更新

远期启动外滩公园的二次更新，置入适量的开发提升公园全时活力，形塑地标，从而带动各地块依照原有土地权利范围，随需求自行更新，充分保留原有内街空间的形态及公共属性。出台支持政策，允许再开发主体根据市场需求调整使用功能，并以"浮动容积"调整地块出让价格，以鼓励多赢、益以兴利，激发市场活力。政府以创新的机制获得地区整体面貌的提升，增加现金流，为城市未来可持续的竞争力奠定基础。

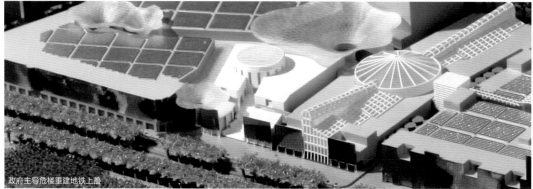

政府主导危楼重建地铁上盖

政府主导门户驿站地标建筑

望河魅力生活街区

天城更新混合街区

外滩公园二次更新效果

近期公共空间更新改造

中期政府主导地块更新

远期各地块自主更新

16 串联地区活力源的修补式更新

成都太平园片区城市设计 2018

太平园片区紧临川藏路，地处成都市武侯区红牌楼现代商务商贸集聚区的核心位置，地铁M3、M7、M10于太平园地铁站形成三线交会格局，铁路西环线从片区内穿过并设红牌楼站。基地内的成都大悦城是中粮大悦城在中国西南地区精心打造的首个城市综合体，也是目前片区内的主要活力源。然而，铁路西环线和川藏路高架桥严重割裂了城市空间，活力辐射被迫中断。曾经热闹的家居市场由于载体破旧和业态单一也逐渐失去人气。

■ 构建连续的空间，织补被割裂的城市肌理

● 建筑空间连续

通过一系列建筑空间跨过车行道路及铁路，串联大悦城、太平园地铁站和红牌楼火车站并衔接站体，确保地上空间的连续性。

● 开放空间连续

围绕太平园地铁站，建构向四方渗透的连续开放空间和慢行网络，在铁路段，将中央公园以缓坡的形式下穿通过铁轨，确保地面空间的连续性。

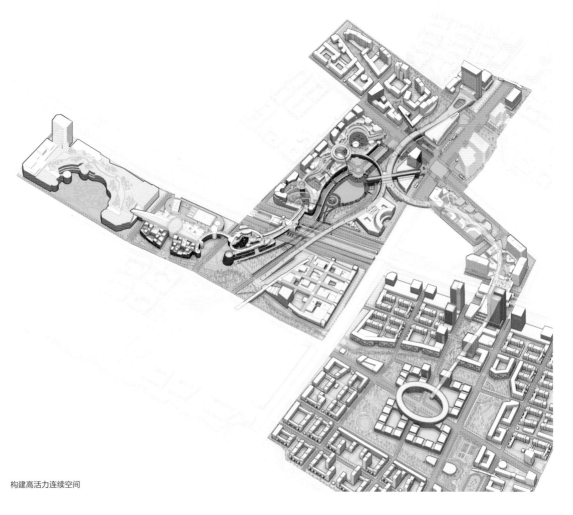

构建高活力连续空间

位置示意

总平面图

以连续浪漫的空中花园连廊，串联全区活力点。依托轨道交通站点打造多个主题活力区域，并通过透光通廊、屋顶花园、空中连廊等多种形式，构成立体、连续的慢行系统以串联各区域。

● 时尚商贸办公带

依托太平园地铁站引入省时高效的城市候机厅，打造一条延伸至红牌楼火车站的时尚商贸办公带，充分利用候机厅及火车站带来的旅客流量，配置文创、商业办公和酒店功能，增加商务和旅游客群在片区的停留时间和消费倾向，营造全时活力。

● 活力商业文娱带

以一系列商业载体衔接地铁站及大悦城，打造一条商业文娱集聚带，植入"商业+文化""商业+美学""商业+自然""商业+家庭""商业+运动"等主题业态，满足多元客群吃喝游购娱的需求，形成集聚的商业活力。

● 文化展销体验带

利用西南地区丰富的非物质文化遗产，打造一个集展览、销售、制作、传承于一体的"非遗"技艺传承中心。此外，利用片区内现存的家居业态载体，加入设计服务、体验展示、活动中心等新功能，同时尝试跨界融合，将门店出售的商品和布置的场景，搬到自营的品牌酒店中，强化消费者对品牌的认知感和忠诚度，打造展销体验一体化的家居营地。

● 多元开放街区

在太平园地铁站周边，打造高混合的创智SOHO街区；在红牌楼站南，以环形绿地将地块划分为两部分，绿地中央布置既服务社区又对外开放的活力艺文工坊，外围布置多个居住组团，并沿绿地界面设置社区商业，营造生态、开放的公园坊。

空中花园连廊串联全区活力点

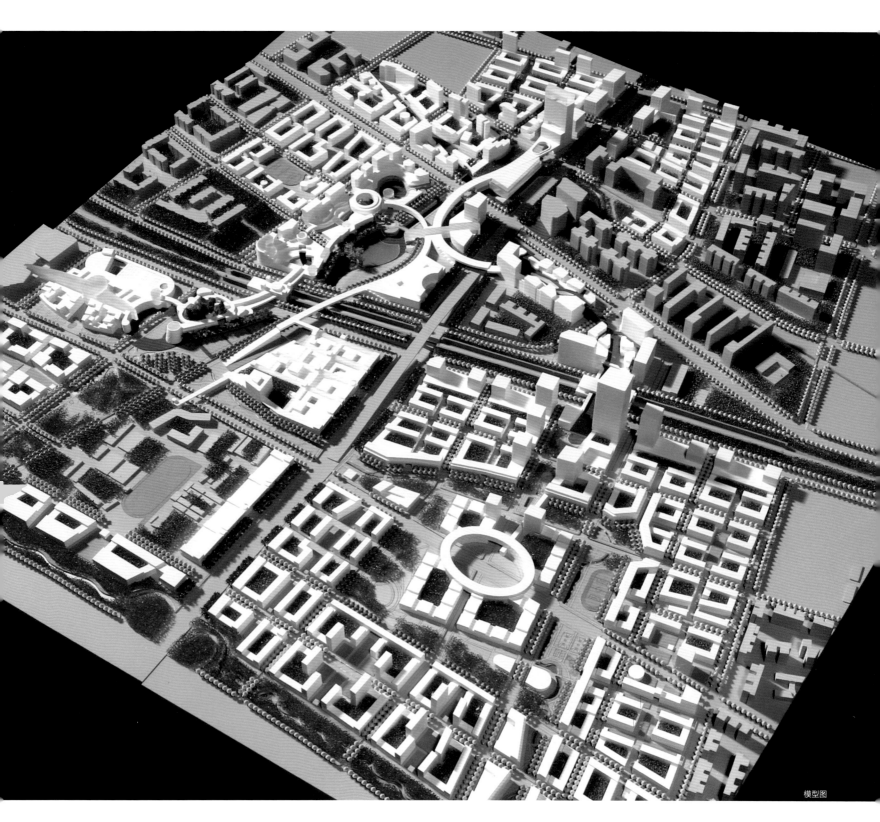

模型图

■ 以地上地下一体化的综合开发，确保区域全时活力

充分利用太平园地铁站、红牌楼站，建设站点上盖商业，基于竞争与合作相结合的经营战略，引进与大悦城错位竞合的主题式商业运营商。同时，优化地铁站厅层空间布局，在与地铁商业相匹配的地下区域规划由零售、休闲娱乐等业态构成的地下商街，串联包括大悦城在内的多个地块，使地下空间跨地块联动。此外，构建流线顺畅、方向明晰的垂直交通，串联地上、地面和地下空间，保证公共交通站点与商业在空间上的高效衔接和内容上的互动，确保区域全时活力。

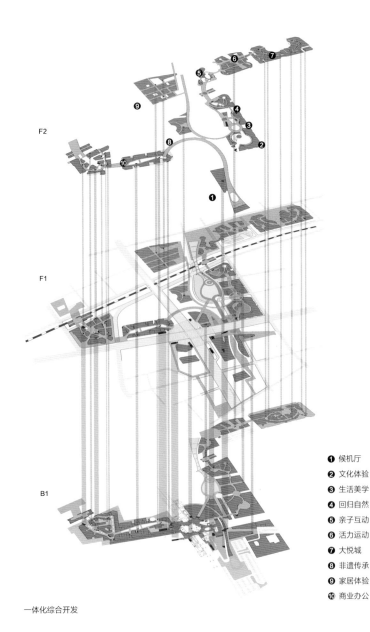

F2

F1

B1

❶ 候机厅
❷ 文化体验
❸ 生活美学
❹ 回归自然
❺ 亲子互动
❻ 活力运动
❼ 大悦城
❽ 非遗传承
❾ 家居体验
❿ 商业办公

一体化综合开发

文化体验：文创主题集聚区

生活美学：都市人群生活美学体验中心

回归自然：自然生态元素融入商业

亲子互动：探索、教育的儿童天地

活力运动：运动主题集聚区

西南"非遗"技艺传承中心

家居体验：展销体验一体的家居营地

商业办公：紧密衔接火车站的商业办公

活力节点主题策划（组图）

聚拢站点和商业活力的水景公园效果图

下穿主干路的连续公共绿地效果图

17 构建空间与活力连续的TOD硅巷城区

成都武侯新城城市设计 2018

武侯新城紧临成都环城生态绿环，发展定位为临空电子商务城区。该地区遵循传统开发模式和既有规划，经过多年发展，仍未能带来足够的发展动能。2015年地铁的建设为片区带来发展契机。针对新的基础设施建设和市场需求，本次规划结合四个地铁车站，在其周边地区及区内其他未建设用地重新调整规划方向。规划构想主要包括以下三个方面。

■ 建设空间与活力连续的TOD城区

结合轨道站点划设功能多元、空间肌理丰富的五组TOD特色街坊。各个街坊内均发展公交导向的"小街区、密路网"空间结构，形成通往地铁车站的连续优质慢行网络及公共交通接驳系统。在步行网络两侧布设商业空间，可以有效促进冲动型消费的发生。除一个现有街坊，在其余各个街坊内紧密围绕轨道站点，精心构建四组形态上各具特色的TOD核心地标建筑群，并使其在功能上共生互补。

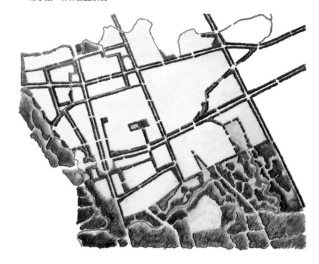

"绿手指"森林公园系统

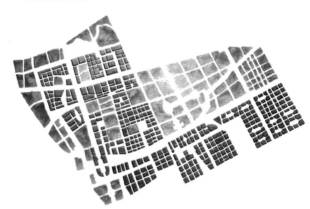

硅巷化开放街区结构

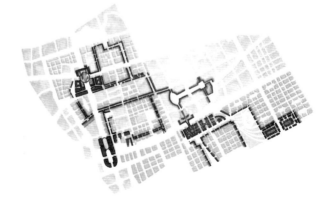

高活力TOD商业网络

支撑城市连续性的公共空间系统（组图）

总平面图

1. "IT畅想埕"核心地标建筑群

项目用地中规划了地铁29号和33号的换乘站，地铁上盖一体化开发是该片区的设计挑战。50米宽的交通性干路，将东侧既有西部智谷核心区与开发地块分隔开。TOD一体化设计既要面对地上地下设施的衔接转换，又要积极处理新旧发展在空间上的连续。

核心设计构想：建立与东侧西部智谷互连互通的立体慢行系统，其中的空中部分连廊跨越交通干路。新的开发以立体街道串联一系列能够再现成都传统地灵魅力的合院空间，以吸引有潜力的高新企业入驻，助其成为引领武侯高新经济发展的头部企业。

IT畅想埕内部空间效果图

场站上方TOD效果图

绿埂红巷内部空间效果图

2. "绿埂红巷"核心地标建筑群

受成都双流机场航空限高与进出航班噪声的影响，该片区的开发高度及开发内容均受到一定限制，因此整体发展应采用中低层高密度紧凑宜人的建筑形态，并采用高弹性的建筑原型，便于建筑产品灵活应对市场需求。

核心设计构想：围绕地铁3号线与33号线的换乘站，规划设计一组在尺度和结构上具有系列感的"产业生态绿街坊"，绿街坊内以"小街廓、密路网、窄街道"的模式，形成具备优雅城市公共空间舞姿及多元交流情景的体验场所，所有宜人尺度的街巷均构成通往站点及相通相连的活力空间；绿街坊中心为充满绿意的广场，作为宜人亲切、轻松开放的创新空间，吸引国际创意人才汇聚于此。

临站TOD效果图

3. "3D公园门户"核心地标建筑群

本区域有地铁33号线与地铁17号线的换乘站，街区内需规划一处市级文化设施用地，按照最新的交通规划，东西向干路规划升级为城市快速路，在本地段内以高架形式通过，对街区整体开发造成较大的割裂。

核心设计构想：以立体空中步道，在高架道路起坡点之前跨越规划快速路，连接被大路割裂的文化公园与文化产业建筑群落，构建空间及形象完整连续的绿色可持续发展的先进示范街区。

3D公园门户效果图

跨街住宅开发TOD效果图

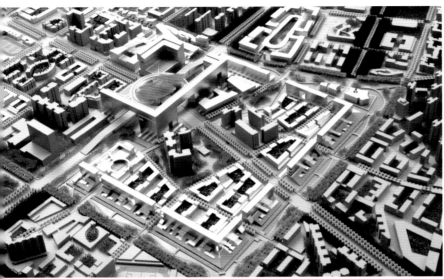

云光之埕实体模型图

4."云光之埕"核心地标建筑群

规划地铁17号线与9号线交会于此，黄堰河和三吏堰两条水系流经本区域。为了响应成都职住平衡、产城融合的"新型都市工业"的发展理念，将该街区打造为公园化总部楼宇社区。

核心设计构想：形塑贯穿街内各具特色的河流水系，提升项目区的空间环境魅力及景观品质；塑造有明显围合感的"埕空间"，凸显地标性；建立空中花园连桥，强化TOD整体性。在地铁交会处，连通作为地铁站点出入口的下沉广场，在高架桥上方构建祥云形态的构筑物，弱化高架桥对两侧用地带来的视觉影响和噪声干扰，构筑物形成的强烈中心感把周边相邻的开发地块统合在一个整体性空间下。

跨街商业开发TOD效果图

■ 引绿入城，修复水网，强化生态连续性

紧临本项目的成都环城生态区是从机场进入城市必经的门户地带，我们提出将本区域构建为"主城区门户森林公园"，大幅提升基地的整体价值，使大气的环城森林公园成为新城的IP形象，指状公园体系由森林伸向城市内部。

1. 堰流公园

营造茂林碧水畔、河流水街间的公园城市。

与环城森林公园相邻，向城区延伸的凤尾公园，通过在其中种植方向感极强的弧形树列，在空间上将"IT畅想埕"与"绿埕红巷"两个TOD核心地标街区连接起来，运用公园环境促成连续的空间肌理与活力。

依托街区河流水系，发展尺度宜人、临水而建的清川堰水街——巴适雅趣天地，串联"云光之埕"、TOD核心街区及西部智谷，并在其中引入浪漫丰富的休闲商业配套，增添地区吸引力。

2. 口袋公园

整合地区开放空间及水网系统，形成以黄堰河和三吏堰为主干的亲水亲园、生态宜居的街区环境，并进一步透过向街区延伸的绿街巷和口袋公园构成完整连续的蓝绿生态网络。

堰流公园生态空间鸟瞰图

■ 植入开放街区，织补城市空间的连续性

传统发展模式推动的控规编制及土地出让方式使得基地内开发凌乱，尤其是超大封闭居住区导致的孤岛式空间结构使得地区的公共空间网络无法形成连续体系。因此，必须运用开放街区的思维方式，修补断裂的慢行空间体系，建立连续精彩的公共空间系统。

居住社区的建筑形态充分吸纳川西民居建筑特色，同时采用以庭院式为主的空间形式，以"院"为基本空间单元，这样的空间组合方式被成都人称为"四合头"。院内采用起伏的微地形、种植高大的乔木等一系列景观营造手法，共同构成充满绿意的安静内庭院环境。

在大小院落、街头巷尾间，设置明朗的藤架空间，供家人纳凉、妇女做手工、小孩嬉戏、邻里喝茶下棋以及接待来客之用。邻居间在这里得以充分地交流对话，感受惬意情致，处处可摆"龙门阵"。

绿院社区内院效果图

堰流公园绿地效果图

堰流水街效果图

宅前共享空间

营造时间连续的城市

18 新老相辅共生的历史街区保护
北京"香厂新市区"保护与发展规划 2015

"香厂新市区"位于北京旧城南部、古都中轴线以西的宣南地区，是城南历史文化记忆的核心承载地。在历史发展与时代更迭过程中，香厂保留了彰显丰富历史价值与意义的印记，承载延续了北京城千年的记忆。尤其在近代新文化运动中，香厂作为重大历史事件的纪念地更是民族文化不可或缺的重要组成部分。香厂历史街区不仅积淀了宣南地区深厚的传统民俗，也受到近代化和当今全球化的强烈冲击，需要肩负起将民间文化艺术与现代文艺形式融合并促其新生的时代重任。

如今的香厂地区市政基础设施相对落后，是北京旧城内的一个普通的老旧街区，散落在街区内的历史资源因缺乏保护而残破凋零。政府期望通过此项目来改善民生、延续历史文脉、精明活化旧城、形塑地区形象，以实施为导向，探索历史古都旧城地段的保护与更新之路。

■ 历史与新生共融共生的连续肌理

在尊重原有历史肌理的前提下，基于对基地老旧街区内部的多次详细调研，有针对性地提出适用本项目的营造时间连续城市的设计手法，主要有以下四个方面。

1. 历史街道换新颜

保留较为完整且传承着时间魅力的历史街巷，梳理基地内现存历史胡同的连通性，并运用渐进自主改造模式，尊重居民意愿，合理改善，适度引入商业活动，为旧城区注入新时代的生命力，展现老旧街区中具有时间连续性的城市更新。

2. 拆乱增设谱新篇

对特色文物建筑的无序使用及新建项目的突兀穿插，使得片区内部分不同时间形成的空间肌理与城市意象纷杂凌乱。将此类不协调部分进行整体拆除安迁，拆除后用地内植入适合在地肌理的全新中心绿埐、艺文组团、口袋公园、城市会客厅等多方面的公共服务设施，并推动保护性开发，共谱鲜活永续的场所精神，保持空间肌理的时间连续性。

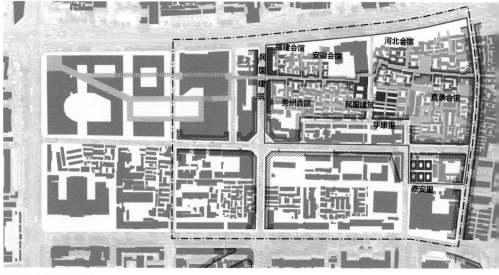

新旧建筑融合的城市肌理图

模型图

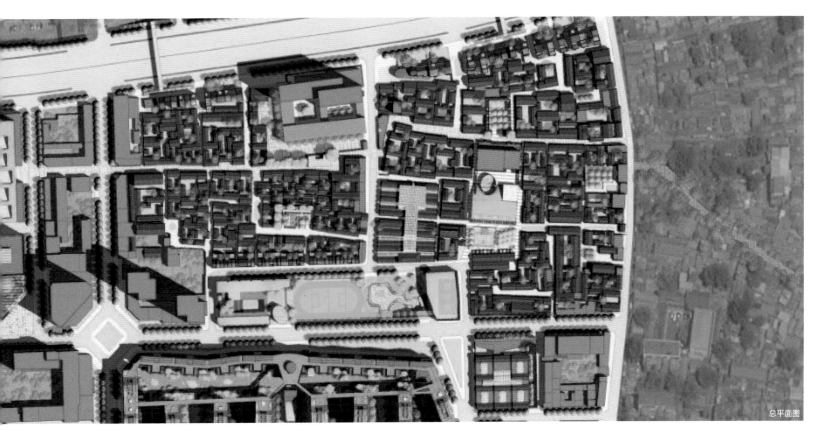

总平面图

3. 历史建筑赋新能

优先活化片区内民国时期的历史建筑，将其作为带动地区发展的种子计划，使在地的历史建筑有机会真正地存活下来。引入与地方文化发展契合的业态，赋予新的适用功能，利用产业催化地区发展，打造地区经济名片。

● 泰安里

泰安里是香厂地区最具代表性的民国建筑，虽历经沧桑但仍不失大气与端庄。计划将泰安里改造为具有世界水准的精品民国风情酒店。作为最先启动的种子计划，对泰安里从策划设计到品牌营销进行整体包装，以扩大香厂地区的知名度和影响力；将现有主体建筑改造为30间客房；将临仁寿路一侧的首层改造为酒店自营的精品商店；同时，拆除泰安里西北侧现存质量较差的建筑，使新建精品餐厅与别致庭院形成自成天地且功能完备的民国风高端精品酒店。

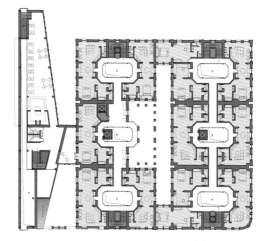
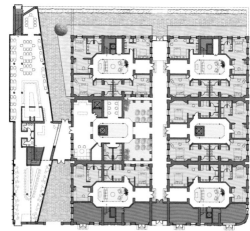

泰安里一层平面图

泰安里二层平面图

泰安里入口效果图

精品商店街效果图

精品餐厅庭园效果图

● **华康里**

华康里是香厂地区较有特色的民国建筑组团，但一直隐没于胡同之中。规划对现有建筑进行整体修缮，适度地改善街道空间视线的通透度，营造适宜并吸引消费的商业氛围。为应对北方冬冷夏热、不够舒适的气候，于主要巷弄上方搭建透光通廊，将华康里打造为一个整体，进一步促进商业的发展。在传统建筑的肌理上，为街区增添整体创意感，打造四季皆宜的特色创意街坊。街区以新文化、新传统为主题，结合新鲜生活方式展售创意作品，培育众创孵化平台。

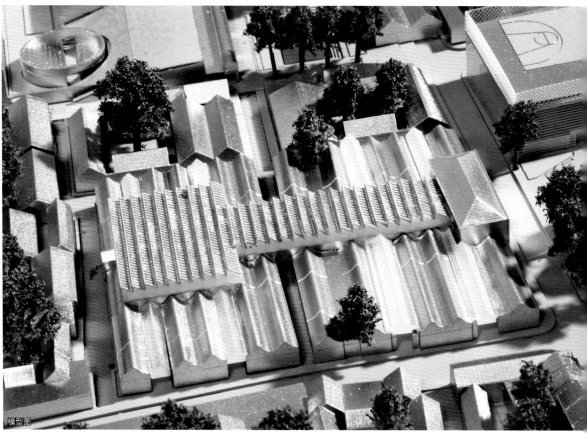

模型图

创意街坊

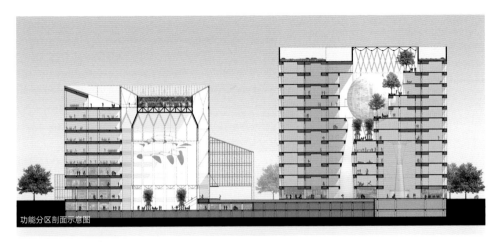

功能分区剖面示意图

局部鸟瞰效果图

4. 建筑业态添活力

由三座主体建筑构成的城市综合体，承载新兴产业发展。构筑层次丰富且空间上具有老北京在地韵味的都市新合院，体现传统建筑空间在时间上的连续性，并结合当今时期的可持续发展理念与绿色节能技术进行建筑设计。

● **都市新方埕**

以文化创意办公为主，综合零售、餐饮等功能。主体建筑围合的玻璃中庭是建筑节能的重要举措，并可形成上下两层合院。地下一层合院是工作人员日常用餐、交流与小憩的公共空间。上层花园合院位于中庭顶部，是最佳的空中商务交流平台。

● **都市乐活坊**

以文化商旅酒店为主，复合娱乐演出等功能。阶梯状的空中庭院，可最大限度地接收阳光，由空中廊桥连接层层退台。球状梦剧场如皓月一般高悬半空，为观众带来全年无休的文化盛宴。

● **都市新会厅**

作为配合地区医疗产业发展的会议中心，在承接各种医学学术推介会议之余，可兼顾各类文化创意交流活动。地下采取整体开发的策略，地下二层为公共停车场，地下一层设置110千伏变电站，用于置换原变电站土地。

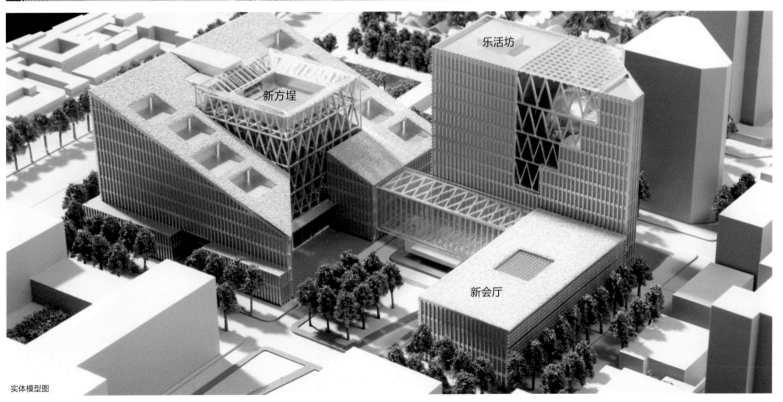

乐活坊

新方埕

新会厅

实体模型图

19 以历史为尊的新时代城市中心

天津原英法租界历史保护区城市设计 2004

■ 21世纪原英法租界面临的危机

2000年以后，天津进入快速发展时期。原英法租界内的历史感可以说是天津城建史中极为珍贵的魅力磁石，然而2平方千米的历史街区正面临着多重迫切且真实的危机：大量建筑年久失修，许多整修后的建筑品位粗俗，依照规划红线拓宽的道路对历史尺度感造成毁灭性的冲击……总之，现行控制性规划与历史保护存在着一系列的空间矛盾，如社会各界缺乏积极的行动，街区的历史感及和谐感将极难维持。

■ 城市设计的着眼点

为全面而均衡地把握这个独特历史街区保护与发展之间的关系，城市设计的概念主要包含以下六个方面。

1. 历史生命保护

历史街区保护的着眼点，不仅在于保护历史建筑的物理遗存，更在于保护街区的尺度、历史风貌以及街区可持续的生命活力。老建筑中可以有新意，新建筑中也需要有对历史街区的尊重。在未来，今天也将成为历史，但街区却仍持续见证着记忆和文化的垒砌与交织。

2. 街区发展定位

巧妙利用历史街区尺度亲切、细部精致的特质，引进具有推动天津经济发展潜力的、处于孵化成长期的中小企业，将历史街区打造成促进天津工商服务业腾飞的孵化街区。

3. 街区发展愿景

形塑历史人文荟萃的风貌街区，包含居住、办公、休闲、娱乐、购物等多重共生功能，形成可持续的全时、多元、鲜活的连续街区，使其成为海河观光带夺目的"明珠"。

4. 街区尺度维护

确立保护街道尺度与构建慢行交通的优先权，并运用开发权转移等机制，将历史风貌协调区内潜在的可发展容积转移至公交密集的南京路沿线及两条地铁相交的公交枢纽地区。未来的高强度发展应该集中在公交场站附近的地区，形成"大众运输导向的活力城区"。

5. 街区的再发展机制

为了降低历史建筑修缮、维护、利用的投资门槛，推行新的开发机制，建议将一次性收取40年或70年土地使用金的批租办法改为逐年征收的方式，调整投资对象的准入资格，以利于政府获得可持续的现金流。

6. 空间意象改善行动

为吸引后续投资，重视并持续针对公共空间的品质与形象进行改善，积极展开立竿见影的行动计划。

营造时间连续的城市

模型图

总平面图

从"道路"到"街道"的街景更新改造

20 铁路工业遗产活化及再利用

天津塘沽南站历史保护片区城市更新设计 2016

"先有南站，后有塘沽繁华"是人们对塘沽火车站的记忆。塘沽火车站旧址（现为塘沽南站）作为全国重点文物保护单位（以下简称"国保单位"），被周边诸多现代化的高楼大厦所淹没，站场的建筑尺度与周边现代的建筑尺度差距极大，站场内部经历了多年的风雨洗礼，一些极具历史价值的建筑设施已消失殆尽。现今的塘沽南站已经失去了昔日繁华，取而代之的是深厚的历史文化价值和触动天津市民内心的精神力量。我们可以利用设计手法，重塑历史场所意向，延续历史繁华景象。

1. 透过时间积累，织补连续空间

保留塘沽南站地区的史迹遗址及其附属建筑，重现历史要素。主体站房建筑群及刻有"TANGKU"的二层小楼被列为国家级保护建筑，对其予以最大限度的保护、修缮，重现其风采；京奉铁路机车修理厂、塘沽机务段老北工段遗址、机车清洗厂被列为保护对象，整体保护场站空间，合理活化利用各个保护对象，使其焕发历史生机。

同时恢复部分历史铁路与老新华路的肌理，重现塘沽火车站的历史记忆。置身历史铁路沿线可以体验20世纪火车场站空间，参观古老历史建筑，感受不同时代的铁路文化与科技，也可体验历史商街氛围和"网红"历史建筑魅力。

文保单位——塘沽火车站旧址（组图）

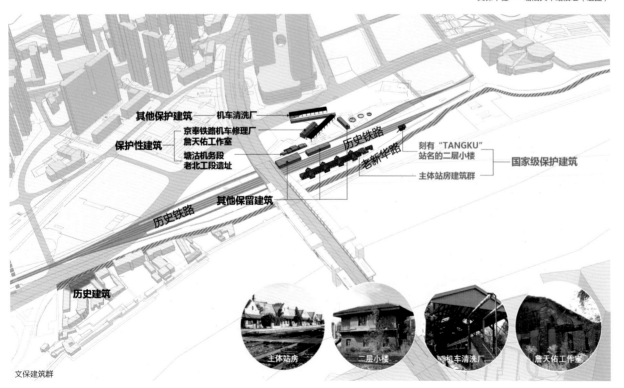

文保建筑群

营造时间连续的城市

总平面图

2. 协调背景高楼，凸显历史建筑，使历史建筑与现代城市空间和谐共处

塘沽南站片区与其东侧众多超大尺度的摩天楼相比，体量明显过小，缺乏存在感。设计以大气水平向度的背景建筑群落隐喻月台意象，衬托塘沽火车站，同时强化海河舒展的水平尺度。

在场站空间内植入与历史建筑高度、建筑风貌相协调的新建建筑，活化历史片区，赋予其新生力量。

于历史片区南北两侧远端设置较高建筑，缓和南站历史建筑与现代高楼垂直向度的尺度落差，同时满足配套功能需求。

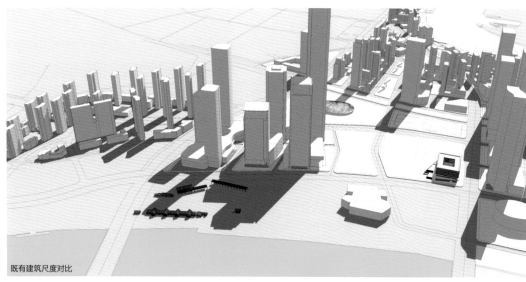

既有建筑尺度对比

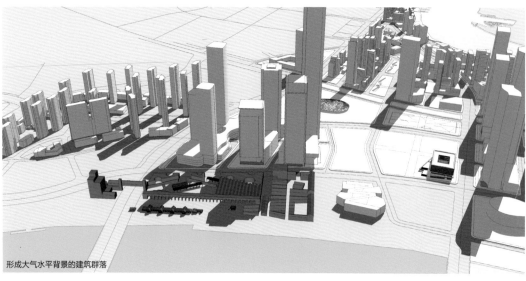

形成大气水平背景的建筑群落

站前广场更新改造

3. 推动文保建筑再利用，保持历史场所意向特质可持续性

● 塘沽南站历史文化艺术产业区

① 南站历史站房建筑群

严格按照文物保护单位的保护规划，制定历史建筑再利用原则，打造铁路历史博物馆展示空间。

② 火车动力与机械美学展示空间

以精致布展方式，呈现国内外特色机车及演进历史，包括火车动力与机械美学及铁道艺术美学展示；同时展示与铁道相关的绘画及包括火车机械美学及铁道地景美学的摄影，呈现铁道与美学艺术文化。

③ 互动调度体验中心

为重现铁路历史时代记忆，将列车扳道调度与驾驶模拟互动游戏相结合，增添体验感及趣味性。

④ 四季花园

为迎合北方冬季户外的游览需求，在室外空间设置透光顶棚，内设游园蒸汽小火车、铁道模型展示等。

⑤ 詹天佑纪念馆

将詹天佑工作间作为工程技术奖展示厅，并以蜡像陈列的方式再现其工作场景以纪念詹天佑先生，同时也作为爱国主义教育基地。

⑥ 铁路旅游与餐饮体验

火车及各地车站本身就是可让异乡游子品尝当地美食佳肴的场所，透过让游客体验各地的风味飨宴，勾勒铁道旅游的无限想象。

⑦ 儿童培训+娱乐空间

设置亲子铁道主题游乐区，以"游中学"的方式，激发儿童对铁道科普知识的兴趣。

⑧ 配套零售休闲商业

适当植入精品零售商业，满足周边高端人群的日常消费需求。

⑨ 网红餐饮

结合历史风貌打造尺度亲切的合院式建筑群，借助滨水码头开放空间，举办音乐主题文艺汇演，打造网红餐厅，汇集人气，引入活力。

⑩ 精品餐饮

在尺度亲切的合院式建筑群空间内，植入多元类型的餐厅，满足日常会客、商务宴请、家庭聚餐等需求。

⑪ 音乐文化产业中心

强化与茱莉亚音乐学院的互动，以高校独有的顶级音乐资源为产业支点，形成集学术交流、音乐顶级IP落地、高端乐器展示售卖于一体的音乐文化产业中心。

⑫ 高端精品酒店

以南站历史文化艺术产业区为载体，打造个性化高端精品酒店，吸引高净值人群，拉动地区商业活力。

⑬ 3C产品展售区

迎合多元产业需求，为历史街区注入现代科技活力。

⑭ 历史风情商街

延续老新华路肌理，重现历史繁华场景，打造特色商业街区。

⑮ 文创艺品工坊

活化利用现有建筑，结合当地历史文化特质，吸引文创工坊入驻，提升地区文化特质。

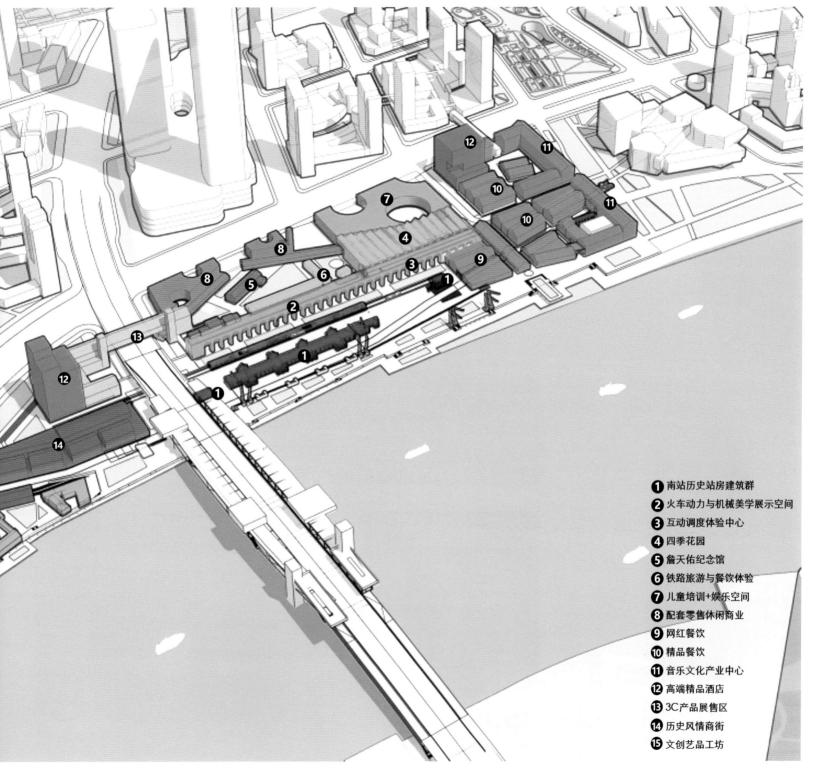

1 南站历史站房建筑群
2 火车动力与机械美学展示空间
3 互动调度体验中心
4 四季花园
5 詹天佑纪念馆
6 铁路旅游与餐饮体验
7 儿童培训+娱乐空间
8 配套零售休闲商业
9 网红餐饮
10 精品餐饮
11 音乐文化产业中心
12 高端精品酒店
13 3C产品展售区
14 历史风情商街
15 文创艺品工坊

功能分区及主题策划

4. 新建建筑风貌延续历史记忆

塘沽南站站房建筑群作为国保单位，为单层（局部二层）红砖欧式风格建筑群，其他保护建筑也均为红砖建筑，站区整体风貌协调完整。新建建筑应与历史建筑的高度、样式、体量、材质等相协调，不能破坏原有站区的历史风貌。

南区商业街区

保留泵站立面改造

既有保留建筑

北区文创街区

南站文博中心效果图

站前广场效果图

于家堡地区是滨海新区中心商务商业区的核心地区。作为天津对外门户，塘沽南站片区是激活于家堡活力的第一个引爆点，除了规划建设现代高新城市风貌外，更应该体现塘沽火车站所承载的历史意义，让我们的城市看得见发展，记得住乡愁，成为承旧创新、丰富多元的文化之都。

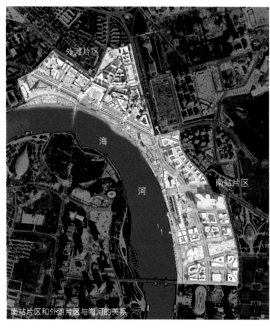

南站片区和外滩片区与海河的关系

滨水空间鸟瞰图

21 新老和谐共生的乡村振兴

天津蓟州区小龙扒村村庄规划 2015

小龙扒村四面环山，自有天地。置身村中，可享受完全脱离大城市的恬静。顺应风土地貌、逐步有机自然生长的建筑群落，见证了村庄的变迁，形成了天人合一的指状村落格局及乡村独特的肌理。

小龙扒村最珍贵的是仍保留着现今已不多见的和谐感。村落的美感主要源于建筑仍保持着具有共识的、一致的"朝天、接地、宜人"的天人和谐关系。这种脆弱的和谐感，是小龙扒村先辈营造村落发展的智慧结晶，也是村落未来发展必须沿袭的原则。

■ 尊重原有和谐感，体现时间连续性的建筑设计

在经济全球化的时代中进行村落建设，或许会因满足村民的新需求而不可避免地引入新元素，但应绝对尊重村落原有的和谐感。

通过驻村调研考察，设计师从世代承传的民居中提炼出小龙扒村保持时间连续性的"乡土建筑营造原则"，并将其运用于小龙扒村综合服务中心的建筑设计，打造与村庄共生共荣的新中心。设计的重点有以下九个方面。

1. 利用建筑选位修补基地的不利地形

把风景最优美、环境最舒适、土地最肥沃的地方留给自然，沿道路线性布置的建筑在巧妙化解基地坡坎的同时，也强化了通山路径的连续性。

2. 和谐的建筑高度

单层建筑的高度，与村内大部分建筑保持一致，与村庄周围较为平缓的山势维系和谐的关系。

3. 自享天地的围合院落

围合院落为使用者创造了专属的"小天地"，使院落具有私密性的同时也给予使用者充足的安全感。

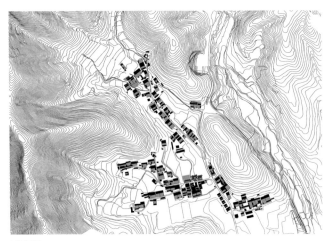

基地位置

村庄院落和石墙原型（组图）

营造时间连续的城市

与村庄共生共荣的新综合服务中心

4. 散发乡土气息的接地石墙

采用朴实的、大小形状不同的石材有机地垒筑石墙，使其富有山村淳朴的自然气息，极具魅力。

5. 质朴的院落外墙

垒砌的接地石墙，使院落外墙兼具质朴与温暖的美感，并带有浓浓的乡土气息。

6. 清晰的院落入口

院落入口联系内、外环境，并为访客提供适度的空间和心理过渡。

7. 强化建筑体量朝天升起的硬山飞檐及质朴屋面

岁月在屋顶上留下了美丽的印记，褪色的瓦片见证了时光的变迁。改造设计中充分利用这种充满历史厚重感的民间营造方式，强化建筑与天地的和谐。

8. 院内外分明的开窗方式

出于私密性与安全性的考虑，面向院内设置温暖的窗墙，而院落外墙上的开窗少且小。

9. 温暖的室内木构架及内墙

新建筑沿用传统建筑制式和传统木构架承重体系，木材与麻刀土墙面的质感与室外石墙形成鲜明的对比，给人温暖的感觉。

内外有别的开窗方式

室内木构架及内墙

延续乡土风情的接地石墙

承传质朴感的新院墙实景

第四章

谋精明成长，育生态文明

城市病症三：无序蔓延的失态城市

城市无序蔓延现象的形成

第二次世界大战后，城市空间结构主要包括圈层结构和轴带结构两大模式，前者的代表是由帕特里克·阿伯克隆比爵士（Sir Patrick Abercrombie）主持的、在平坦地形上的大伦敦规划；后者的代表是由城市中心的圈层规划、外围因山谷地形而转变为指状轴带发展的大哥本哈根规划及斯德哥尔摩规划。

由于世界上主要国家的大城市多位于地形平坦的地区（包括莫斯科、东京等），又因伦敦的地位和影响远远大于后者，因此大多数城市都采取了大伦敦规划的圈层结构。但也有一些城市如法兰克福、米兰也相当程度地受到大哥本哈根指状规划的影响。

圈层结构的主要特征是：
a.单中心；b.多重环路；c.封闭绿带；d.卫星城。

轴带结构的主要特征是：
a.多中心；b.带状分布；c.楔形绿地；d.连续组团。

新中国成立后，北京的总体规划在经历了短暂的争论后，抛弃了为保护老城而构思的多中心"梁陈方案"，也选择了大莫斯科规划的圈层结构，并影响了包括上海在内的全国的其他城市。之后我国几乎所有城市的规划，都有圈层结构的影子。

几十年来，在圈层规划的实际推展中，各地地方政府迫于运营的财政压力，多依赖土地财政收入，供地指标不断增加，导致城市规划的范围不断地依圈层发展模式向外扩张。但是，事实上地方土地财政的需求与市场实体经济的实际居住及就业成长需求往往有相当大的落差，因而常常见到已批租的土地出现长期空置的现象。圈层外围低度利用导致的破碎化现象普遍存在，而城市的规划建设仍要不断向更外围扩展。规划图纸不断向外占地，实际开发却松散无序，这种"失态"现象在国内所有依靠土地财政的城市中普遍存在。

虽然我国城市化的脚步可能仍会持续一段时间，但无论是从国内实际的城市发展情况来看，还是从百年未有之大变局给我国带来的经济压力来看，我们的城市已经逐步走过了迅猛成长的阶段。我们对城市的基础设施建设投资必然会逐步减少，而维护城市公共服务所需的运营成本势必大幅攀升。过去城市赖以生存的土地财政来源将愈发困难。城市必须由增量的成长转为存量优化的成长，这样才能产生可持续的现金流，从应对未来的财政需要。

北京周边地区开发的无序蔓延

无序蔓延的负面影响 —— 失态城市

快速城镇化导致城市呈现"失态"现象，对城市发展的负面影响可从以下几个方面来谈。

公共投资效益过低导致财政危机

改革开放以来，在城市外围地区通过大量的市政及公共建设来换取可批租建设用地的举措，确实为地方政府带来了财政收入。但随着城市化推进步伐的加快，安迁成本节节攀升，用地市场或因渐趋饱和，或因受到宏观政策限制，地方政府近年来在城市周边推动的开发建设，实际获利及使用效率均极不理想，开发单位也因此出现负债。一度成为保证政府收入来源的土地财政举措，如今变成政府负债的根源。此外，原先高度依赖土地出让金的政府，不但没有从周边地区的开发中获益，反而因城市周边地区利用率低，还需投入大量的维护费用。如果政府没有足够的税收来支撑，原本城市服务体系的必要支出加上新增支出，将使政府负债如滚雪球般愈滚愈大，政府运营变得不可持续。政府必须尽快尽早地对城市的无序蔓延加以管控，快速止血。

城市中心空心化或过分集中的两极化现象

采用圈层发展模式的城市，在发展早期，因为周边用地收益较高的事实，导致在城市中心地区进行再发展的成本投入远高于在周边地区进行新建，部分地方政府也忽略了对城市中心地区应有的维护，使城市中心的活力在养分不足的情况下，迅速地萎靡了，进而造成中心地区的衰败。

当政府通过土地财政积累了一定的资本后，中心地区的房子借助区位优势，已经能够支撑城市中心更新的成本了，于是政府及开发商开始反转开发方向，对已经衰败了的老城区进行更新，大量拆除老旧建筑。在此过程中，城市中心历经世代积淀的地域文化特质常常在不经意间被摧毁、抹杀了。

在采用圈层模式发展的大城市中心，其无可比拟的资源及区位优势自然成为地产投资者的首选。在一个个项目的推动下，城市生活品质固然得到明显提升，但也使得城市地价及城市生活成本飞涨。北京、上海的毕业生，能够留在京沪城中的难度愈来愈大。同时，愈来愈拥挤的城市中心开始出现承载力问题，运行效率恶化，全球竞争力堪忧。为了在京津冀保留住支撑区域竞争力最珍贵的资源——青年创意人才，中央积极推动雄安新区的发展；上海也出于相似的理由，积极推动五大新城的发展，这都是在治疗无序蔓延的城市病症。

公共交通难以有效覆盖边缘地区

公共交通是最低碳的出行方式，只有公共交通站点的步行范围内有足够的乘客旅次，公共交通路线上有较均衡分布的旅次起讫点，站点之间才能产生足够的流量来支撑公共交通的运行。因此，强度够高的、职住均衡发展的线形城市发展带最适于公共交通的运行。作为公共服务性质的公共交通运营多依靠地方政府补贴，城市公共交通系统能够赢利的少之又少，香港是少数的例外。香港地铁之所以能成功运营，与香港受到地形的限制，在山海间呈现线性发展的城市形态有高度的关联。

在无序蔓延的失态城市中，几乎无法有效地组织公共交通，公共交通服务难以覆盖全域，无法为城市中的所有居民提供便捷的公共交通出行服务，使得交通拥挤的现象日益严重，并增加了地方政府的财政负担。

无序蔓延的失态城市不可避免地成为小汽车导向的城市，导致空气污染，阻碍"双碳"目标的实现。

丧失鲜明的城市意象及行销契机

古今中外的历史名城，由于防御的需求，都是先营造城市的边际——城墙或城市的门面，再依据公共功能的需求或市场实际的需要，或先或后地逐步开发填补边际内部的城市用地。城市的边际的个性品质、城市的空间结构形态及逐步形成并不断更新的城市中心形象品质，共同形成了令世人印象深刻的城市的意象。但在新城开发中，一方面，为了获取土地财政的收益，必须向城市周边投入大量公共设施，因而忽视城市内部意象结构的梳理与创立；另一方面，城市外围实际开发的市场需求跟不上土地供应的规模，使得城市外围没有鲜明的边际。因此，以圈层规划结构发展的新城，多半无法形成独一无二、令人难忘的鲜明意象，自然就会在激烈的全球城市经济竞争中，丧失运用可感的城市形象品质来有效行销城市的契机。

在可见的未来，当前许多无序蔓延的失态城市必须谋求精明成长之道，充满智慧地运用有限的投资及民间的资源，积极地改善既有的城市，步步为营，逐步地、尽快地形成经济富裕、社会公平安稳、生态可持续、意象鲜明独特、人民满意度高、国际及区域竞争力强的文明城市。

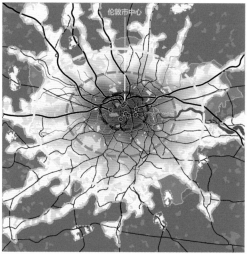
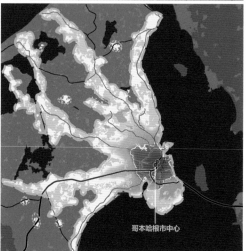
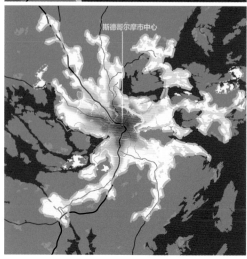

轨道交通对城市扩张的影响结果

阻止失态现象的对策

谋"精明成长"，育"生态文明"

精明成长在国际

国外城市成长管理观念的形成与失势

"城市蔓延"不是中国特有的现象。第二次世界大战后，国际上采取圈层发展模式的城市，多多少少都出现了类似的问题。由于同时存在另一种轴带型城市发展模式，专业界或学术界很自然地会对这两种模式进行比较。

在国外，由于地方政府多依靠土地及房地产税作为地方可持续的财政来源，具备平衡自身财务需求的能力，因此评估圈层式城市结构与轴带式结构对城市可持续发展的影响时不侧重于经济方面，而是侧重于城市运营实际的能源消耗、社会时间成本效率、空气污染的程度以及对全球气候变暖的影响。近年来，全球受到能源危机及气候变迁的冲击愈发明显，相关专业学者领袖对于无序蔓延的失态城市的批判也愈发尖锐。20世纪80年代后期甚至更早，城市无序蔓延对环境的可持续发展、对生活品质、对地方经济的负面影响在美国的专业界及学术界就已达成共识，并被提升为美国城市化治理的重要议题。在这样的大背景下，"城市成长管理"这一名词在规划界出现了。

一般来说，城市规划的期望至少需要达成下列两个目标之一。

– 满足预期城市人口及产业发展所需的城市基础建设及公共服务配套设施。
– 保护具备无可取代、极为珍贵的内在价值的土地，如高产值农业用地、环境敏感的陆域及水域、高价值景观及自然环境。

"城市成长管理"所扮演的角色，与传统的土地利用规划相比有些许的扩展。它从控制一般的使用分区及土地细分，延伸到控制开发的时机，试图从控制开发时机着手，限制或延缓区位欠佳、不合时宜的开发，使得城市的发展得到控制。
管控城市无序蔓延是"城市成长管理"政策推动者的初心。但在美国的民主选举制度中，候选人极度在意选票，覆盖面过大、限制过于严苛的"城市成长管理"政策在一定程度上使地方领导陷入处处树敌的困境，最终"城市成长管理"政策由于未能获得大部分美国地方政府的支持而失败，该政策仅发挥了一部分引导开发模式与保护自然资源的作用。

由概念到共识的逐步形成历程

与此同时，另一支针对城市无序蔓延但采取不同对策的专业力量也在发力。早在20世纪70年代初期，公共运输及社区规划师就提出建设紧凑城市及紧凑社区的倡议，并落实了许多管制手段。由于取得高速公路用地的难度较大，且兴建成本极高，执政者与企图执政者被迫开始反思基于汽车导向的交通运输规划。

新城市主义联盟针对美国郊区化现象，由彼得·卡尔索普（Peter Calthorpe）教授领衔，提出依赖公共运输、自行车及步行等非自用机动车辆的"城市感村镇"倡议（urban village），并获得了相当多的民意支持。建筑师杜安德鲁·杜安尼（Andrés Duany）结合以规划设计闻名的佛罗里达州锡赛德的旅居社区经验，提出彻底改变设计规范、抑制私人小汽车出行的倡议。在英国，科林·布坎南和斯蒂芬·普洛顿（Colin Buchanan & Stephen Plowden）同步领衔了有关议题的公共辩论。在德国，列昂·克里尔和罗布·克里尔（Léon Krier & Rob Krier）兼用传统城市空间承传及精明成长的观念，对欧美各地的项目提出了许多动人的城市复兴方案。城市精明成长结合新城市主义的运动，在国际学术界掀起了风潮。

1991年，设在加利福尼亚的地方政府委员会，以"精明成长新伙伴"为名举办了年度会议，通过了最初的《阿瓦尼原则》。这一文件由新城市主义运动的创始群体共同拟定，阐明了许多现在已被精明成长运动普遍认可的主要原则，例如公交运输导向开发、聚焦步行可及环境、生态绿廊、崁入式发展及城市更新等。虽然精明成长新伙伴会议大约在2002年才正式独立地以现在的名称举办年会，但早自1997年起，美国全国性的地方政府委员会就一直在支持与精明成长相关的各种会议与论坛。每年年初，来自不同学科领域的众多思想家、实践者、活动家、社区领袖和政策制定者，都会会聚到一起交流并探讨以可持续社区价值观为基础的多样化发展行动。

同时，另一致力于在美国全力倡议精明成长理念的组织——"美国精明成长"在2000年创立，于2003年被立法正式承认。从此，该组织领导着一个由许多国家和地区组织构成、不断发展演进的专业联盟。联盟中大部分成员在其成立前就早已存在，例如1975年成立的"1000个俄勒冈之友"，1993年成立的新城市主义议会，以及1995年正式启动了精明成长计划的美国环境保护署。

如今，相对于城市无序蔓延、交通拥堵、碎片化断裂发展、城市老化衰变等常见的城市病症，"城市精明成长"是极具说服力的替代方案。城市精明成长坚持的原则向过去城市规划的假设提出挑战，如小汽车的使用、人人都拥有独栋住宅的美国梦。

不同的城市、不同的地方，会针对自身的问题采取不同的精明成长管理手段。但总的来说，作为兴建经济富裕、社会公平、生态可持续城镇、社区、邻里的新方式，各地都在鼓励建筑形态及使用的多元性与复合性、住宅与交通形态的多元选择、既有社区邻里内部的再发展以及积极强劲的社区参与。

以下十条原则是由美国环保署历经十余年发展得出的，虽然最后未包含在美国环保署的指南中，但被认为是目前城市精明成长策略的基础。

1）鼓励土地混合利用

混合利用指同一地块甚至同一栋建筑中，同时包含办公、居住、商业等各种不同性质的业态和空间使用。功能高度混合的社区能够吸引更多的人在一天中的不同时段来访，有利于支持企业发展、提高社区安全性以及增强地区活力。混合土地利用还可以缩短通勤及出行距离，降低开车出行的需求。混合利用社区旺盛的市场表现，意味着地产价值的提升或稳定，对保护房主的投资以及增加地方税收有正面的作用。

2）优先采用紧凑设计

实现紧凑设计主要通过两个途径：一是更有效地利用已开发的土地，鼓励增加层数和密度，而不是向外扩张；二是填充式开发，利用空地或未充分建造的土地，增加开发强度。在现有社区内部进行的优化改造，可以充分利用已有的公共投资，不必新建给水和排水、道路和救援服务，还可以为住宅区增加人气、为企业提供人力，甚至催生新的工作岗位。

3）创造各样的住房机会和选择

为处于所有年龄阶段和收入水平的家庭提供优质住房，是精明成长不可或缺的一个组成部分。在任何城市的新建开发中，住宅的占比都是最大的，居住人口对经济和消费的带动作用需被充分重视。例如，在商业区内增加一定比例的居住区，这样可以在夜间和周末为地区增添新的活力。更重要的是，由于社区中住房及使用的多样性会影响家庭的投资机会、生活成本以及通勤时间，因此能提供越多选项的社区，越会受到人们的青睐。

4）创造步行可及的邻里社区

全国各地对于适合步行的邻里社区都有很高的需求，只要能保证人们步行的安全、方便，这种方便、实惠且有助于健康的出行方式永远不会过时。土地混合使用和紧凑设计是创造适宜步行场所的前提，但优质步行场所要通过精明的街道设计来激活，使步行不仅安全、方便，更是一种愉悦的享受。

新城市主义联盟创始人在第一届新城市主义大会上的合影

5）培养具有强烈地方感、独特的、有吸引力的社区

能够反映在地居民多元价值观、蕴含文化和传统、既独特又有趣的场所，通常都具有持久的生命力。因此，融合在地自然特征、历史建筑和公共艺术而精心营造的场地和邻里社区，有助于建立清晰的地区特色，形成与周边截然不同的氛围，进而吸引新居民入驻和游客来访，与当地居民共同支撑起一个充满活力的社区环境。

6）保护空地、农田、自然美景和关键环境区域

保护草原、湿地、公园和农场等开放空间既是一个环境议题，也是一个经济议题。每个人都希望以自然休闲环境为邻，因此临近自然环境的地产具有使住房升值和带动旅游消费的能力，市场需求旺盛。为满足这一需求所推行的保护自然环境的举措，既可以提高城市对资本和人才的吸引力，同时也可以与地方农业发展相结合。自然系统具有天然的抵御气象灾害、对抗空气污染、控制土壤侵蚀、调节环境温湿度、保护水质和动植物栖息地的功能，因此保护开放空间还可以使社区更具生态韧性。

7）引导发展资源注入既有社区

在既有社区内部发展，而不是在未开发的土地上新建的开发模式，不仅可以保护开放空间，更重要的是，可以使已经投资的道路、桥梁、管网和其他基础设施的价值得到充分利用，还可增加地方税收。现有法规、分区管制和其他公共政策有时会使开发商不愿主动选择这种开发方式，这时候就需要地方领导改变不合时宜的政策，积极鼓励既有社区内的发展。

8）提供多种交通选择

提供多种交通选择，包括高质量的公共交通运营系统、安全便捷的自行车和步行通道以及维护良好的道路和桥梁。多样化的出行选择有助于社区吸引人才、强化地区的全球竞争力、改善居民的日常生活和工作体验。为了实现这一目标，各级领导和交通部门有必要改变他们施政的优先次序，以及针对不同级别的公共运输项目所采取的不同的评估、投资、建设和决策方式。

9）使开发决策具有可预测性、公平性，符合成本效益

开发商在城镇建设中发挥着至关重要的作用。许多想要建造"步行友好"场所的开发商，却受到限制性法规或复杂审批程序的阻碍。有兴趣鼓励精明成长发展的地方政府，有必要审视现行法规，简化项目许可和审批的流程，以便形成对开发商而言更为及时、更符合成本效益、更可预测的许可机制。政府应该为私人投资提供精明成长的方向性指引，鼓励开发商建设具有创新性的、步行导向的混合使用项目，并提供外部支持。

10）鼓励社区和利益相关者在开发决策中合作

每个社区都有不同的需求，满足这些需求的方式需要因地而异。资金不足的城市可能需要重点鼓励核心区域的发展。经济增长强劲的城市可能需要专注于解决社会公平问题。无论处于上述哪种类型的城市中，每个社区为满足自身需求而采用的策略最好由在当地生活和工作的居民来制定。

精明成长应该为每个人提供可以共同参与未来社区决策的机会，忽视城镇或社区中任何既有利益相关方的观点，落实精明成长时都会遭遇极大的障碍。收集社区中每个人的想法，获得他们的反馈和支持是实现这一目标的唯一途径。这个过程不仅是具有包容性且公平的，而且还将为项目提供持久的内在支持。

高雄环状轻轨凯旋路道站

20世纪70年代以后，"精明成长"的理念及政策在美国逐渐形成，其背景是诸多低密度、低强度、郊区化的现象对城市生存及发展带来了诸多社会、经济及生态方面的严重问题。交通规划专家针对郊区化发展的不可持续性捉出的理性批判，同时结合新城市主义力量针对郊区化环境中传统邻里感丧失的感性批判，有效地催化了社会的共识。此外，专业界勇于创新的成功作为，也为政府的决策提供了有力的选项，促使执政者与开发商不得不审慎衡量得失，调整固化的思维，进而在真实的时空环境中，终于探索出一条反郊区化的行动路线。

目前，全美有2/3的州政府认同"精明成长"城市发展策略。美国环保局(EPA)曾在2010年评选出全美最精明成长的四个城市：纽约、波特兰、巴尔的摩和旧金山。它们依次在精明成长十项原则中的第四、第五、第六和第七项具有榜样意义。纽约致力于创造紧凑且适合步行的社区，它让人们认识到，即便在纽约这样的国际大城市，人们仍然可以选择步行，在时代广场这样的城市中心，仍有很多迷你公园，供行人在街道上停留休息。波特兰一直以环境友好和公共交通体系建设而闻名于世。自20世纪70年代以来，波特兰就在控制城市蔓延、保护周边生态用地方面，走在全美前列。波特兰地区始终遵循"增长但不向外扩张"的发展方式。纽约大学和林肯土地政策研究所的一项研究结果表明，波特兰自1988年之后的25年间，城市边界以极低的程度向外扩张。波特兰大力发展公共交通体系，轻轨和有轨电车系统总长度超过107 km，日运送乘客近14万人，因此，即便城市人口密度增加了15%，也没有出现交通拥挤的现象。巴尔的摩透过将历史建筑改造成混合用途的住宅和商业建筑，振兴了周围的社区。旧金山复兴了一处开始荒废的破旧小巷，将过去以汽车为中心且不够安全的片区改造成充满活力的公共空间，街道两旁还引入了餐馆、商店和农贸市场。

这四个项目，代表了EPA最关注的四个方面，即：

– 提供多种出行选择，鼓励步行、骑自行车和乘坐公共交通工具；
– 保护开放空间和自然栖息地；
– 减少不透水表面，鼓励雨水收集利用；
– 推动工业衰败地区（棕地）重建。

此外，EPA在2002年到2015年期间，为28个州的64个项目颁发了精明成长成就奖和提名奖。同时，为了便于人们理解每一个特定原则，官网上还图文并茂地为每一个原则列举了若干个具体的成功案例。

区域城市群在全球化竞争压力下的精明成长策略

在20世纪后期，经济全球化如火如荼。许多制造业逐渐向人力及土地成本低廉的地域移转，全球资本力量前所未见地集中，这加快了全球经济发展的速度，相应地规模及风险也提高了，全球各大区域中超大都会的竞争力像滚雪球般大幅提升，而边缘城市的生机却日趋衰弱。

2000年，卡尔索普针对此现象，在《区域城市》（The Regional City）一书中提出了"全球区域城市"的概念，建议区域中心城市应与邻近的边缘城市形成由高效公共运输走廊联结的紧凑城市发展廊带，将区域内的城市群串联成一个各有特色、整体互补互助的网络，如一把绑在一起的筷子，从而使区域城市群整体的全球竞争力得到大幅的提升。他同时强烈倡议，在区域城市中，无论是中心城市，还是成长走廊、边缘城市，甚至是与之相连的既成郊区，都应该积极遵循精明成长的概念发展或优化，这样才能真正发挥区域城市的竞争力。

盐湖城地区感發机划

卡尔索普关注区域规划领域的进展和成果，他曾在2011年评价《美国区域规划：实践与展望》（Regional Planning in America: Practice and Prospect）的出版，称赞该书"为新的区域规划的职业和未来发展奠定了关键性基础"，并同时强调"区域协同比以往更加值得重视，对社会、经济和环境健康都至关重要"。书中的章节既追溯了生态规划之父麦克哈格和区域规划之父迪斯对美国区域城市规划的理论贡献，也称赞明尼阿波利斯和俄勒冈州的波特兰是区域治理颇具成效的地区。此外，他还以波特兰、犹他州中部、萨克拉门托、丹佛、芝加哥和华盛顿特区为例阐释了"大都会区域主义"的可持续性。

全球气候变迁强化了城市精明成长的需求

进入21世纪后，人们对全球气候变暖的担忧、对气候变迁的关注日益增加，虽然对其产生的负面影响及其原因是否真实在学术界仍然有许多争论，但许多真真切切的天灾发生得愈来愈频繁。大家都深刻地认识到，能够承载我们生存的地球只有一个，作为地球上的一分子，大家都有责任尽心尽力地维护地球的生态安全。为应对气候变化的负面影响，国际上各级政府开始对低碳发展达成前所未有的坚实共识。城市精明成长的观念及行动与之不谋而合，因此城市精明成长也不仅限于为城市自身发展提供选项。

自20世纪90年代开始，《联合国气候变化框架公约》和《京都议定书》较早地确定了全球气候变化的长期目标。过去5年，《巴黎协定》的各缔约方都承诺并致力于减少向大气排放二氧化碳。在2020年9月的第七十五届联合国大会一般性辩论上，中国政府正式宣布中国将提高国家自主贡献力度，采取更加有力的政策和措施，二氧化碳排放力争于2030年前达到峰值，努力争取2060年前实现碳中和。

越来越多的人意识到，低碳发展不能只依赖从国家层面自上向下开展行动，如果某些大国领导人受国内政治影响，迟迟不愿作出坚定的承诺，国际和国家行动将陷入僵局。为此，许多城市的市长决定行动起来，从城市层面先行联合起来，以完成当代政治家的治理承诺。斯德哥尔摩、汉堡、哥本哈根、伦敦以及美国的芝加哥、纽约、西雅图等先锋城市最早在气候变化上采取城市层面的行动计划，并实现大幅减排。哥本哈根的目标是到2025年成为世界上第一个"碳中和"的首都；斯德哥尔摩计划在2040年实现"零化石燃料"；伦敦计划到2050年实现"净零排放"；汉堡承诺以2030年和

米兰"垂直森林"

2050年为时间节点，实现二氧化碳当量相比1990年减排50%和80%~95%。在美国，西雅图在2011年确立了到2050年成为"碳中和"城市的目标，并致力于减少客运交通和建筑部门的总体碳排放。芝加哥早在2000年已经完成超过140万平方米的市政建筑能源改造，迄今已建成超过37万平方米的绿屋顶。芝加哥制定了与汉堡相同的减排目标，在"节能建筑""清洁和可再生能源""交通出行选择""垃圾和工业污染""适应性方案"等方面提出35项行动计划，以期建设一座具有气候适应弹性的大城市。

2005年，在伦敦市市长的倡议下，18个城市共同创立了"C20合作伙伴联盟"。2006年，纽约市市长结合了另外22个城市，正式成立"C40合作伙伴联盟"。目前，C40已从最初的18个特大城市，发展至96个全球城市，这些城市的领导人联手构成应对气候危机的行动网络，率先实践城市发展中的环境理念。通过分享在城市尺度发起的行动经验，由不同城市发起并领导的多项C40行动网络可以协助其他面临类似问题的城市，针对自身情况找出最适合的低碳发展方式。例如，目前有近40个城市已经参与到"土地利用规划网络"中。这是一个支持制定、实施可持续性和包容性土地利用政策的平台，鼓励将气候适应性城市设计纳入指南和法规。

该网络中的城市提出如下五个优先事项，与"精明成长"的核心原则是一致的。

a. 更紧凑、宜居的城市，减少城市扩张，促进混合使用，保护生态用地和开放空间。

b. 通过经济发展计划或改善基础设施，将城市空间转变为相互连接的、自给自足的"完整邻里"。鼓励社区提供多样化的住房选择，允许收入阶层混合，鼓励发展活跃的临街零售业态，营造灵活的建筑环境，为社区提供全时、全龄、全用途的15分钟生活圈。

c. 促进公交导向型开发。

d. 整合气候行动计划与土地利用规划。

e. 鼓励跨部门和跨社区的合作，以及量化可持续城市规划政策的影响。

C40在城市能源、城市交通、废弃物、行动计划和城市未来发展等类别上设立了奖项，获奖城市包括哥本哈根、芝加哥、纽约、奥克兰、华盛顿、武汉等，很多有利于减少碳排放的项目成为供给其他城市参考的可持续发展的典范。

半个世纪以来，精明成长运动所面对的经济、社会、生态议题在不断地演变，应对这些变化的新兴技术也在不断地创新，然而城市精明成长的原则依旧没有改变，这说明无论时局如何日趋复杂、技术如何日新月异，"以人为本"的"人性诗意生活环境"及"可持续的生态文明"永远是人类共同追求的目标。

精明成长在中国

将"Smart Growth"译为"精明成长"的初心

1) 有关"Growth"的翻译

城市是一个生命体，在城市的发展过程中，既有体量提升的时段与内涵，也有质能提升的时段与内涵。如果将"Growth"翻译为"增长"，比较容易让人仅联想到增量的发展，然而城市质能强化的生长过程也同样重要，用当前的规划术语来说，即"存量"的优化。增量的理性控制引导只是当代 Smart Growth 运动需要应对的部分任务，从Smart Growth的发展过程中可以看到，城市品质的优化才是一直追求的最终目标。相对于"增长"，"成长"的意义更为宽广，与原文的意涵也更为接近。面对中国由增量发展迈向存量优化的成长阶段，"成长"一词比"增长"更为贴切。

2) 有关"Smart"的翻译

美国的Smart Growth 运动，的确源于理性的思维启蒙，但因新城市主义群体的积极响应、参与及推动，其目标很快也被赋予了浓郁的"邻里文明"的感性意识。因此，将"Smart"译为"理性"略显狭隘。"智慧"一词本身是正确的翻译，但就像"智能"一词一样，可能容易让人联想到当下的"人工智能"或"大数据"等信息技术。"聪明"是一个常人易懂的字眼，但"聪明"一词带有天赋或直觉思维的运气成分，不一定是经过深思熟虑的行为。"明智"一词，包含着可以"有所为"也可以"有所不为"的意思。只有"精明"一词，隐含着精打细算、充分考虑杠杆作用后，以最适宜的成本撬动最高效益的行为。

重新省思中国的规划标准

面向中国智慧绿色发展的规划指南

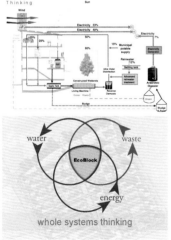

全盘整合系统图示（图片来源：哈里森·弗雷克）

城市精明成长观念引入我国

改革开放后，我国城市化规模及速度在人类史上是前所未有的。在此过程中，我国一方面采用摸着石头过河的自学方式，一方面采取向国际学习的方式来应对城市规划设计中的挑战。几十年来，众多国际一流的城市规划与设计团队，在我国获得了大量的业务，累积了许多面对我国问题的经验，部分团队还对我国各级政府及专业界提出了相当有价值的建设性提案，针对实际问题或具体现象较为系统地提出具体建议，这其中就包括城市精明成长的原则与实践范例。

1) SOM公司："重新省思中国的规划标准"的建言

国际知名公司SOM（Skidmore，Owings & Merrill）持续受到国内各地各级政府的邀请，承担了大量的城市发展及开发建设的规划设计工作。他们承揽的各个项目都呈现了与其能力相当匹配的、符合精明成长城市的追求的高品质意象。2009年，即将退休的SOM旧金山城市设计主持人约翰·隆德·克里肯（John Lund Kriken）及接班的芝加哥团队的菲利普·恩奎斯特（Philip Enquist）合写了《21世纪城市营造的九个原则》。书中汇集了他们在全球长期累积的经验，深入分享了他们在我国执业的成功案例，提出"重新省思中国的规划标准"的建言，着重针对街墙、街廓尺度、街道转弯半径、退线要求、建筑密度等对形成人性尺度至关重要的五个环境要素，提出了现行国家规范应该加以调整的方向及具体的标准建议。

2) 彼得·卡尔索普："翡翠城市：面向中国智慧绿色发展的规划指南"

卡尔索普发表在西方学术界的理论也在我国获得了相当的回响。多年来，受我国业主委托，他开展了大量的实战工作，累积了丰富的经验。善于将学术与专业工作结合的卡尔索普，与我国城市规划设计研究院的杨保军等人合著了《TOD在中国：面向低碳城市的土地使用与交通规划设计指南》一书，2013年该书发布后获得了国内专业界的高度肯定。随后，卡尔索普等人于2017年出版《翡翠城市：面向中国智慧绿色发展的规划指南》（以下简称《翡翠城市》）一书，并在书中提出适用于中国城市精明成长的10项原则。这10项原则大部分与美国EPA最初拟定的精明城市发展原则类似，仅去除了只适于美国治理机制的有关原则。《翡翠城市》一书以"城市成长边际"为第一章，针对城市无序蔓延的问题强力呼吁营建紧凑的城市形态；并在10项原则之后，特别增加了"绿色建筑"和"可持续基础设施"两章，

表达了对中国城市发展应注意全球气候变迁问题的关注。《翡翠城市》一书，在对10项原则的阐述中，清晰地列出每项原则的目标，精要地说明了追寻该项原则的目的，并结合效益、可量化和可行性的考虑，提出原则执行的标准。

3) 哈里森·弗雷克："全盘系统整合的中国生态街区"

2006年，美国加利福尼亚大学伯克利分校环境设计学院院长哈里森·弗雷克（Harrison Fraker）针对天津地铁发展的需要，为天津规划院提供了城市中心、城市周边及郊区TOD模式的社区类型研究指导。在研究过程中，弗雷克院长认识到中国城市化的规模及速度是形成生态街区或社区的绝佳契机。随后，伯克利分校环境设计学院向惠浦摩尔基金会及微软基金会募款，获得面向中国城市化过程中针对生态街区的经费支持，并同时获得青岛市的等额资助。在基金支持下，华汇设计也一同参与了以浮山地区为具体实施对象的生态街区的可行性研究。研究结果证实，生态街区的设想无论在理论上、技术上还是财务上均具有高度可行性，该成果获得了住房和城乡建设部领导的高度肯定。但遗憾的是浮山地块的土地供给出现了问题，最后没有形成令人振奋的建成效果。此后，这一成果也曾向许多国内城市征询意见，并试图付诸实践，但因为生态街区所需要"全盘系统整合"的构想是在中国发展规模及速度下有针对性地提出的，即便不少技术均已相当成熟，但当时并没有整合实施的成功的国际案例。对当时的地方政府而言，贸然采纳仍存在较大的风险，因此，一直没有得到任何城市肯定的实施承诺。虽然弗雷克院长想在中国实现理想的愿望遭遇了挫折，但他仍持续地在世界各地的可持续发展领域及学术论坛上，以"全盘系统整合的中国生态街区"为题介绍可行性研究案例，他发表的研究成果获得了国际专业界的高度赞赏。

城市蔓延的视角

美国林肯土地政策研究中心结合联合国人居署及纽约大学合作创建的《城市扩张图集》，运用遥感数据，量化了建成区关键形态指标，帮助人们理解城市化特质，并为可持续成长提供了政策依据。该研究汇集了200个城市样本，每个城市空间成长的边界、规模、形状、发展方向、紧凑度以及人口都被逐一量化评估。根据《城市扩张图集》提供的数据，俄勒冈州的波特兰，人口密度增加了15%，是美国"精明成长"运动的最佳实践地区。洛杉矶及休斯敦的人口密度也有增无减，芝加哥、明尼阿波利斯和纽约的人口密度仅降低了15%~20%，这些城市的紧凑程度优于平均水平主要是得益于对"城市成长边际"的限制。而没有受到成长边际限制的美国城市，如克利夫兰和北卡罗来纳州达勒姆，人口密度下降达到30%~40%，在经济、环境和生活品质方面也呈现退化趋势。

《城市扩张图集》对中国的启示

《城市扩张图集》的数据显示，在我国，除了上海和深圳的人口密度有所增长，其余城市均有不同程度的降低。其中，北京、济南的人口密度下降率在25%左右，蔓延程度高于实施精明成长策略的美国城市。而武汉、郑州、成都和天津，人口密度下降率则高达44%~73%。

同一时期，我国的相似研究也通过遥感影像解读了超过600个中国城市的扩张情况。基于1990—2010年期间的数据分析，研究认为，土地城镇化与人口城镇化速度不匹配；城市环境和居民住房水平大幅提升的同时，我国城市建成区及建设用地的使用效率正在下降。

显然，《城市扩张图集》中所研究的城市之所以会出现上述现象，直接原因是各地大力发展新区。当然，我们必须清楚地知道，上海浦东的发展也经历过类似的过程，浦东驰骋在我国经济腾飞的势头上，历经10余年，才逐步展现出黄浦江东侧的繁荣场景。但是在不同的时空背景下，大幅下降的人口密度是否能支撑我国的经济活力、兑现我国政府在气候变化及自然栖息地保护方面的国际承诺，不免令人担忧。

这些研究表明，虽然我国目前的城市人口密度的绝对值不低于巴黎、柏林和伦敦，但城市的发展模式相比于发达国家却显得有些铺张。我们城市出现的失态病症，固然多半是由于国内自身的特殊情况以及对风险管控的疏忽，但很大程度上是由于忽视了中外城市所面临的问题截然不同这一现实，一厢情愿地聘请国外的专业权威，一意孤行地照搬西方经验，致使在初期就撒下了错误的种子。

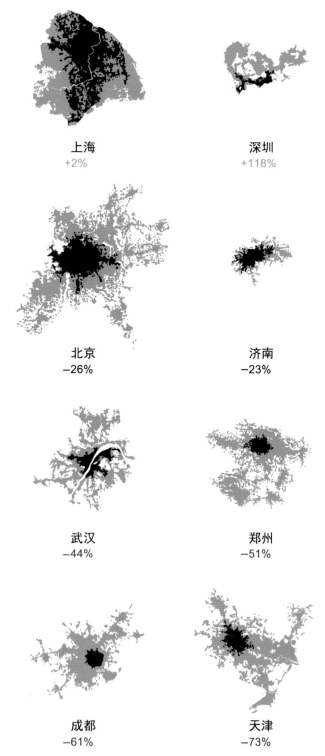

上海
+2%

深圳
+118%

北京
−26%

济南
−23%

武汉
−44%

郑州
−51%

成都
−61%

天津
−73%

8个城市的用地扩张（黑色代表老城，橙色代表新增建设用地）和人口密度变化
（+代表增长，−代表降低）比较

以城市蔓延的视角检视我国新城发展

1）郑东新区的发展历程

依据《城市扩张图集》的研究，郑州建设用地规模扩张至原先的10.8倍，人口增长了5.7倍，但人口密度大幅下降了53.8%，因此被林肯土地政策研究中心认定为具有典型的城市蔓延病症。

郑州东北部城郊军用机场搬迁后，市政府于2001年启动了郑东新区的概念规划。入选投标的6家设计单位中，除中规院外，均为国际公司，涉及美国、法国、日本、新加坡和澳大利亚，最终由专家评出日本黑川纪章建筑都市设计的方案作为实施方案。2003年之后的10年是郑东新区的快速建设时期。郑东新区概念规划的建设规模相比于1998版总体规划的28平方千米的东部组团，其规模增加了4倍多。经济上，新城建设总投资是郑州市政府年度财政收入的数10倍。新区管委会数据显示，前5年累计投资超过500亿元，建成区面积50平方千米。在当时，区内常住人口有限，房价低，购房热情不高。白天，沿街商铺人流稀少；夜晚，黑灯住宅超过半数。国内认同紧凑与渐进发展模式的业内人士对郑东新区的规划建设持一定的严厉批评态度。

最近几年，郑东新区通过吸引企业、引入优质教育资源，房价实现了攀升，局部区域也成功吸引了一定数量的居住和办公人口。郑东新区今天所展现出的"逆袭"驱动力，仍得益于快速城镇化过程中人口向城市地区的集聚，只是郑州市和河南省相比国内其他地区城市化步伐"慢半拍"。河南省是常住人口总量在全国排名第三的人口大省，但2000年河南省的城镇化率远远低于全国平均水平，作为省会城市的郑州，市域人口超过1000万，人口多和城镇化率低是郑东新区的双重初始动能。具体来看，郑州的城镇化率从2001年的55%增长到2015年的70%， 2020年达到78%，比省内排名第2的城市高出10个百分点。省内人口持续向省会城市流动支撑了新区的商品房市场。同时，长期以来，郑州在我国公路、铁路网络中都是最重要的交通枢纽城市，陆运优势也是吸引产业落户郑州的积极因素。

上述优势条件促成的城市发展使郑东新区暂时摆脱了"空城"的标签，但整体上，根据部分郑州新市民、求学及商旅人士的评价，郑东新区仍缺少宜人尺度，尚未形成中国一线城市常见的消费活力。虽然郑东新区具有极高水准的城市基础设施建设，但保守估计，办公楼宇空置率远高于四成。

统计显示，郑州当前城镇化率已接近规划目标的80%，增速已大幅放缓，未来发展也同样面临由增量转为存量的战略性挑战。郑东新区未来能否摆脱过去依赖土地财政和热度下降的地产模式，采取带进充分现金流的 "精明成长"发展方式，在竞争惨烈的全球态势中，成功地呈现可持续的繁荣景象，我们仍拭目以待。

郑东新区中央商务区

天府新区新经济产业园

2）成都天府新区和东部新区的发展历程

自古以来，成都即享有"天府之国"的美誉。成都的"巴适活力感"，本质上得益于紧凑的开发形态中惬意的人性尺度空间。

近年来成都核心区的"巴适活力"发展态势经常获得各界的好评。无论是太古里、宽窄巷、来福士广场、西村大院等高品质的产城融合城市空间的塑造，还是政府直接投资建设的750千米的天府环城城市绿道、玉林街道、奎星楼街、音乐坊，或是通过引导由万科主导的猛追湾等城市有机更新项目，均是居民满意、外界学习的对象。新冠肺炎疫情暴发后，成都是最早恢复全时街道经济活力的城市。

成都城市扩张的由来

自国家针对全球经济的格局及国际发展的态势力出手，提出"一带一路"倡议，强化欧亚中东的合作关系后，成都迎来扮演中国西部"空运门户枢纽城市"角色的契机。城市配合双流机场的区位，开始沿中轴线向南发展，推动成都高新技术产业区130平方千米的建设。高新区虽然是以园区的概念规划发展，但成都积蓄已久的发展动能得以释放后，高新区立即展现了欣欣向荣的高度活力。在早年"宽马路大街廓"的发展模式下，园区的空间结构虽然有孤岛化的隐患，但还能不时地在大型的街廓中体验到"巴适的气氛"。

延续高新区成功的强劲发展势头，成都再接再厉，继续向南大力推动四川天府新区的发展。2015年，天府新区1578平方千米的规划面积获得批复：到2020年，新区规划总人口350万人，建设用地控制在400平方千米以内；到2030年总人口500万人，建设用地控制在580平方千米以内。

为了配合国家强化西部门户枢纽，推动成渝相向发展，加强建设成渝双城经济圈的战略，2017年4月，成都全面启动规划战略研究，搭建"东进"区域整体框架。2017年年底，为落实"东进"战略，成都邀请美国SOM公司以及其他知名规划、建设、景观设计院等专业力量，从战略层面开展了"成都市实施'东进'总体战略研究"及"成都市实施'东进'战略总体规划(2017—2035年)"2个总体层面的研究。研究成果的大亮点是确定了"东进"区域四大战略定位，即：

– 国家向西向南开放的国际空港门户枢纽
– 成渝相向发展的新兴极核
– 引领新经济发展的产业新城
– 彰显天府文化的东部家园

并创造性地提出了"东进"区域山水公园式的空间布局模式、拥江发展格局以及组团型空间结构、东西轴线骨架、城市风貌等。

2019年年底，成都迎来了中央推动成渝地区双城经济圈建设的重大历史机遇。据此，成都对"东进"规划再次进行了统筹提升。在顶层设计层面，编制了《成都市东部新城空间发展战略规划》，借鉴新加坡新镇开发模式经验，确定了东部新城"城市—片区—新镇—社区—组团"五级城市体系以及交通框架等，并对城市空间布局、用地规模、重大设施等展望至2070年。2020年4月28日，四川省人民政府批复正式设立成都东部新区。新区管理面积920平方千米，空间范围包括简阳市所辖的15个镇（街道）所属行政区域。

随后，成都东部新区遵循"精筑城、广聚人、强功能、兴产业"的营城理念，坚持长远谋划、分期实施的片区综合开发原则，并进一步编制了《东部新区片区开发导则》（以下简称《导则》）。《导则》明确了36个片区的边界和片区设计要求。片区为基本的开发单元，坚持政府主导、市场主体、商业化逻辑、投融资规建管一体化的新区营城新模式。在具体片区设计当中，围绕门户枢纽、科技创新、新兴产业、国际交往、文化交流、消费中心、智慧城市、生态工程等功能，确定片区功能、产业方向、风格面貌、战略作用等。在建设实施上，成都通过片区设计，创新营城模式，推动先策划后规划，无规划不设计，不设计不建设，切实保障新区规划一片、开发一片、成熟一片、成功一片的开发策略。同时，坚持"由远及近"原则，着眼未来人口规模对公共服务的远期需求和近期人们对公共服务的现实需要，摒弃只顾短期需要的"插花式"布局思维，优先锁定公共服务设施用地规模和空间布局，满足未来新区人口增长的公共服务需求。

目前已启动的每个片区都有专责的开发单位，因此，虽然各个片区的建设大体符合原先整体规划的架构，但由于各单位都在全力推动自身的开发，加之新区开发资源的分散，导致新区出现明显的碎片化现象，先期花费巨资兴建的重大公共设施未能通过聚集效应发挥强劲动能，很可能无力带动后续发展。

国际精英团队原本在每个片区勾画的繁荣景象，比如巨大亮眼的奥体城TOD开发项目，基于近期的现实极难实现。具备丰富奥运场地规划经验的国外团队所建议且坚持的多种体育场馆的集中预留地，在前所未有的国际体育活动举办模式的变革下，以及疫情发展的不确定因素影响下，都成为阻碍城市在短期内发挥聚集效应的重大障碍。

发展成都东部新区的国家战略部署，无疑是十分正确且明智的，发展的前景应该是乐观的，但健康的城市必然是同时具备产业、消费、生活场所的复合生命体，而不是只具单一功能的开发区。因此，成都东部新区未来更为审慎地、更为精明地聚集在启动的公共运输走廊上，利用点状发展模式与成都市区的活力串联在一起，形成独特的丘陵城市魅力名片意象，迅速点燃旺盛的发展动能，将是成都东部新区成功的关键。

3）天津滨海新区的发展历程 [1]

天津是中国现代工业发源地，是新中国工业的摇篮。为发展好现代化制造业，1984年经国务院批准，天津市依托天津港的物流便利优势，在塘沽以东设立天津经济技术开发区（TEDA，泰达），成为首批设立国家级开发的城市之一。配合城市工业东移的发展战略，1985—2000年的各版天津总体规划均在空间发展上确保滨海地区的发展，自提出"一条扁担挑两头"的发展结构以后，快速形成以海河和京津塘高速为轴带，连接主城区和滨海地区的空间架构。1994年，泰达和塘沽成为快速发展建设的城市新区。

迈入21世纪，各级政府决心借鉴深圳特区的成功经验，大力发展面积达2000平方千米的滨海新区。天津2006年版总体规划和2008年空间战略规划，进一步提出天津和滨海地区"双港双城，相向拓展"的空间结构。2006年3月，国务院批复的《天津市总体规划》将天津完整定位为"国际港口城市、北方经济中心、生态城市"，并将"推进天津滨海新区开发开放"纳入国家发展战略，设立为国家综合配套改革试验区，正式成为国家级新区，至2009年，进一步由"新特区"转型为行政区。此一系列的操作的确引发了双城之间的快速成长。

此外，各级政府达成共识，决定效仿上海浦东陆家嘴，在滨海新区筹划设立行政区期间，在泰达南侧海河畔启动于家堡金融中心建设，将其作为滨海中央商务区(CBD)。当时的筹委会透过国际建协举办了一次国际方案征集，来自8个国家的设计团队对于家堡的发展提出了构思。由各团队推荐的独立评审团对方案进行评估后，出于前瞻性及可行性的综合考虑，一致推荐了天津华汇设计公司的提案。

8个方案的共同之处是都主张土地混合使用形成24小时活力城区的形态，而华汇在这方面的构想和表达都更为出色。

于家堡所在的原塘沽区政府在滨海新区正式设立之前委托享有国际权威声誉的美国SOM公司进行中央商务区规划。在原塘沽区政府的坚持下，SOM虽然在形态上基本延续了原方案"小街廓、密路网、窄街道"的原则，但实质上抛弃了混合使用24小时活力城区的构想，采用高大上、功能单一的CBD的形态。同时，SOM的方案将高铁车站自中心向北移出于家堡半岛，妥协于铁路部门的主张，接受车站采用一般的独立建设方式。此举直接引发了大量的拆迁需求，并使其丧失了与于家堡中心地区联系的便捷性。为了弥补车站北移导致的不便，又斥巨资兴建规模前所未有的地下街。在巨资的倾力投入下，于家堡启动区虽基本接近完成，但入驻率十分低。地区空有高大洁净的形象，却全无应有的活力。此外，原先过于乐观的投资，却成为一二级开发商难以承担的负债。此后，管理于家堡的经开区管委会认识到市场的现实，开始重新调

① 海河畔的老天津是作者所钟爱的地方。作者自2002年定居天津，生活、工作至今，见证了天津的发展历程。

于家堡高铁站

整于家堡的土地使用规划，强化住宅功能。与此同时，滨海新区开始重视对城市蔓延的控制，试图将优势资源集中，优先发展核心地区，加强核心地区发展的紧凑度与活力，但想要在沉重的负债情况下扭转颓势并不容易。

同时，从市内的发展来看，2002年年末，天津市市长为天津带来了启动市政建设及城市更新的资金，天津迎来了前所未有的快速发展。内环线及放射线的快速道路路网建设，全面带动了城市的快速发展。在紧锣密鼓地开发中，天津市前所未有地兴建了大量的办公楼宇，很快导致办公楼宇空置率过高。同时，由于缺乏与地铁建设紧密联结的实质性土地供给，急于启动、过于乐观的开发计划导致项目缺乏后续支持，进而形成交通和其他配套设施空置的局面，甚至致使项目胎死腹中而遗留烂尾工程。空置的地产造成地区价值的全面下滑，更无法支撑优质公共配套的投入，形成恶性循环的发展逆势。

中心城区也不例外。天津市区的诸多城市更新项目，也都沿袭传统房地产"重投资、快回收"的思维进行建设，无论是海河沿线风貌改善项目中的意大利风情旅游区、津湾广场、五大院，还是天津文化中心、八大里等地区的更新项目，都借助国内外的精英团队不惜投资成本地呈现靓丽的城市风景线。这些项目仍然采用"先筑巢、后引凤"的方式，导致海河沿线办公楼宇的空置率曾超五成。住宅楼宇销售及入住率均偏低时，无法支撑配套商业。由于缺乏能与市场供给及需求相结合的精密策划工作，项目在开发的过程中，多多少少都会遭遇阻碍及困难，甚至致使有些开发企业负债累累，至今仍然背负着巨额的亏损，政府也未能获得预期的税收及支撑可持续财政的现金流。

总体来说，天津市产业及人口增速开始呈现逐年下降的趋势。根据《城市扩张图集》的数据，天津因为滨海新区的过度开发，城市用地扩张到原有的

7.5倍，人口成长到2.3倍，但人口密度却下降了70%。城市发展的动能远远跟不上城市人口及产业成长的速度与规模。

为应对发展动能的减缓，2021年在《天津市国土空间总体规划（2021—2035年）》（征求意见稿）中，划设了"双城之间绿色生态屏障管控分区"，以进行减量发展。不再随意蔓延发展的意识发挥出一定的作用，2021年全市办公楼宇的空置率开始下降，从前一年的42%下降至35%。但针对如何处理或优化因双城之间蔓延形成的碎片化发展形态，尚未提出具体有效的应对策略。

天津发展的回暖，可能一方面必须依靠天津各级政府针对自身的发展症结，凝聚符合精明成长原则的意识、决策与手段；另一方面还不得不靠上级政府有力的政策支持。毕竟，早年计划经济种下的因，在长期市场疲软的情况下，还需由精明有效的市场经济手段来解决。

SOM编制的于家堡总体城市设计效果图

国外经验的局限性

国外经验无疑提升了国内对精明成长观念的认识，对许多建设项目产生了正面的引导作用，同时实际建设实施的成果也确实令人惊艳。但在许多大型的地区、城市或区域发展项目中，项目的初步规划就像诞下新的生命，婴儿长大成人需要家长长期的呵护与教育，然而国外团队无法为项目的成长发展提供长期的"在地陪伴"服务。这些项目或因为业主于项目之始，就坚信或坚持过于乐观的发展动能，或于后期实际执行上失控，无法避免地陷入城市蔓延无序发展的困局，造成了前期过度投资而后发展无力的局面。

另外，国外机构对中国城市发展的研究确实极具让国人参考、警示的启发价值，但他们客观的分析，并不一定能忠实地反映或理解中国城市发展所面临的诸多问题的复杂性、关联性、真实性与必然性。

诚如所罗门在《全球城市的忧郁》（*Global City Blue*）一书的开篇中所说的，矗立在各地洪灾中的参天老树，坚强地发挥阻挡或减缓洪水冲击的作用，但当大树被洪水冲倒后，随波逐流发出的破坏力有甚于洪水本身。国外的精英团队就像洪水中的大树，如果能守住自己专业的道德坚持，应该可以发挥极为关键的稳定局势的作用；反之，一旦随波逐流，沦为地方政府展现政绩的工具，对地方造成的损失将是无比巨大与沉重的。

政府基于必须谋划城市长远发展愿景的需要进行脑力激荡，邀请国外精英力量以国际的视野提出建议是十分正面、有效的方式。但在实际行动的决策上，必须审慎地理解，城市是一个会不断成长、需不断应变调整的生命体，国外团队蜻蜓点水式的介入，并不能解决随时都可能会发生变化的难题。对于国内城市规划、建设及治理中的问题，还要靠国内自身的实力来解决。培育国内团队，强化自主力量和经验，才真正有助于城市和国家的发展，具有更长远且重大的意义。

与于家堡隔河相望的响螺湾地区

国内自身的摸索及研究

改革开放以来，国内城市能有今日建设发展的成果，其实主要还是靠国内自身的专业力量。大家都在摸着石头过河的历程中学习及成长，既有宝贵的失败教训，也有值得喜悦及骄傲的成功经验。

城市精明成长观念在城市微观尺度上崭露头角的成就

各地政府在多年的实践中逐渐累积了一些实施经验与国际视野，结合国内及在地的专业团队，针对各地自身的情况及条件，陆续形成许多具有地方专业界共识，或在地社会共识，或各地领导共识的宝贵成果。

1）上海：街道设计导则的探索

沿黄浦江发展出的独特城市风貌是上海最著名的城市IP（Intellectual Property，原意是知识产权，现指有资产价值的产品品牌），沿江既有沉淀了旧时光的外滩，也有近30年新增添的浦东天际线及靓丽灯光。除此之外，对许多城市访客而言，上海最迷人之处还有上海普通市民习以为常的生活空间以及尺度亲宜宜人的街道空间。然而，随着经济的腾飞，在诸如陆家嘴这样的新区开发中，迷人的街道不见了，取而代之的是恢宏的宽马路。

根据瑞安集团（以下简称"瑞安"）主席的介绍，20世纪90年代，上海提出了"科教兴市"的城市发展战略。当时刚刚完成上海新天地开发的瑞安开始设想在杨浦区建一个概念非常超前的知识社区。看到江湾体育场后，瑞安决定利用这个漂亮的体育场，跟五角场周边的复旦大学、同济大学、上海财经大学互动起来，建设创智天地项目。瑞安聘请SOM公司对创智天地进行概念性总体设计，并针对大学路和周边地块分别编制设计导则，特别强调大学路两侧建筑功能的混合性。其后，瑞安用了五六年时间对江湾体育场进行保护和修建，把创智天地广场、办公楼、创智坊居住区通过当时上海唯一的"大学路"串联起来。大学路一头连着复旦大学和上海财经大学，另一头延伸到江湾体育场，直接拉近了大学和专业科教园之间的空间距离。

大学路的构想借鉴浪漫的"巴黎左岸"气息和创新创业的"硅谷"氛围，营造了一个适合交流聚会的街道环境。在大学路的街道设计上，车行路比较窄，街面有8米宽，方便步行，还可以在户外街道很舒服地喝一杯咖啡。街道两旁开设了不同特色的书店、画廊、茶座、酒吧、店铺、咖啡屋和小餐厅，很多商家有外摆座位。大学路开发后俨然

成为年轻群体夜间消费的新天地。瑞安继新天地后，又一次在上海重新展现了老上海的街道活力。

街道活力的营造成功吸引了国际商业机器公司（IBM）、美国易安信公司（EMC）、易保、甲骨文、大卡巴斯基、冰动、天狐设计、游戏风云等大型企业60多家，还有初创企业和小企业600多家在大学路街区集聚，大幅提升了瑞安地产的价值，更重要的是为上海开拓了可观的税源。

上海是国内最先提出建设用地"负增长"的城市，这也标志着国内特大城市的中心城区率先进入重品质、重活力的成长新阶段。基于上海旧有街道的魅力，结合新天地、大学路、黄金城道等街道营造的成功经验，2015年，上海市规划和国土资源管理局受上海旧街更新及新街开发成功的激励，借鉴西方经验，包括美国"完整街道计划"的先进设计理念①，责成上海市交通委员会和上海市城市规划设计研究院联合牵头编制街道设计导则，将其作为当年的重点项目，并广泛邀请同济大学建筑与城市规划学院、盖尔事务所、地产集团等相关专业团队参与各专题的编研。基于多方的大力投入，国际经验高效地完成了本土转化，历时1年，《上海市街道设计导则》（以下简称"《上海导则》"）于2016年10月在国内率先出版，并在随后几年中，带动国内城市、城区相继推出各地的街道设计导则。

《上海导则》最大的亮点是始终围绕"人的交流与生活方式"，从城市肌理角度定义"街道"，明确"道路"与"街道"的不同城市服务功能，要求街道设计凸显"公共活动场所"这一空间属性。《上海导则》通过慢行优先、骑行顺畅、绿色出行、功能复合、空间宜人、智能监控等20多项细分目标，引导街道空间的安全、绿色、活力和智慧设计。《上海导则》直观地给出了公交导向和步行环境适宜的街道网络密度，引导街道网络支撑起15分钟步行或骑行范围内的社区生活圈，鼓励结合开放式围合街区形成丰富的临街界面，进而高效承载日常生活和邻里氛围。

《上海导则》的内容实际上属于对设计原则的陈述，难免在后续的执行上遇到阻碍。城市街道空间是土地、资金、建设和管理等责权极为复杂的市政设施兼公共空间，在实施层面必然会遇到各种空间设计以外的困难。例如，在杨浦区五角场街道的大学路创智生活休闲街，虽然自2015年至今连续获评上海市特色商业街区，但疫情发生之前的两年间，上海市民热线收到的关于大学路扰民、招牌不安全、环境卫生污染等各类投诉举报有200余件。开发商、居民代表、街道办事处和城

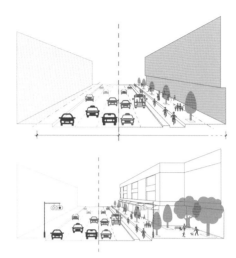

管部门多方协商、共议共决形成了《大学路街区自我管理委员会章程》《大学路区域准入业态特别管理措施（负面清单）》《杨浦区五角场地区商业核心区域"露天吧"实施导则（试行）》《大学路店招店牌设置导则》《创智坊社区业主管理规约》等一系列有效探索精细管理的规章制度，从而使大学路再次呈现出如今特有的夜间经济和全时活力，成为落实《上海导则》中关于"街道是生活场所"和"街道空间统筹通行、外摆和设施区域"的国内最佳实践。

本质上，《上海导则》的推行是借助环境品质提升带动经济、社会和管理水平的持续创新，是落实"精明成长"理念的有效实施路径。

---

① 在美国，"完整街道"是"精明成长"的核心项目。过去20年，美国近1600个社区承诺将致力于为不同年龄、阶层、健康状况和出行方式的人群提供安全街道。2015年《波士顿完整街道》获得美国规划协会（APA）的卓越贡献奖。《上海市街道设计导则》的推出让慢行、安全、绿色、智慧的街道设计原则在中国深入人心，也成功地将国际先进的城市发展理念转化并推广为一项全国性运动。社区"完整街道"的设计与实施涵盖了城市"精明成长"的多项原则，如第四项——创造步行可及的邻里社区；第九项——使开发决策具有可预测性、公平性，并符合成本效益；第十项——鼓励社区和利益相关者在开发决策中合作。在"完整街道"所辐射到的街区中，所有居民都是繁荣的受益者，也有助于帮助更多的社区理解"精明"的内涵，选择更"精明"的开发商。

R2 传统聚落社区

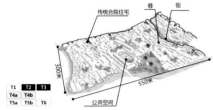

R3 郊区社区

R4a 公园周边社区

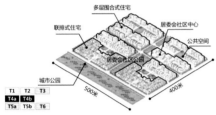

R4b 老旧社区

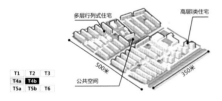

R4c 多层为主TOD社区

R5a 中高强度社区

《天津市新型居住社区城市设计导则》中住宅类型导引

2) 天津：新型社区导则的探索

2016年，《中共中央国务院关于进一步加强城市规划建设管理工作的若干意见》指出，"改革完善城市规划管理体制"，并要"树立'窄马路、密路网'的城市道路布局理念"。为改变传统的居住区配套定额标准、千人指标等"一刀切"的规划控制，由时任天津市规划和自然资源局副局长的霍兵先生主持、天津市城市规划设计研究总院副总规划师朱雪梅女士负责编制，深度结合相关设计单位在天津项目的实践经验，历时3年，于2021年完成了《天津市新型居住社区城市设计导则（试行版）》（以下简称"《天津导则》"）。作为城市设计试点城市，天津在国内率先提出"新型"居住社区领域的导则性宣言。

《天津导则》以塑造宜人的居住生活环境为出发点，借鉴安德鲁·杜安尼和伊丽莎白·普拉特-齐贝尔（Elizabeth Plater-Zyberk）提出的"城乡断面图"①，探索了"精明成长"的核心管理实施工具在中国城市空间形态塑造上的实践及意义。

《天津导则》分别针对街道社区和居委会社区的主要类型进行设计导引，还具体到社区中心与配套设施、主要住宅类型与地块组合形式方式、城市设计方法等。作为天津市中心城区总体城市设计的重要组成内容，《天津导则》在详细规划层面，深入对接街区层面控规，指导新型居住社区在重点地区城市设计及导则阶段的编制，同时指导相应的单元控规、细分导则、地块策划、规划设计条件及建筑工程总平面等阶段的规划编制和审批。

"津城"总体城市设计在中心城区范围内划定了中心活力圈层、生态宜居圈层和田园城市圈层的布局结构。在此基础上，《天津导则》依据各片区特质，进一步划分出六大街区单元，包括城市核心区域、城市中心区域、一般城市区域、市郊区域、乡村区域和自然区域。

依据各区域类型的人口规模、开发强度等，确定街道社区类型，提出居住平均容积率、居住平均绿地率、新建住宅建筑高度等指标。

此外，由于天津不仅是超大城市，还是近代中西文化的熔炉，为传承多元的居住形态和丰富的城市基因，《天津导则》尝试整合社区管理体系与社区空间品质感管控体系，按照区位条件、建成环境、交通条件、历史保护等因素，精细划分管控层次，形成"街道社区—居委会社区—业委会社区"三个类型层次的居住形态多样化的导引，并增加了公共交通站点、公园绿地等空间引导策

略，形成具有不同特征的九种居委会社区类型。

《天津导则》一改传统居住区标准抽象且"一刀切"的指标体系管控。在《天津导则》中，每种居委会社区类型均以具象的"住宅类型与地块组合形式"，引导不同居住区发展策略。

新型居住社区的"新"，体现在突破性地运用城市建筑类型学的观念上，也体现在对城市空间品质、住宅建筑文化、社区场所营造的高度重视上。"新型住区"有潜力成为改变千篇一律的高层小区蔓延现象的有效策略。

为了测试《天津导则》的可行性，天津中心城区外围的4个地区被指定为试点片区，包括"一环十一园"中的水西公园周边、解放南路周边、"设计之都"柳林公园周边和程林公园周边地区。这4个试点片区既是城市扩张用地的供给源，也是生态发展用地的侵占者，因此，《天津导则》在其中的指导意义尤为重要。

在《天津导则》编制期间，华汇参与了水西公园周边地区的城市设计及地块策划工作，华汇与《天津导则》编制团队枝叶相持，共同推敲讨论在后续推行过程中《天津导则》中的策略及城市设计的可行性。最终，在《天津导则》指导下形成的策划方案转化为城市设计导则，并以附件形式作为地块出让条件，进而成为重要的政策管理工具。

目前《天津导则》在实践中总结经验、不断完善，在全市其他地区逐步推广实施，透过精细化分区引导，有效避免了大型高层居住小区的郊区化蔓延，切实落实小街廓、窄马路、密路网的紧凑布局，促进全市规划朝以人为本、精明成长、构建宜居城市的方向迈进。

① "城乡断面"：美国新都市主义发起人安德鲁斯·杜安伊和伊丽莎白·普拉特-齐贝尔在题为《建设从乡村到城市的社区》的文章中，制定了城市乡村横断面，描述了从市中心到乡村不同密度、高度和形态类型的居住建筑形式，反映了城市级差地租的经济规律，揭示了住宅建筑类型的生态区位分布规律。城乡断面理论试图改变农村和城市交错混杂的格局，其实质是从景观生态的角度阻止城市对乡村的肆虐侵占。优化土地利用结构，集约用地和节约用地，实现土地利用效益最大化。综合考虑经济、社会和生态环境效益，防止随意"摊大饼"和闲置土地，因此，城乡断面理论是"精明成长"的核心管理实施工具。

3) 北京：社区规划制度的探索

为推进社区环境提升和城市街区更新，过去10多年，北京市从"规划进社区"到全面推行"责任规划师"，进行了一系列制度尝试，以探索多元共治的中国模式。在此期间，北京地区的一些引发社会热议的城市整治事件，如城乡交界处社区为消除火灾隐患欠考虑地驱逐外来人口，老旧小区为治理无序经营而整治开墙打洞等，无形中凸显了城市管理者与社区居民有效沟通的迫切性。

北京市规划和自然资源委员会在2019年5月发布了《北京市责任规划师制度实施办法（试行）》。责任制以街道和乡镇为责任单元。政府聘请专业规划师作为自下而上规划和自下而上治理之间的衔接人。到2020年年末，北京已有15个城区及经济技术开发区，共318个街乡片区签约了301个责任规划师团队。

责任规划师的聘期一般是4~5年，规划师团队由乐于服务基层、熟悉城乡规划法规与实践、具有社会影响力和沟通能力的专业技术人员构成。责任规划师制度以社区环境品质优化为目的，探索社区治理的创新模式；社区规划师为居民提供参与社区治理的专业指导，激发居民内生力量，打通居民与专家的沟通渠道，推动实施精细建设和小微空间改造。

责任规划师制度弥补了中国长期以来的规划缺乏实质性公众参与方面的不足，相当程度地推进了城市精明成长的第十项原则（鼓励社区和利益相关者在开发决策中合作）。相比于20世纪美国、英国的社区规划师工作模式，当前便捷的手机通信和小程序等智能工具，在信息发布、问卷调查、公众表态、数据收集分析等环节，大幅提升了参与的广泛性和多方沟通的效率。在社区规划师的协助下，专业团队可以更快速地了解居民的各种意愿，居民的声音也可得到有效传递、问题可得到专业解答、切实的需求和提议有机会受到重视并反映在生活环境的改变中，居民参与城市更新的积极性和责任感得到了大幅提升。

在这样的议事参与过程中，城市有机会孕育出丰富、实用的创新空间；与此同时，规划行业的意义和规划师的职业价值也得到了重新审视。在北京的实践引领下，国内其他城市如成都、深圳和上海等，也都相继出台了社区规划师的实施方案，以长期陪伴社区参与城市更新。

北京社区责任规划师实践

4) 成都：公园城市建设的探索

"公园城市"概念的提出源自天府新区提出的生态化发展建设目标，随后这一概念被上升为国家层面的"新发展理念"。"公园城市"强调成都要突出公园城市特点，把生态价值考虑进去，努力打造新的增长极，建设内陆开放经济高地，支持成都建设践行新发展理念的公园城市示范区。

成都市委市政府启动了公园城市建设的探索，在市委的统筹下，各级政府逐步建立了坚实的公园城市建设观念的共识——要以新发展理念为"魂"、以公园城市为"形"，站在新的历史起点全面推动成都现代化建设。近年来中央倡导的城市新发展理念的核心原则——**"创新、协调、绿色、开放、共享"**，是公园城市建设依据的理念共识。

成都公园城市建设承载并担负了新时代城市建设的核心价值和发展目标，包括：

- 打造"公园中的城市"，体现绿水青山的生态价值；
- 通过以形筑城、以绿营城、以水润城，体现诗意栖居的美学价值；
- 在城市历史传承与嬗变中构建多元文化场景和特色文化载体，体现以文化人的人文价值；
- 坚持资源节约、环境友好、循环高效的生产方式，体现绿色低碳的经济价值；
- 设置高品质生活消费场所，让市民在公园中享有服务，体现简约健康的生活价值。

成都环城绿带平面图

为落实上述价值观，成都公园城市着力：

– 构建"青山绿道蓝网"相呼应的空间形态；
– 构建"轨道公交慢行"相融合的运行动脉；
– 构建"生产生活生态"相统筹的发展空间；
– 构建"巴适安逸和美"相匹配的社区场景；
– 构建"开放创新文化"相协调的发展动能。

为实施上述建设内容，2019年1月11日，成都全面启动机构改革，全国首个公园城市局成立。该局以原成都市林业和园林管理局为基础，整合了部分单位相关职责，涉及城市绿道、绿地广场、公园和小游园（微绿地）建设等，为市政府工作部门。

公园城市局责成成都市规划设计研究院编制《成都市美丽宜居公园城市建设导则》，2019年编制完成并成功颁布；2021年8月6日正式发布《成都市美丽宜居公园城市建设条例》。导则的编制以"人、城、境、业"高度融合、"一公三生"（公园体系底板上的生态、生活与生产）为指导，系统性地提出了公园城市的建设原则和要求。

随后，成都东部新区公园城市建设局成立，该局除了承担原先公园城市建设管理局的任务外，为了统合全城的发展、落实公园城市的政策，新增了关键性的职能，精明地强化了政府职能部门间的水平协调力度。

2021年8月29日，成都市委换届。2022年1月23

成都环城绿带实景

日下午，新任市委书记在市人大代表全体会议上与大家一起审议政府工作报告，审查年度计划报告和年度预算报告。新任市委书记明确指出，要在建设践行新发展理念的公园城市示范区中，展现新作为、作出新贡献。

在宏观的城市尺度上，成都的"公园城市"理念与"精明成长"的原则六，即"保护空地、农田、自然美景和关键环境区域"是一致的，追求区域协调共治、农田绿色生态保护、社区参与共享等，都在于解决有限土地资源约束下，城市发展过程中的社会、经济与空间资源环境问题，并最终让城市实现协调、可持续的精明成长。

在中观的城市尺度上，"公园城市"理念坚持集约发展，树立紧凑城市形态，推动城市发展由外延扩张式向内涵提升式转变，促进以"精明成长"为原则的、形态紧凑、用地集约、功能混合、公共边界、步行可及、拉动投资和社区参与等经济可持续的行动方案。

在微观的城市尺度上，"公园城市"理念提出培养具有强烈地方感、独特的、有吸引力的、绿色的社区。形成公共开放、尺度适宜、窄路密网的共享社区，资源节约、环境友好、循环高效的活力社区，简约适度、绿色低碳、健康优雅的生活社区，这均是"以最适宜成本精明成长"的思想体现。

成都在建设公园城市中形成的共识，与"精明成长"的原则九"使开发决策具有可预测性、公平性，并符合成本效益"一致。

践行公园城市的成都天府新区，是新时代背景下我国城市建设发展的理论与模式创新，体现了新理念的城市发展的高级形态，同时吸取了田园城市、生态城市、山水城市以及生态文明与人民城市思想，是将公园形态与城市空间有机融合、生产生活生态空间相宜、自然经济人文相融的复合系统，是"人、城、境、业"高度和谐统一的现代化城市。

成都公园城市的探索可以理解为在新发展观下"精明成长理念""中国化""在地化"的探索，为全球城市面向未来探索可持续发展新形态提供了"中国智慧"和"中国方案"，在世界城市规划建设史上具有开创性意义。

成都以雪山为背景的天际线

5) 深圳: "城中村"整治的探索

深圳作为中国一线城市和国际大都会是极为特殊的存在。1987年,深圳开土地使用权拍卖之先河。此后的25年间,根据《城市扩张图集》中的数据,深圳的建成区面积约扩张至原先的8倍,而人口总量增至24倍多。40多年前设立"深圳市"并在市内批准设立"经济特区",深圳从一个几平方千米、几十万人的小县城,发展成为数千平方千米、常住人口超过1700万的超大城市。在深圳飞速成长的进程中,"城中村"扮演了特殊的角色。不同于国内其他大城市的"空心村"或"棚户区",深圳的"城中村"住宅是百万城市建设者来到深圳的第一处落脚点。

在现行深圳总规中,全市域的城中村居住用地约为99平方千米。深圳市最初划定的特区面积约占当时市域面积的1/5,而该范围内的城中村个数却接近全市城中村的2/5。中国的城乡二元土地所有制是"城中村"长期存在的根本性原因,深圳城市规模的扩张使大量的"城中村"位于中心区位,而政府不能征用宅基地,村集体土地不能上市交易,形成了深圳市特有的"二分"房地产市场。随着不同阶段的旧村改造政策出台,自特区建立以来,几乎每隔五六年就会发生一次城中村抢建风潮。如今,深圳有40亿~50亿平方米的"非正规"建筑存量,有大约一半的建筑参与到住宅租赁市场中。尽管环境和居住条件不佳,但低租金和便捷的服务对外来人口来说,是性价比极高的生活、务工、社交场所。曾经被称为"毒瘤"的违章建筑,到2018年仍居住着1200万人,他们中的绝大部分是深圳的非户籍常住人口。城中村的自建房,有不少是8~10层,15~16层也未算罕见。通常底层是商铺,布满餐饮和丰富的生活服务业态,2层以上供居住。大部分城中村纳入了市政水网和电网,有些村还通了天然气,因此,居住在城中村的务工者有独立的卫生间可用,对于有无厨房他们并不是十分在意。城中村的原住村民以物业租赁为收入来源,越来越少的村民从事薪酬水平较低的服务业和加工制造业。在深圳的城中村,一户原住民拥有数十套自建房供出租的情况并不罕见,拆迁城中村要为每户提供5~10套回迁房作为补偿。

在这样的历史背景和现实情况下,"城中村"改造最大的难点就是不同利益方之间的博弈。政府一直渴望提升城市形象,提高社会治理能力,在物质空间方面,陆续出现了一些成功的公共空间环境提升、古城遗存的文旅开发以及单体建筑改造,一些城中村也成为网红打卡地。然而,城中村问题的核心是政府关心土地、开发商关心利润、村民关心资产。广东省其他城市也做过一些尝试,他们过度依赖市场,让村民直接和开发商打交道,村民、村集体和开发商分别争取自身利益的持续扩大和投资回报的最大化,他们的"精明"通常是短视和利己的,但政府和规划部门在谈判中的主导程度有限,集体土地转性上市后不可避免地推高房价和地价,在政府垄断供地、楼盘开发即售的模式下多方获利,只剩下居住在城中村的租户始终是弱势群体。

在近10年激烈的人才吸引大战中,深圳市政府越来越重视外来人口对城市发展的重要性以及他们的居住问题,要求不再拆迁重建城中村,并将其纳入保障房体系。当深圳依靠"三来一补"完成产业原始积累后,"城中村"在产业结构升级中开始扮演人才公寓的角色。万科较早地介入深圳城中村的柔性改造,率先提出以"综合整治+内容运营"的模式参与治理城中村。万科专门成立深圳市万村发展有限公司负责策划"万村计划",开拓长租房市场。万科第一个项目的样板房在2017年面世,改造内容包括内部空间划分改造、外立面美化、设施升级和景观设计。建筑内部整理出小户型居住单元,并对其重新装修,设置公共厨房、晾晒空间,还在首层设置共享区域,包括服务台、会客阅读交流空间等。项目通过整体改造、整体运营改善了城市面貌,也为居住者提供了更安全、更体面的居住环境,当时被各方看好。

万科在岗头新围仔村的项目之所以能试水成功,很大程度上得益于"精明"的选址——新围仔村位于富士康、华为、天安云谷三围合区域内,距离富士康停车场820米、华为停车场580米、天安云谷停车场1000米。万科介入之前,住户群就比较稳定,IT企业员工也有相对高一些的收入基础和提升居住品质的意愿。但即便如此,万科还是高估了这部分租户对租金上涨的接受度,同时也遭到了村民的排斥,在租客流失后,村民开始想要拿回"主动权"。一年多以后,原计划推进缓慢,不仅首个项目延期,万科的"万村计划"也面临搁浅。

万科在深圳城中村的长租房尝试没有取得全面成功,星星之火没有形成燎原之势。万科要面对的是收房谈判难、改造审批难、收益不确定、市场竞争惨烈等;租房群体要面对的是随着建筑和环境的大幅提升而带来的租金的上涨以及周边市场价格的上升。对城市而言,生活成本将进行新一轮的阶层筛选,"绅士化"引发新的社会流动和公平性问题。同时"中低端供给不足、中高端供给过剩"也会导致租赁市场的结构性失衡。

深圳"城中村"改造还将摸索前行,政府如何精明主导,市场如何精明介入,将是深圳续写神话的新篇章。

深圳水围村从城中村到1863文化街区

深圳万科泊寓

深圳高密度城中村

6）深圳：对"趣城计划"的探索

21世纪初，深圳几乎没有空置土地支撑未来城市增长，城市发展从增量时代进入存量时代，同时深圳又面临向国际化大都市转型的关键时期，城市更新刻不容缓。2008年金融危机使得大量工业厂房空置，带来了更新的契机。2009年深圳正式启动城市更新，由深圳市规划和自然资源局发起，深圳市规划国土发展研究中心承办，由张宇星为代表提出"趣城计划"，开始编制《趣城·深圳美丽都市计划》。"趣城计划"参考国内外成功的城市更新案例，针对深圳100多个几乎被遗忘的消极"城市场景"，如废弃铁路、街头边角空地、立交桥下空间、公园边界、路边基础设施等，形成"城市设计案例+提案库"。

"趣城计划"通过对城市趣味地点的塑造，借助设计活动邀请人们创造城市日常生活，是系列性城市设计的社会行动。不同于"激进的、全面覆盖的、运动式"的规划实施，"趣城计划"应对城市发展挑战的精明之处在于它采用了"温和、持续、散点式"的对策。张宇星及项目团队认为该项目的创新之处在于，不针对景观轴线、重点区域、重要节点，而是直接从具体的场地入手，从城市微观层面采用小尺度介入的方法，以人性化、生态化、特色化的公共空间环境为基础，营造一个个有趣、有生命的独特城市场地，通过"点"的力量，针灸式地激发城市活力和内在潜能，推进周边地区的发展，促进城市面貌的改善，创造有活力有趣味的深圳，完成从注重生产的工业化城市回归到注重生活的人性化城市的转变。

"趣味点"来自面向专家咨询会、政府部门、开发主体和设计单位的访谈，以及面向公众的"创意·地点"征集活动等多种开放共享的参与途径。在市民日常生活载体中，补充公园广场、滨水空间、街道、创意空间、特色建筑和城市事件，同时针对上述大类分别提出一系列"小计划"。例如，在特色公园广场中进一步将普通街头绿地拓展升级为小公园，在高密度商业中心区内挖出有趣的空地等，旨在实现公共空间的可达性、功能性、舒适性和社会性。

项目还细致入微地针对可达性提出中心公园边缘柔化、去除围墙和绿篱、设计多个出入口等具体小微改造的方法，使公园能够真正融入城市。再如，为增加抵达河岸后的亲水机会，改造项目还包括暗渠激活计划，推动河流和堤岸品质提升。此外，针对社会性缺失的问题，还提出使城市地点与城市活动相结合的一些构想，如策划举办消极空间建筑装置展等。

"趣城计划"很快引起深圳各级政府的关注和相关部门的积极响应，他们都希望能在各自的行政辖区和部门落地实施。为此，行政部门针对每个小计划，在规划管理层面制定可行的实施策略，做好规划预控和预留，纳入规划许可、土地合同等，为计划的执行打好基础；在实施手段上，制定容积率奖励、功能转换、土地期限延长等政策鼓励开发主体参与计划实施，以社会认购或冠名方式鼓励企业参与公共空间的建设。

继《趣城·深圳美丽都市计划》由市级政府推出并实践之后，《趣城·盐田》《趣城·社区微更新计划》等辖区层面的行动也陆续深化开展。"趣城计划"自下而上的空间策略，从需求侧出发，广泛吸纳在地居民意见，以低投入、易实施、渐进的方式提升空间品质，弥补地区发展规划的缺漏，加快政府工作的进度，带动整体区域再发展和城市的精明成长。

趣城工作室的沙井古墟新生

7）北川：总规划师团队制度的探索

我国地方政府的规划和自然资源局设有"总规划师"一职，负责地方政府所有的规划技术性事宜，但由于我国城市众多，人才供给却十分有限，除了一线城市或部分二线城市外，其余城市的总规划师大多无法承担统筹建设方向、把控建设品质的重责。这也是导致我国城市出现本书所陈述的"失根城市""失能城市""失态城市"等病症的重要原因之一。

北川地震后，中央及地方政府均投入大量资源，要求尽快重建，为地方居民重新提供生活的天地，中规院被责成承担协调北川建设的重任。在院长及总规划师的全力支持下，中规院立即任命时任副总规划师的朱子瑜先生担任北川重建团队的总规划师。朱先生整合中规院的内部力量，召集国内各地的专业精英共同参与，倾其全力地投入建设相关部门间水平跨界的协调工作中，负责把控所有建设项目的品质，最终历经3年的时间，高品质地完成了北川的建设。朱先生认为"总规划师团队"制度对缺乏人力资源的城市尤为重要。优良的总规划师团队能够为地方的精明发展作出巨大的贡献。

总结国内外的经验，"总规划师团队"制度成功的关键在于以下几点。

① 总规划师本人的领导力

总规划师应有跨界的坚实专业能力、客观的洞察力、精明的战略思维、杰出的设计品位、前瞻的国际视野、充分的大局观、扎实的实战经验及出众的沟通协调能力，更重要的是必须有充分的时间可以倾注在权责所在地。总规划师必须能够获得地方政府各级领导的尊重及信任，并拥有人才号召力和凝聚力，这样才能高效地完成指导及协调工作。

许多地方常常寄希望于聘请享有院士或大师称号的人士出任总规划师，但忽略了院士及大师实际能够付出的时间有限。务实地看，符合前述条件并有专业热情的人选，辅以院士或大师对其进行顾问指导，一样可以胜任总规划师的职位。

② 总规划师团队的专业协作

总规划师除了要精明地指出发展的方向、路径及对成果品质进行把关之外，还要花大量的时间进行信息收集、技术分析及协调沟通。这样庞大而复杂的工作，远远不是一个人所能承担的。因此，总规划师必须有具备高度综合技术力量的团队支撑。总规划师团队不一定只由一个单位构成，可以根据地方的实际需求组建一个联合体，在总规划师强力而又开放的领导下，把各方面的专业精英汇聚在一起，高效率地运作。现实中，每个单位都有一定的技术专长和业务侧重，各种专业的顶尖人才未必都在同一个大型机构中。因此，联合体的力量往往会比一个独立单位更为强大。

③ 地方发展愿景共识的凝聚

总规划师的首项工作就是快速地使各权益相关部门达成共识，形成对地方未来发展愿景的共识。没有对于发展愿景共同的信念，所有的后续工作都极容易摇摆不定。有了愿景上的共识，即使在执行上出现了困难，也能较为容易地找到对策，选择不同的路径达到大家共同追求的目标。

④ 制度的稳定性

完成北川重建这样的国家级任务，制度的稳定性是无可置疑的。但当此制度推广到一般城市时，很可能会遭遇预期之外的情况，如地方领导换届等，此时制度的稳定性就越发重要。在稳定的总规划师团队制度之下，负责的、成熟的总规划师在原先设定的合约期内，面对新局面可以比较稳妥地、客观地作出适宜的过渡性处理，不至于形成无谓的资源浪费。反过来看，也只有在制度具有一定的稳定性的保障下，总规划师团队才能放心地、专注地投入工作。

⑤ 多层次的水平协调机制

在愈发民主的时代中，所有利益相关方都会从自身的观点或立场发声，所有的意见注定是复杂且矛盾的。共识的形成，仅靠正式会议是不能完全实现的，还要针对不同属性的问题，透过各层次的人际网络，非正式地逐步沟通协商，这样才能逐渐将各方观点凝聚成共识。非正式的协调沟通方式，可以使意见不同的各方在比较没有压力的情况下，更为开放地倾听、理解并创新地探索各种不同的解决方案。

继北川之后，陆陆续续也有一些成功运用总规划师团队制度的案例，如2010年吴志强教授在同济大学技术力量的支撑下担任上海世界博览会总规划师，2016年吴教授又担任北京（通州）城市副中心总规划师；2020年，沈磊先生在仇保兴先生领衔的中国生态城市研究院的支撑下，出任嘉兴市总规划师，在建党百年之际，优质推动了嘉兴的发展。

总的来说，总规划师团队制度是在政府支持下的体制外聘技术力量，集合民间人才资源，独立客观地指引城市发展的新选项。总规划师团队中，无论是城市总体层面的总规划师，还是各种尺度项目的总规划师，在我国应该都有巨大的市场，总规划师及其专业团队的培养都需要受到重视。

北川震后重建

大湾区城市群空间结构

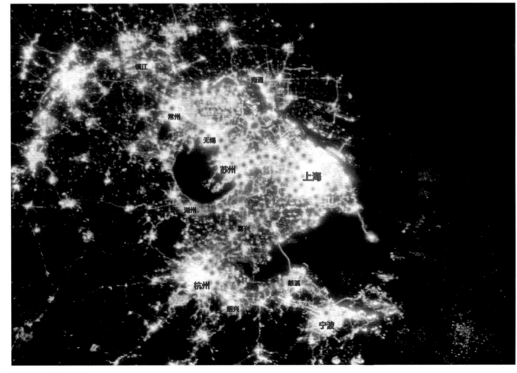

长三角城市群空间结构

精明成长在城市群建构上的成就

2001年，在中规院任职的赵燕菁先生负责《广州总体发展概念规划研究》时，基于经济全球化的影响，提出城市群间的各个城市应该分工合作，并生成轴带结构，逐渐取代过去在国内盛行的圈层结构。广州应与香港相向发展，发挥香港为前店、广东为后厂的优势，沿"深南大道—107国道"，串联并强化广州、东莞、深圳、香港一系列独立城市组团的能级，形成相辅相成的、强劲的世界级都会。

如今，广州香港都会轴带中的各个城市，在既错位竞争、又紧密合作的不断摸索调整的步调中，展现出动能充分的轴带发展态势，成就了举世瞩目的中国城市群的崛起。目前，大湾区的轴带网络在更进一步地积极扩展及完善中。

从区域精明成长的观点来看，我国区域城市群轴带结构的生成虽然与卡尔索普提出的"全球性区域城市"的目的是相同的，都意在强化区域在全球的竞争力，但二者的生成背景及方式全然不同。首先，中外土地所有制度不同。其次，在美国，只有现状发展动能已经趋向稳定、具备一定潜在运量的城市，才会运用公共交通将彼此串联，并提升已经郊区化站点的使用强度。在我国，虽然新城市或城区发展建设规模大、速度快，但开发之初，运量并不成熟，得先发展快速机动车道强化新老城市化地区之间的联系，再适时引进轨道公交，促进地区可持续发展。更重要的是，轴带状、多中心结构相较传统的单中心结构，拆迁的成本（包括时间）极低，完美地契合了我国特有的、代表寸土寸金高强度高价值的"土地财政"融资模式。

广深港模式在国际上引起了高度的评价，上海、虹桥、安亭、花桥、昆山、苏州轴带也同时形成，并随之向松江、嘉善、嘉定与杭州延伸。

目前在国内，精明成长的轴带结构在区域层面得以复兴，并成为主流。

城市精明成长在我国的未来发展方向及重要性

华汇规划团队已成立近28年，见证了我国城市设计及营造翻天覆地的变化。我们认为，无论是国外引进的或是国内自身摸索获得的城市精明成长的原则及策略，都真正地为国内的城市发展作出了巨大的贡献。

华汇城市规划设计平台以赵燕菁先生为核心智囊，赵先生着眼国家层面，总结了城市精明成长对我国未来发展的重大意义以及应该积极探索的五大方向。

- 化整为零的
  可持续发展建设模式
- 由下而上的
  有机更新、存量优化体制
- 浮动的用地属性
  及容积率调整制度
- 街区一体化设计
  及运营的制度创新
- 大庇天下——
  明智的住房改革政策

■ 化整为零的可持续发展建设模式

我国在全球发展的大局观下，明确地作出了2030年实现碳达峰、2060年实现碳中和的承诺。这个目标的达成，并不容易。国家通常会透过宏观的总体政策，强力地采取由上至下调控更清洁的能源供应方式、调控污染排放标准并严格执行、拟定创新的"碳汇政策"等手段，期望能够快速有效地朝着已承诺的目标前行。但实际上碳排放多集中发生在城市环境中，在城市规划建设方面，虽然大家常常提起"双碳城市"这个词，但并没有明确地说明具体的措施。

无论是我国尚待继续进行的城市化建设，还是已开发地区的优化，运用精明成长的方式都可以为实现"双碳城市"的目标作出贡献。城市可持续性的优化可以从"化整为零分散式的全系统整合"做起。

弗雷克教授针对我国情况提出的"生态街区"倡议依然可行，而且现在看来，实施的时机已经成熟了。以小地区的基于绿色运输的开放街区结构为基础，就地形成各项基础设施的微系统，包括绿色能源供给微系统、地区微电网、分散式的雨洪管理及污水处理微系统、废弃物收集及处理微系统、建筑及景观固碳系统、在地绿色食物生产及供应系统，并全盘地整合建筑、景观及市政系统，营造开发挥各个微系统间的共生共享关系，再结合智能管控的系统建构，以实现极高比例的能源自足、水循环再利用及零排废的"生态街区建设模式"。

从以我国北方城市为研究对象的案例分析来看，由于每个微系统均采用已经成熟的技术，同时全盘整合的各个微系统，也是一般的开发项目都需要的建设事项，因此从项目本身的初步投资成本看，采用分散系统成本增加不大。但是，分散的微系统在运营成本方面优势明显，先期增加的投入，在5~7年的时间就能收回。更重要的是，从城市发展的全局来看，分散的系统可以节省大量的初期巨额公共投资，进而减少不必要的碳排放量。比方说，地区开发初期并没必要立即兴建大型的污水处理厂，更无须负担巨额的市政管道投资。

总的来说，相对于传统的城市开发建设模式，化整为零、精明的分散式微系统整合建设模式，在节能减排的贡献上表现更为出色，且更能适应开发市场的不确定性。同时，结合城市的、地区的一级开发及先期的二级开发整体建设投资及运营成本来看，精明的分散式微系统整合建

设模式的建设与运营成本都远低于传统的城市开发建设模式。

在"碳达峰""碳中和"的国家"双碳"政策下，举国上下都必须在方方面面采取果断的行动，城市也需要在发展方式及形态上更为高效，这样才能协助国家实现极难达成的目标。化整为零、精明的分散式微系统整合建设模式是一个非常值得考虑并极具潜力的城市建设方式，是有助于实现国际低碳发展目标的可选路径。

绿色建筑微系统
节水、节能、节材技术等

垃圾收集微系统
厨余、纸、玻璃、塑料、金属等

绿色运输微系统
步行、自行车、接驳公交、轨道等

清洁能源微电网系统
风能、太阳能、生物能、地热等

雨/中水回收再利用微系统
冲厕、路面冲洗、浇灌、洗车等

雨洪治理微系统
风能、太阳能、生物能、地热等

城市农业微系统
地面农园、立体农业、屋顶农园等

屋顶固碳系统
小乔木、花灌木、农园等

可持续社区的微系统

■ 由下而上的有机更新、存量优化体制

过去30年，我国经济的成功很大程度上源自土地制度的成功。从提供基础设施的角度而言，我国的城市化基本上已经完成， 2015年的城镇建成区面积足以容纳83%的人口，高于城镇化水平。更多的城市扩张对于多数城市而言不会带来以往那样有效率的人口和经济增长，目前国家的城市化建设模式已由增量开发转为存量优化。

虽然许多地方在短期内依然会依赖土地财政支撑政府的运作，但许多大城市的房地产市场去化量受目前房价高于大众消费力的影响，势必呈现萎缩的状况。而且社会上许多老旧社区也亟待改善，有的居民有增加住房面积的需求，有的居民有增加电梯服务的需求，有的居民需要更为便捷的厨房及卫生间，有相当多的居民期望能增加停车位的供给，并期待社区整体环境品质能够得到提升。这些许许多多看似零碎的工作，对提高各个地方的人民满意度却至关重要。此外，更新的行动本身能够带动更新产业链的规模，能够相当程度地弥补房地产萎缩对相关产业造成的冲击。

目前众多的大规模住宅小区均有更新的需要，但目前在小区中推动更新工作并不容易。在土地财政方式下形成的超大商品房小区的物业为集体所共有，任何小小的更新行动都需要经过大多数居民同意的集体决策。对动辄过千户的小区而言，极难促使所有居民对众多零碎问题达成共识，更难进行集体决策。因此，许多关于居民的切身问题，几乎无法得到解决。此外，许多地方政府在土地出让收入下降的情况下，实在无法承担全面提升环境的财务压力。

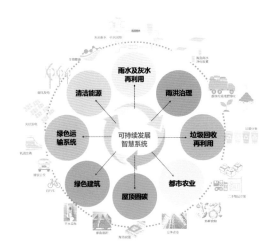

微系统全盘整合

从国家层面来说，应该精明地、创新地增加"由下而上的有机更新的推动机制"，使有机更新变得简易可行。这至少包括下列三个重点。

1. 通过政策要求新开发地区大幅缩小建设用地地块批租规模

在国家已经推动的开放街区政策下，可以以街廓为单位或在街廓中再细分地块为土地批租单元。建设用地的批租规模愈小，日后自主有机更新的可行性就愈高。

地块批租规模缩小，虽然会使前期市政建设的投资增加，但这些增加的成本投入可由政府委托具有国家一级房地产开发资质的国有企业先行投入，其成本在二级开发商取得土地使用权时收回。

在市场萎缩、开发风险不确定、取得巨额抵押贷款困难的情况下，缩减土地出让规模，以小地块方式进行批租，相当于在房地产市场波动期，降低了开发商的准入资格，拓宽了土地使用权的出让对象，使得更多持有资本的小企业或个人有机会参与小微房地产开发，起到活跃市场的作用。

因此，精明地缩减土地的最小出让规模，积极扩大房地产市场开发主体的类型，可以有效地增加政府的土地财政投资回报率，保持市场活跃度，保护不动产价值，并为日后实施小规模、滚动式城市更新奠定高度可行的基础。

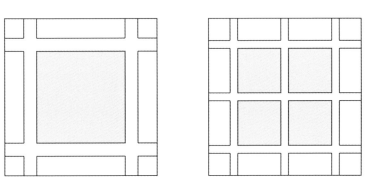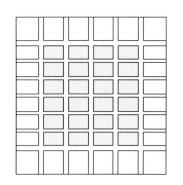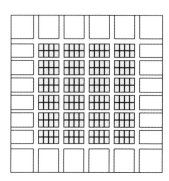

土地细分图示

2. 明确细分既有小区集体所有用地及空间，建立简单易行的更新决策权

重新细分既有小区集体所有的土地及空间使用决策权，有助于大大增加更新的灵活性。通过界定公共物业的直接和间接相关人，细化决策权比重，并制定见证参与制度，确保所有相关者能平等地发表意见，将有利于相关管理权责单位针对有机发生的微更新行动作出避免争议的、大家都能信服的决策。

1）使用决策权细分的方式

更新的事宜不同，牵涉的利益关系人的圈层也必然不同。因此，使用决策权的划分必须依据更新事宜的性质，划设有权参与决策的居民圈层范围，并设置不同的权重，以确定不同居民享有该范围内空间使用权的权益多寡。基于空间可以被立体使用，细分的工作不应仅限于平面划设，可依"地上空间使用权"及"地下各层空间使用权"来进行细分，其中"地上空间使用权"还可以细分为"首层"和"二层及以上"。

2）细分工作的类别

① 小区内整体共享公共空间及服务道路用地使用权的划设

在不影响社区整体运转的原则下，重新整合小区内闲置、利用率不高的用地，打破原有用地性质的局限，考虑将其变更为有效的、能提升小区生活品质的用地，如邻里商业、共享停车区、片区公共服务区等，集合政府、投资商、社区居民共同商议使用权的归属、运营权则及权益分享的机制。

② 每栋建筑居民享有的更新决策权范围的划设

A. 连排独户建筑地上地下更新决策权
此类建筑的业主拥有建筑产权范围内和建筑前后一定范围内相邻公共空间的使用权和更新决策权。独栋建筑的更新扩建只要符合相关法律规范，并获得邻里有限范围内相邻业主同意，该户即可自主决策。

B. 无地下车库连排多层建筑的地上更新决策权
此类建筑由同一垂直交通核心筒服务多层建筑，每层建筑有一至多户居住。

a. 住宅单元内更新决策权。每户有权对宅内无关全栋建筑结构安全及管道井上下连通的部分进行改变更新，以使每户的宅内空间能贴心地满足住户的需求。

b. 建筑投影面积内土地更新决策权。使用同一垂直交通核心筒的所有住户，共同享有建筑物的更新决策权。若住户的宅内更新涉及全栋建筑结构安全及上下连通管道井的内部改变，应获得全栋住户的同意。全栋建筑的更新改建在尊重前后及邻栋建筑所有住户合理的意见，并符合法令规范的前提下，可以单独地进行。

c. 增建电梯用地决策权。为了满足许多老旧多层连排建筑增建电梯的需求，特别划设此类用地使用权。此类用地使用权应归属除了底层住户外的所有楼上住户。政府应通过专项规划授予此类用地必要的建筑容积及密度。在尊重底层建筑住户的合理意见下，楼上住户可以增设电梯及与电梯相连的必要设施。

d. 扩建更新用地决策权。在不突破控制性指标且征得整栋建筑的全体业主同意的情况下，可以向前或向后加建，或更新扩建。新增占地及建筑改扩建方案，应不影响一定范围内相邻建筑的安全，并在享有决策权的邻里住户之间达成一致，方可付诸行动。

e. 专属底层个别住户的小院使用权。为了满足底层住户的私密需求及户外生活空间，邻接底层住户的用地可以划设为专属底层住户的小院空间用地。

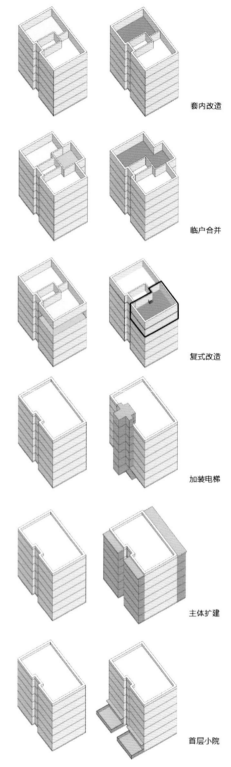

套内改造

临户合并

复式改造

加装电梯

主体扩建

首层小院

独栋住宅自主更新

集合住宅自主更新的几个重点

C. 独栋高层建筑地上地下更新决策权

目前，除了部分由企事业单位持有中等强度的单位大院外，在土地财政背景下开发建设的高容积率居住区中，独栋高层建筑林立、地下空间布满停车位的情况非常普遍。此类高层建筑的更新，拆除重建的可能性极低，同时，由于高层建筑结构的复杂性，向外扩建的可能性亦极低。

因此，此类建筑更新决策权细分的目的在于确立每户宅内更新的权益，以及促使建筑周边地上空间的使用方式得到改善提升。因此，独栋高层建筑更新决策权划设的空间范围除应包括前述提及的住宅单元内更新决策权、建筑覆盖土地面积上方更新决策权及专属底层个别住户的小院使用权外，还应增设建筑周边共享院落的更新决策权范围。

对于建筑周边的地上空间，应该明确界定归属于该栋建筑上所有住户共享共管的空间使用权限的范围，以改善高层林立的小区通常缺乏空间领域、不利于形成邻里守望相助关系的空间结构，并结合建筑雨水收集系统，促进建筑周边形成海绵城市载体，形成提升雨水再利用率的雨水花园，展现栋栋皆不同、栋栋皆有趣的生态文明景象。

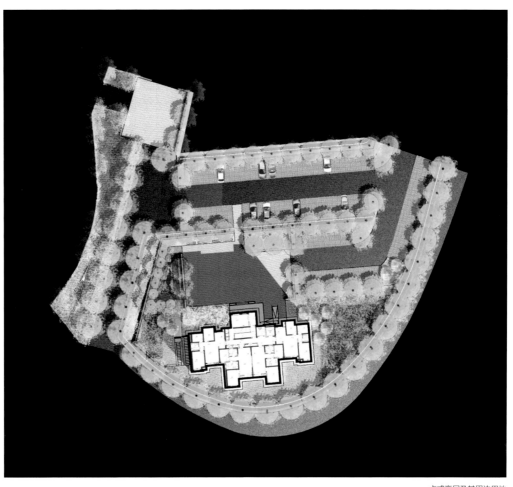

点式高层及其周边用地

典型高层居住区平面

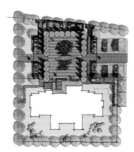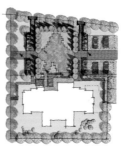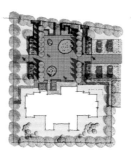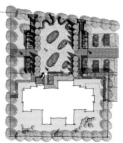

场地设计的多种形式

253

③ 分区组团公共空间用地更新权的划设

A. 行列排布的楼间公共空间更新决策权范围

前后两排楼之间的空间不属于前述联排多层建筑的地上更新决策权范围的公共空间，可以作为相邻两排建筑所有住户或部分住户共享的人车出入道路及路旁可供进出人流共享的景观空间。此类空间的更新决策权由共享空间的所有住户共有，更新决策权所有人应共同负责此类空间的管理维护及品质提升。

B. 围合街廓更新决策权范围

目前在国内除了传统的合院外，围合街廓建筑组团的形态并不多见，但在开放街区推动建设后，此类形态有可能成为未来城市的主要基本居住单元之一。

a. 围合街廓整体更新决策权范围。虽然此类建筑组团中的每栋建筑，在尚未设置地下整体公共停车空间的情况下，仍有进行独栋更新的可能性，但在已设置地下整体停车空间或公共使用空间的情况下，较适于采用一次性改善整体街廓的方式。街廓整体的扩建或重建更新在符合上位规划及不影响相邻街廓住户权益的原则下，该街廓全部用户均具有参与该街廓整体更新决策的权利。

b. 内院更新决策权范围。由周边式建筑围合的街廓内院空间，归住宅出入口位于内院的所有业主共有。经由内院进出建筑的所有住户共同负责内院环境的管理维护及品质提升，享有更新决策权。

楼间空地的优秀设计案例（Site设计集团在芝加哥市的住区环境设计，组图）

C. 高层建筑间更新决策权范围

可以在每栋高层建筑的周边划设一定规模的庭院及花园用地，从而形成用于承接高楼屋面雨水的雨水花园。此类用地由该栋楼宇所有屋主共有。明确地界定此类空间的边际，有利于在千栋一面的小区内，透过多样的花园庭院提高每栋楼宇的自明性。同时每栋楼宇领域感的建立，有利于促进每栋楼宇中住户间的交流。

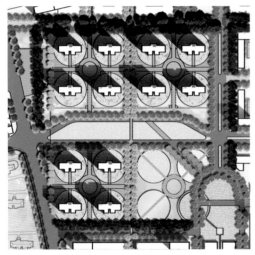

点式高层住宅组团典型布局

业主共有的楼宇间庭院

楼宇间布置海绵设施

3）小区空间更新权细分的推动

居住小区内部空间更新决策权细分是一项建立在社区参与机制之上的详细城市设计，涉及庞大的法律作业及社会共识的建立。

只有形成共识，才能明确空间边界，从而确定各种决策权的适用范围，高效地作出集体决策。详细城市设计的成立，必须建立在小区绝大部分住户达成共识以及符合上位规范的基础上。要全面推动城市更新，就必须全面推动社区营造工作，并全面研拟对所有既成小区具有指导意义的详细更新设计导则。

实际上，小区更新应该循序渐进，可以先由研究机构发起，联合各学科专业针对不同建筑组团类型中各种可能更新行为的适法性、财务可行性及社会效益进行适当研究，对更新的可行性提供法理支持，并提出社会机制调整建议。再由地方政府选择少数有较强更新意愿的小区，进行社区营造工作，并给予经费进行详细更新城市设计的竞争性征集，经过专业评审选择优胜者作为试点项目的实施方案，优先在此推动实际的更新行动，测试各种配套政策的可行性与效益。成功后，再行拟订逐步推动计划，全面推广。只有更新行动形成一定规模效应后，才能真正彰显城市更新的整体社会、经济效益。

4）更新决策权的法理地位

《中华人民共和国民法典》规定"业主对建筑物内的住宅、经营性用房等专有部分享有所有权，对专有部分以外的共有部分享有共有和共同管理的权利"。在适用法律完成变更前，可以在不变更原有土地使用权集体所有的前提下，通过业主公约或产权备案等形式相对细化及明确共有使用权的划分细项，这样仍有利于更新的推动。无论是变更法律还是形成住户公约，任何一项涉及共有部分改动的提案，达成共识的过程必然是复杂而且艰难的。但正是因为过程的复杂与艰难，小区用地的细分可以带来一个全新的产业链，且细分的成果更能让居民珍惜。

推动居住小区内空间更新决策权的细分工作，是为了提升城市生活品质的更新行动奠定基础，对可持续地保持城市未来与时俱进的生命力具有关键性的作用。

3. 全面建立社区营造制度

社区营造的目的是由下至上地真正针对人们的实际生活需要，改善人们的日常生活环境。社区营造是一项有助于社会稳定的重要"民心工程"，更是一项全面促进社会文明发展，为中国人民整体生活环境凝聚诗意文明的关键性工作。面对存量优化的时代，社区营造是精明促进城市更新行动的第一步工作。没有社区参与、集体共识的营造，就没有可以遵循的更新行动的方向。

社区营造需要各部门、各专业人才的通力合作。参与更新行动的人需要具备改善实质环境的专业素养，也需要与大众沟通，激发大众的本性与技能，还需要储备落实行动的法律及财务知识。许多城市已经设立了社区规划师或建筑师制度，也有许多社区已经透过各种不同的方法成功地推进社区营造工作，这些都是值得学习的宝贵经验，也是"由下而上"推动更新工作成功的开始。但要透过社区营造实现全面提升人民生活环境、全面实现具有中国特色的现代文明，还需要"至上"的制度建设，确保推动社区营造工作必要的资源能够获得可持续的保证。

从社区工作持续性角度看，社区规划师或建筑师没有后续推进工作的制度性资源保证，就无法获得居民的信任，极难形成更新行动的共识。从政府角度看，从项目来源到资金落实到位，也面临极大的操作困难。因此，"由上至下"制定推动全面可行、精明的"由下至上的社区营造制度"，是推动城市更新制度成功的关键。必须一方面公平地为所有社区或街区提供基本的"社区营造师"资源，由社区营造师对社区改善提出具有社区共识的竞争性提案；另一方面透过公平的审议，灵活地考虑全龄段人群的需求，特别是弱势群体的诉求，确保提案兼具全面性和针对性，精明地、逐步有序地推动全面的改善。

地方的事宜，应由地方来决定。中央政府只需确保社区营造师具有制度稳定性，从政策层面要求地方政府因地制宜地拟定适合各地实际情况的"社区营造"具体实施办法。未来，社区或街区组织编制并公示通过的提案，应具有向地方政府申请法定地位的可能性。

全面的社区营造制度将为许许多多担任社区营造师的年轻人提供跨界展现创意才华的契机，并全面点燃社会创造力的火花。

社区营造阶段

初期：试点计划　　　　中期：全面征选　　　　后期：全面推广

社区营造内容

1. 文化环境美化计划	2. 文化产业振兴计划	3. 深度旅游推广计划	4. 健康社区
社区风貌营造 社区设施及空间活化	地方特色产业深耕加值 文化创意产业发展 民族特色产业发展 农业特色产业创新加值 休闲农业加值发展	生态观光 文化观光 旅馆业辅导	社区照护服务 社区儿童照顾 社区健康营造

主管单位补助额度考量

a. 申请计划之目标、内容及可行性。
b. 居民之共识凝聚及参与程度。
c. 地方政府、小区及第三部门（专业人员）之整合程度。
d. 永续发展之构想及机制。
e. 计划执行方式对当地生活环境、文化环境及生态环境之影响。
f. 凝聚小区共识，订立小区协定、规章，实地调查整体推动情形。

行政单位补助项目经费分配比例

文化主管部门避免直接资金补助，提供技术协助：
a. 小区营造培训计划：50%；
b. 文化环境美化计划：35%
　• 先期规划：10%　• 执行计划：25%；
c. 文化产业振兴计划：7.5%；
d. 深度旅游推广计划：7.5%。

推动计划及各方权责

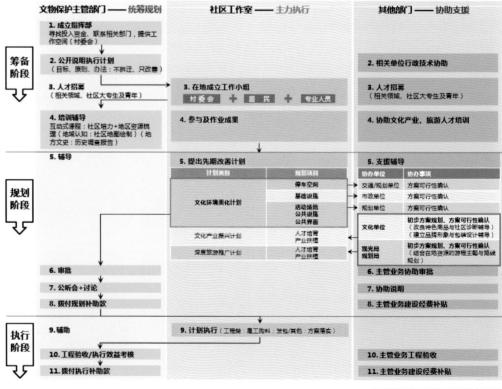

社区营造实施层面的相关图解（组图）

■ 浮动的用地属性及容积率调整制度

城市是一个生命体，不是一首凝固的音乐。城市会与时俱进，会随着社会、市场、科技的发展，随时调整改变自身的发展定位、发展规模、发展内容及发展形态，提高自身的竞争力，谋求可持续的生存与繁荣。

目前，产城融合的观念深入人心，许多城市常常要求先策划、后规划，避免巢建好后而凤引不来的困境。但是从城市的本质来看，在城市的生长过程中必然要历经无数次发展定位的改变以及主导或主要支撑产业的转变。一个体质优良的城市，必须具备足够的韧性与弹性，无论产业市场如何转变，它都能从容应对。

由此可知，无论策划锁定的产业性质是什么，好的规划必然要先为城市未来不确定的发展奠定优良强韧的架构，再根据相对短期的策划，落实详细的城市肌理营造。

1. 目前我国土地财政模式下的规划制度存在的问题

目前我国土地财政模式下的城市开发方式基本遵循着"房地产+"的路径，无论是基础设施、文化教育研发，还是招商引资，土地出让获得的收入都是其直接或者间接的融资来源。"平衡用地"成为实施性规划的"标配"。政府通过土地批租获得资金，必须先制定控制性详细规划，明确地规定所有可批租土地的性质与开发强度，依据各个地块的土地使用性质及区位条件，明确所有地块在一定年限内的土地批租定价。

目前，多年受土地财政影响的规划制度呈现出以下三个问题。

1) 错配收益模式

为了获得土地财政收入，政府在规划时经常期望提高容积率，增加土地批租收入。但土地出让获得的是一次性收入，而不是持续的现金流，这种方式在大规模基础建设阶段是非常成功的，不过资本形成后，城市需要的是更多的服务性资产（基础设施、公共服务），需要更多的持续性收入，而不是一次性收入。如果继续按照传统模式出让土地，出让越多，资金收益模式的错配就越严重。

2) 引发经济系统性风险

迈入经济新常态之前，房地产增值现象明显，人们购买房子不仅是为居住，同时考虑资产的保值与增值。基于市场的强劲需求，许多地方政府顺势扩大规划规模，增加土地供给，为地方财政开

源。此种土地财政的措施必然导致房地产库存量大增，增加房地产市场崩盘的风险。

不动产价值是我国经济信用的主要来源，不论是企业还是政府，融资的终极抵押品绝大多数是不动产。不动产的价值是由市场价格决定的，一旦市场价格暴跌，所有没有进入交易的资产价格也会同步下跌，威胁整个社会的金融安全。

3) 降低可持续发展的韧性与弹性

创业阶段的创新型企业将会是未来创造城市现金流的主要商业模式，配合并支持这类企业，应满足其成本结构所需的三个主要需求。

① 降低住房成本

住房支出是劳动力最主要的开支，能否提供低成本住房，决定了企业能否通过降低劳动力成本而增加竞争力。

② 增强空间弹性

处于创业阶段的企业在不同阶段其性质、功能会交替转换，对空间载体的需求具有较大的不确定性，空间载体需具有复合、多样化、有弹性的特征。

③ 预留足够的规模

企业在创业成长阶段的发展速度远远高于稳定发展阶段，因此，空间载体的规划设计需要预想和预留快速增长的容量和规模需求。

由于批租的年限极长，从创业创新企业的三方面需求看，规划用地的定性及定量就难免显得僵化。目前我国城市规划体制与创业创新企业成本结构的特点并不兼容。

首先，劳动力是企业的最大成本，而住房是劳动力的最大生活成本。目前，低成本住房通常借由城中村、企业宿舍等非正规形式实现。一般商品房价格水涨船高，企业劳动力成本必然随之提高，这意味着企业竞争力必然下降。

其次，城市土地用途管制和定价规则极大地限制了城市功能的多样性。

最后，土地开发容量是规划"高压线"。土地出让时的开发强度无法随着市场需求进行调整，难与市场紧密接轨。

2. 规划编制体系应该随着城市竞争情境的改变而更新

在存量优化时代，面对激烈的城市竞争，城市必须做到以下几点。

– 探索新的盈利模式，新的竞争规则决定了地方的规划。通过土地融资形成资产(基础设施、不

动产等）的模式必须让位给将现有的资产转变为现金流（税收、利润等）的模式。

– 创造能够赢利的商业模式 —— 创业和创新，使其成为城市经济增长的关键。

– 认清"地方之路从头越"的必要性，引领城市的经济转型。

未来，地方政府应率先探索新的城市规划和土地供给规则，建立"浮动的用地属性及容积率调整制度"，以适应创业创新产业的需要。创新重点有三项。

一是改变土地供给和定价模式，不限定土地用途，仅采用"负面清单"排除机制，将土地利用的自由度最大程度地留给市场。

二是采用"批租地价+年租金"的土地收益模式，允许用户在获得土地后，调整土地用途和开发强度。

三是政府根据土地的类型，每年公布不同的租金，引导产业发展，将原有模式下一次性的土地收入转变为持续性的土地收入。

■ 街区一体化设计及运营的制度创新

我国城市的街区环境的设计与运营目前仍是多头管理。如绿化、环卫、市政道路的管线由不同部门管理，户政、物业和社区服务由不同组织负责，而家政保洁、入户维修、老幼看护等家庭服务由市场提供。这使得在公共环境的设计整合过程中常出现以偏概全，甚至为满足不同专业规范要求而相互矛盾的无解情况。每个垂直分工的责任部门都倾向以技术主导的思维进行设计，忽视或无视公共环境最终应呈现出的以人为本的文化品质以及承载场所精神而应有的公共形象。

1. 街区公共环境一体化设计的必要性及建议

为了实现优良的街区公共环境，应该建立强劲的"街区总设计师制度"，由街区总设计师负责街区内由建筑界面到建筑界面间所有公共空间的一体化设计，并总体把控由不同建筑师负责的街廓地块内的设计品质，确保街区整体环境的和谐与诗意。街区总设计师制度的成立，必须建立在总设计师拥有一定自由度的权限上，以适度突破原有各自为政的技术规范，落实协调及引导最终设计品质的目标。地方政府及开发商对总设计师的专业能力、职业道德及公信力必须有清晰的认识及全面的信任，这样总设计师才能对街区公共环境一体化设计的成效负责。

2. 一体化运营的必要性及建议

从城市面临的挑战来看，城市的增长分为两个阶段：资本型增长和运营型增长。很多城市都能驾驭第一阶段的增长运作模式，但极少城市能够驾驭第二阶段的增长模式。土地金融非常成功地解决了资本型增长阶段的融资问题，这也造就了过去40年我国城市化的成功。

在运营型增长阶段，城市最短缺的是现金流，城市土地出让金覆盖不了城市的支出。

我国必须探索具备中国特色的"中国城市运营商模式"。在运营型增长阶段，需要全新的城市运营商承担城市的运营制作任务。目前很多开发商开始向运营商转变（百步亭、万科等），但国有企业具有更多融资渠道，成功的概率必然会更高。

从城市公共服务消费者的需求来看，居民及消费者对街区中公共服务的需求愈来愈多元化，包括但不限于下述内容。

a. 街道场景。共停车位的共享使用和分时收费、共享单车的投放与维护、易拥堵路段的实时信息、违章快速处理、垃圾分类与物资回收、防疫服务等。

b. 住宅场景。入户家政服务与无人监管服务，老、幼居家看护，家装维修（二手家具流通），生活缴费等。

c. 个人场景。收寄快递，租车订票，演出及赛事信息，办税，医院挂号等。

每项公共服务或许已有相应的服务商及平台，但获得服务的流程却愈来愈烦琐。一体化城市运营商的功能不是提供所有服务，而是通过资产智能化，建立综合服务平台，使各类服务以便捷和时间成本低的方式对接消费者。通过不断改进各种线上应用程序的界面和唤醒方式，或根据平台大数据，针对性地为用户制定专属社区和家庭服务，实现全龄段友好的一站式城市服务应用程序。

3. 一体化运营的前提条件

增量时期城市新区建设需要庞大的一次性资本支持。我国地方政府的资本筹集主要来源于土地财政。

同理，未来城市运营平台的建设和启动也需要大量一次性的资本投入，在我国特有的土地和财税制度之下，土地市场仍是获取融资的"第一桶金"的最主要渠道。例如合肥市政府将卖地获得的资本作为投资入股企业，待企业上市后再通过股票市场将所获企业股权转让套现，寻找下一个风口和"潜力股"再次注资。通过"土地市场进、股票市场出"的转换模式，合肥市政府先后入股了京东方、长鑫/兆易创新、蔚来等知名企业，获得除税收以外的企业分红、股息等其他收入。

随着城市发展转入高质量，地方政府面对城市的更新和运营，需要更多的市场手段和金融工具。一体化运营有助于从宏观上掌握供需关系，避免投资浪费，合理有效地使用税收服务于民。

4. 一体化运营的模式建议

1）一体化运营的关键：创收

城市由资本型增长向运营型增长转型就是由依赖土地批租收入的土地财政模式向运用具备高增值潜力宜居环境做运营资本的土地金融转型。企业机构是地方政府纳税大户。地方政府一定要吸引区域纳税大户，将地方打造成现金流源泉。

2）一体化运营的财务平衡

城市用地可分为资本型收入、资本型支出和运营型收入、运营型支出两组四大类，应该且必须在一开始就维持上述四组内未来财务的平衡。城市建设的道路不是越宽越好、绿化不是越多越好、设施不是越高级越好。高"出地率"的规划才是好规划。住房要成为吸引纳税大户的"鱼饵"，吸引高消费群体(要带来消费性税收)和高纳税的企业入驻，东莞的"双限房"吸引了华为入驻就是经典案例。

3）一体化运营的商业模式基础

第一步，全面梳理城市运营的成本和支出，包括市政设施（道路、管线、交通设施）、民政（社区、户籍管理）、治安、教育、医疗、街道绿化和景观等，逐项分割与上级政府的实权边界。

第二步，逐项估计每项运营支出的收益来源。指认出哪些支出可以由政府转移交付、哪些支出能够由居民交纳、哪些支出可以新增收费。每项事权必须有收入的来源。

第三步，依据运营资产可以带来的收益来源，逐项设计投资收益模式。不同标准的服务，可以有不同的收益模式。

4）一体化运营商业模式设计

寻找对标的类似运营商对其详细解剖，如百步亭、新加坡建屋发展局(HDB)，分析其具体服务内容及具体的运维模式。

锁定收益来源，通过招标等途径，逐项寻找市场上最优的专业运营商，将运维事项委托给效率最高的企业。

探索低成本的运维解决方案，如街道资本化、社区资产盘活、服务分级（养老）、智能虚拟社区、网约服务等。开通新的应用程序上线渠道。

城市运营维护是地方财政中的一项重要的一般性支出，我国城市已从高速度发展阶段进入高质量发展阶段，运营维护成为城市新的挑战。同时，挑战中也伴随着机遇，哪个城市能够以低成本提供高质量的公共服务及公共环境，哪个城市就可以突破消费瓶颈，在未来的城市竞争中胜出。

社区一体化运营，一站式便民服务，一机尽享

智慧门禁
人脸识别开门
二维码开门
网络开门
IC卡开门
蓝牙开门

智慧停车
车位监控
无感支付
车位预定
车位引导

访客管理
访客预约
访客登记
电子出入码

社区服务
社区公告
消息通知
AI智能客服
共享充电桩

智慧物业
线上缴费
快捷报修
访客预约
投诉建议
物业巡更

社区养老
关爱老人
社区帮扶
日间照料
社区医养

社区健康
健康小站
健康魔镜
疫情防控
AI线上导诊

社区教育
托幼管理
四点半课堂
少儿活动
亲子互动

智慧邻里
问卷调查
社区投票
小区告示栏
邻里圈

智慧消防
智能门锁
智慧网关
智能烟感
智能红外感应

垃圾分类
旧物回收
社区运动
社区低碳

聚合支付
社区银行
普惠存款
抵押贷款
社区金融

社区公益
公积金查询
社保查询
区块链投票
公共服务

房屋租赁
上门维修
快递代收
家政服务
便民服务

社区智能型一体化运营

■ 大庇天下——明智的住房改革政策

住房政策是赵燕菁先生20余年来始终关注、倾心研究的问题，目前他的新作《大庇天下》正在系统地完善中。该书的核心建议，就是建设一个能够与商品房市场有效区隔的"保障房市场"，通过先租后售的买房方式，帮助所有城市就业人口获得体面的基本住房。

1."大庇天下"倡议的背景

1）住宅市场的需求改变

我国住房有一个值得思考的问题，就是没有区分"居住"和"投资"两个市场。房地产政策一直在两个市场间动态切换。

我国城市化最主要的融资途径就是"土地财政"。没有土地财政，就没有过去二三十年爆发式建设的基础设施，没有依附其上的各类制造业、服务业，城市也不会因此而繁荣。商品房作为土地财政最重要的一环，增值一开始就是融资的核心属性。其本质相当于城市的"股票"市场，为我国城市化提供资本来源。房地产一旦不振，我国城市的经济就会失去相当大的支撑动力。

我国住房分配货币化改革之后，原先以职工福利房为主的城市住房供给制度，转变为商品房市场供给。在"让市场起决定性作用"的观点下，被视为"计划"的保障性住房，在整个住房供给中的比重不断下降。商品房快速获利的现实和巨大的升值空间，把原本以"居住"为需求的资本全都吸引到"增值"市场中。为此，政府不得不通过限购、限价、限贷等一系列非市场手段抑制资本市场的房价飙升，希望以此满足人们居住的需求。结果往往是房地产相关产业预期的收益受到相当的影响而裹足不前，城市的经济也受到一定程度的冲击。政府在房价相对稳定后，为了振兴地方经济，又会再度松绑抑制的政策。

"先租后售"的保障房模式，目的是在保有以增值为目的的高端住宅商品房市场之外，建立一个和商品房市场平行的、以满足"居住"的基本需求为目的民众基本住房市场。这一模式在某种程度上模仿了"1998房改"的过程，但现代的融资方式使得这一模式和计划经济只能覆盖少数特殊人群的福利分房有着本质的不同，其极大地降低了新市民置业的门槛，使得城市居民人人都能负担优质住房。

这一模式兼顾了商品房地产市场的平稳发展。但在这一模式启动的过程中，政府必须扮演关键的角色。政府在推动这一模式前必须清晰地阐明此种创新模式的利弊。

2）国家经济发展的需要

面对国际最新发展态势的转变，中央提出应对的重要战略：要加快构建以国内大循环为主体、国内国际双循环相互促进的新发展格局。

① 从国内大循环经济视角看住宅政策的重要性

今天的中国，已经拥有全球最强大的制造业，但生产出来的很多产品，本国根本消化不了，只能依赖发达国家提供的外部市场。在生产供过于求的时代，拥有市场的一方会享有巨大的消费者剩余。

我国在中美贸易战中之所以能够不惧美国的关税威胁，一个关键的因素就是在城市人口中有着与美国相当的、具备足够消费力的中产阶级，这些中产阶级是怎么形成的？仔细考察大多数中产阶级的第一桶金，都可以追溯到涉及数千万户家庭的1998年的"房改"。1998年后，约1亿户居民获得了住房，使得中国瞬间形成一个足以比肩北美和欧盟的单一市场。

目前城市人口中仍存在收入稳定，且具有较大消费潜力的人群。我国要想经济再上一个台阶，就必须将已经进入城市的一定规模的市民变为新的中产阶级，其中最关键一步就是通过新的"房改"（先租后售）让他们获得自己的住房。

住房是家庭资产中最重要的投资，同时也是其消费的基础。有房的人才具备许多连带的消费需求，如买家具、买电器等，否则即使有钱也无法把商店里的商品搬回家。而更深层的原因是非正规的租赁住宅虽然能降低居住成本，但有房的人便拥有了参与社会财富二次分配的机会，能够具备更高的消费力。

此外，我国每年都有大量的适龄青年进入就业市场，透过居者有其屋的政策，能够产生更多的中产市民。有房的人愈多，就愈有助于整体拉动国内的大循环经济。

② 从国内国际双循环经济视角看住宅政策的重要性

国家是所有企业参与国际竞争的平台。平台强大，依托其上的企业就强大。平台就是通过降低企业运营成本，为本地企业赋能。如果国家能够提供低成本的住房，依附于其上的所有产业链就会获得相对其他国家企业的竞争优势。

由此可以说，一个国家能否提供低成本的租赁住房，决定着这个国家能否持续支撑制造业的生存和发展。居住成本如果很高，就会导致劳动力价格过高，企业会随之迁出，税收与就业也会随之

流失。从这个意义上讲，"先租后售"对于我国企业的国际竞争力具有重要意义，它可以抑制住房推动的企业成本上升，为我国的产业升级赢得宝贵的时间。

③ 从国际贸易和货币自主视角看房地产政策的重要性

对于贸易战而言，起决定性作用的是交易双方所依托的货币区的市场规模。不同的市场规模决定了谁在市场之"内"，谁在市场之"外"。只有在市场之内，才有资格将对手隔绝在贸易网络之外。中美经济规模大体相当，自身都有足够大的市场。谁能吸引更多的贸易对象加盟，谁所在的市场就更大，谁就可能在贸易战中胜出。

显然，以美国为首的西方国家，在市场规模方面远胜我国。但就人口规模而言，我国相对于世界上所有的其他国家具有长期不可逆的优势。现在的关键是怎样利用好这个优势，将人口规模转变为市场规模。

1998年"房改"的经验告诉我们，资本途径的财富增长将远快于工资途径的财富增长。一旦中国能形成4亿~5亿高资产净值的城市人口，内需市场就能够一举超越总人口3亿多的美国。届时，美国如果对我国贸易禁运，就会像当年清朝政府对英国的禁运那样，把自己隔离在主流市场之外。

显而易见，稳健的房地产发展可以成为我国金融稳定发展的支撑。我国的金融市场没有房地产，就必须依赖顺差生成货币。国内房地产不尽合理的"炒作现象"虽然受到广泛的批评，但房地产事实上也为中国自主货币创造了宝贵的信用。我国能够获得货币自主，贸易战带来的全局性风险就会立即减少。反之，如果没有房地产提供的金融信用，美国卡住我国市场顺差，流动性枯竭的我国就只能屈服。

在中美贸易战乌云密布的时候，特别要注重房地产维稳。商品房与保障房双轨供给的住房制度至关重要。商品房轨道确保房地产价值的稳定，保障房轨道确保房地产行业规模的稳定，双轨共同存在可以使我国在国际贸易战中巩固具有优势的贸易市场规模。

④ 从地方经济发展的需求看住宅政策的重要性

当城市化进入第二个阶段后，运营型支出会快速增长。由于在城市建设过程中人口会不断进驻，需要地方政府长期负担的社会公益型支出不断增长，土地出让金不可能全部覆盖这些支出，一旦超出基本型收入，就只能转向依靠运营型收入。其结果就是运营型收入取代资本型收入，运营型

收入的能力成为制约城市化下半场地方经济发展的瓶颈。只有强大的本地企业,才能带来充沛的税收。这在以间接税为主的我国税制下尤其如此。具备"先租后售"保障房住宅政策及强大供给量的地方政府,就像是吸引企业进驻的"磁石",为地方经济的可持续发展打下了坚实的基础。此外,我国大部分城市的公共服务都直接或间接与住房产业挂钩,住房因此成为我国社会财富累积的主要渠道。

2. 大庇天下的财务可行性

如果把家庭视为一个"小微企业",其最重要的资产就是住房。家庭借助资本市场把未来的收益贴现过来,然后通过家庭的运营,逐渐偿还这部分资本。而贴现未来收益的关键一步,就是家庭必须有足够的信用。对于刚进入城市就业的农民工、学生而言,最缺的就是信用。这就需要政府设计出一套政策,将住房本身变为信用,用住房的市场价值作为抵押贷款,为新市民建设保障性住房。

财务可行性基于以下四个前提条件的同步实现。

第一,政府以成本价提供土地,这样就无须按照市场价计算保障房成本,从而减少了房价下跌必定会出现的债务违约。

第二,政府允许保障房在未来可以上市。市场上商品房越贵,作为抵押品的保障房就越安全。只要商品房房价不低于保障房建设成本(基本地价+拆迁安置和土建成本),保障房作为一个资产就是安全的。

第三,严格控制准入条件(比如,一生只能享受一次,有商品房就必须退出保障房等)和足够长的上市解禁期,确保商品房市场和保障房市场之间不能出现套利。

第四,保障房不是居民福利,不与户籍挂钩,而是与就业捆绑,仅面向缴纳个人所得税和社会保险的市民。保障房上市交易前,需完成按揭贷款并补足与商品房的差价。

这样,通过"先租后售"的基本住房政策就可以复制1998年成功的"房改"效益,迅速扩大我国内需市场的规模。

- 通过"先租",压低劳动力生活成本,增加家庭可支配剩余,避免劳动力价格增加挤压企业的利润。
- 通过"后售",购房家庭拥有产权,享有资产增值回报。房款同时确保地产开发单位可以陆续

收回开发成本,获得稳定的居民消费地方税收。

3."大庇天下"是国家当前稳健指引城市精明成长的关键政策

大庇天下的战略能够支撑我国房地产健康稳健运作,确保国家金融体系的安全;强化我国在国际贸易战中关键的贸易市场规模;积极扩大国内消费内需规模,为促进国内经济大循环作出重大的贡献;大幅降低国内劳动力成本,强化发展国内国际双循环的竞争力;成为吸引企业入驻的磁石,为地方可持续经济发展奠基。

1997年亚洲金融危机,我国政府启动了以高速公路为旗舰项目的大规模基建;2008年美国次贷危机,我国政府再次通过宏观调控手段,启动了以高铁为旗舰项目的大规模基建,成功地进行逆周期调节,通过"做多"拉动内需。现在这些项目已近完成,继续投资的边际效益已不存在。进入"十四五"时期,在美国主导、结盟欧日澳压制我国的经济战略中,能在投资规模上接续前两波投资的旗舰项目就是保障性公共住宅。

"大庇天下"的核心主张

"大庇天下"的意义:

居者有其屋,
是让无产者有产,让有产者保值的富民政策。

居者有其屋,
具备社会资源均等、公共服务共享的社会经济意义。

居者有其屋,
是"坚决保障人民生活品质的民心工程"。

居者有其屋,
是"全面进入发达国家行列的社会营造"。

居者有其屋,
将是"中国又一次伟大而精明的新房改"。

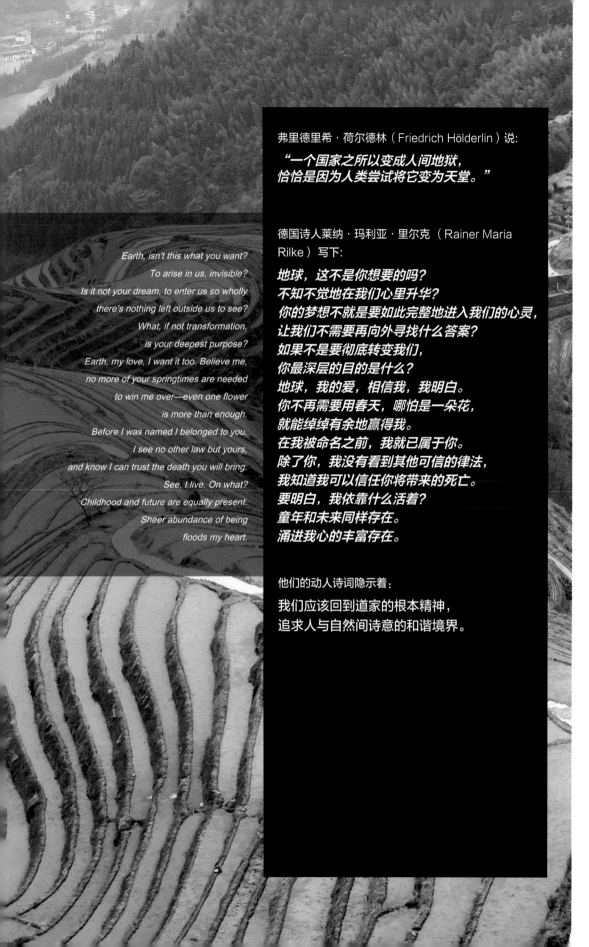

弗里德里希·荷尔德林（Friedrich Hölderlin）说：

"一个国家之所以变成人间地狱，恰恰是因为人类尝试将它变为天堂。"

德国诗人莱纳·玛利亚·里尔克（Rainer Maria Rilke）写下：

Earth, isn't this what you want?
To arise in us, invisible?
Is it not your dream, to enter us so wholly
there's nothing left outside us to see?
What, if not transformation,
is your deepest purpose?
Earth, my love, I want it too. Believe me,
no more of your springtimes are needed
to win me over—even one flower
is more than enough.
Before I was named I belonged to you.
I see no other law but yours,
and know I can trust the death you will bring.
See, I live. On what?
Childhood and future are equally present.
Sheer abundance of being
floods my heart.

地球，这不是你想要的吗？
不知不觉地在我们心里升华？
你的梦想不就是要如此完整地进入我们的心灵，
让我们不需要再向外寻找什么答案？
如果不是要彻底转变我们，
你最深层的目的是什么？
地球，我的爱，相信我，我明白。
你不再需要用春天，哪怕是一朵花，
就能绰绰有余地赢得我。
在我被命名之前，我就已属于你。
除了你，我没有看到其他可信的律法，
我知道我可以信任你将带来的死亡。
要明白，我依靠什么活着？
童年和未来同样存在。
涌进我心的丰富存在。

他们的动人诗词隐示着：
我们应该回到道家的根本精神，
追求人与自然间诗意的和谐境界。

精明成长的目标——育生态文明

18世纪，荷尔德林指出，人安居在地球上，不能单纯地秉持"以人为本"的观念营造生活环境，因为这将有意无意地、难以避免地对地球生态造成灾难性的破坏。

我国的"传统风土"及舒尔茨提出的"地域精灵"，都是人们长期生活在特定的自然环境中，面对自然不可知的力量，心存敬畏而产生的人居环境理念。人们在获得安全的、舒适的、可被庇护的场所之后，会进而寻求能达到居民群体内心安居境界的"诗意之道"。

推进生态文明建设的政策

2012年11月，党的十八大从新的历史起点出发，作出"大力推进生态文明建设"的战略决策。所谓生态文明，是人类文明的一种形式。它以尊重和维护生态环境为主旨，以可持续发展为根据，以未来人类的继续发展为着眼点。

这种文明观强调："人的自觉与自律，强调人与自然环境的相互依存、相互促进、共处共融。"

自此，国家已经清晰地指出生态文明建设的目标，城市的建设不但要摆脱科技工具主义的狭隘视野，不能以科技工具主义为傲，以偏概全地主张"人定胜天、愚公移山"的理念。城市的发展建设，除了应该强调以人性为本的价值观外，更要尊重自然，达到天人合一的境界。

2012年11月，十八届中共中央政治局第一次集体学习指出：建设生态文明，关系人民福祉，关乎民族未来。

2013年12月，中央城镇化工作会议提出了"让居民望得见山、看得见水、记得住乡愁"的诗意行文，说明了生态文明建设的意境目标，给人留下深刻印象，也引发了网友的热议、关注和一片好评。

2015年10月，党的十八届五中全会首次提出并全面阐释了"创新、协调、绿色、开放、共享"的新发展理念，为"十三五"时期推动高质量发展指明了前进方向、提供了行动指南。

在新时代、新阶段贯彻新的发展理念，是城市精明成长的关键，是追求高质量发展、实现生态文明建设目标的"必要之道"。

2022年1月，国家发展改革委环资司召开专题会议研究碳达峰碳中和工作，提出2022年要把"碳达峰""碳中和"摆在环资工作的突出位置，坚持先立后破，持续推进产业结构调整和能源结构优化，大力推进城乡建设、交通运输等领域绿色低碳发展，推动新兴技术与绿色低碳产业深度融合，在发展中促进绿色转型，在转型中实现更大发展。

据此，落实"碳达峰""碳中和"的目标任务成为2022年住房和城乡建设工作的重要内容之一。同步地，全国住房和城乡建设工作会议提出，出台城乡建设领域碳达峰实施方案，指导各地制定细化方案，推动城乡建设绿色发展，开展深化低碳城市、适应气候变化城市试点工作等一系科技支撑和科研创新平台建设。

达到生态文明的境界

中央对生态文明建设的态度鲜明，立场坚定，行动迅速。但我们必须认清以下四点。

第一，"生态文明建设"所指的生态是宏观的生态，不仅是自然的生态，也包括经济、社会各方面的生态，但生态的可持续性应被优先考虑。

第二，"生态"成为这个时代"文明"的主题，生态文明建设的境界不应止于敬畏自然，生态文明的建设必须脚踏实地地达到"诗意礼赞自然"及"诗意和谐发展"的境界。

第三，在现今的社会里，正确的"生态文明观集体共识"的建立，是要假以时日的。所有文明的形成，都不是一蹴而就的，生态文明的显现也必须经历一个过程。

第四，如果我们能智慧地采取精明成长的手段，一点一滴地汇聚成果，或许能在众志成城的共识及决心下，滴水成河，较快地显现出初步的"生态文明"及"中国文化复兴"新气象。

作为城市建设尖兵，
规划设计行业的每一份子，
都必须承担

谋精明成长，
育生态文明

的历史任务。

华汇推动可持续精明发展的探索
——秉持 "创新、协调、绿色、开放、共享" 新发展理念

我国经济发展进入新常态，如何运用有限的资源，有序、有效地实施资源优化，尽可能快地呈现出效果，完成营城文化复兴、营造生态文明建设的使命，是我国城市发展的一项严峻的挑战。城市规划设计行业在摸索路径的过程中，需依据积累的宝贵的失败教训或成功经验，适时作出正确的方向修正，帮助城市管理者随时掌握全局，保持精明的战略眼光，采用精明的策略，作出精明的选择，透过精明的设计，让民众看到希望。我们愿意在此分享华汇在相关专业领域取得的十分有限的成果，并持续思考和摸索我国城市的精明成长策略。

新区精明成长

22 精明形塑成长骨架的线形新城
舟山小干岛商务区城市设计 2012

在城镇化过程中，敷设了市政管网的城市路网成为城市发展所依托的基础条件与空间骨架。这个结构一旦成型，想要打破路径依赖则需要付出很高的代价。为此，城市设计需在初期谨慎地确立空间结构，并预见发展趋势、预留发展空间、预设开发弹性。整体架构不仅赋予了城市独特的"根骨特质"，更决定了这个城市肌体"新陈代谢"的能力及效率。

舟山小干岛城市设计实践，从指认保持城市活力与弹性的"根骨"开始着手，再通过各种细节的设计及导则的管控，探寻了新城建设迈向精明成长并保持长久繁荣的空间发展策略。

■ 城市弹性发展的根骨与肌体

1. 公交导向的道路交通体系

小干岛是一座东西长约9000米，南北最宽处只有1300米的狭长岛屿。基地独特的条形用地，是实践公交导向的城市发展架构的理想形态。以公共交通为主导的城市发展"根骨"，可以依据市场需求，随公交站点的延伸进行组团式发展，这是新城建设精明成长的最优路径。

2. 小街廓密路网的城市发展框架

依托公交导向形成城市主干，以"小街廓、密路网"细分土地形成城市生长骨骼。尽量减小每个开发单元的规模，降低前期开发风险，提高土地利用效率，引导城市在开发建设全过程保持精明的有机生长。当城市逐步进入自我更新的阶段时，小街廓用地单元的人口规模更小，居民更容易在社区营造的过程中达成共识，为城市远期的渐进式更新奠定有利基础。

总平面图

3. 混合且有弹性的土地使用功能

依托良好的城市发展骨架，填筑混合且有弹性的土地使用功能，使其形成城市精明发展的健康肌体。用地功能的混合，可以极大地促进城市职住均衡发展，保持城市全时的商娱活力，为城市机能的正常运转提供根本保障。同时还可根据市场需求弹性调整用地功能，为城市长久的繁荣与精明的生长提供可持续的现金流支撑。

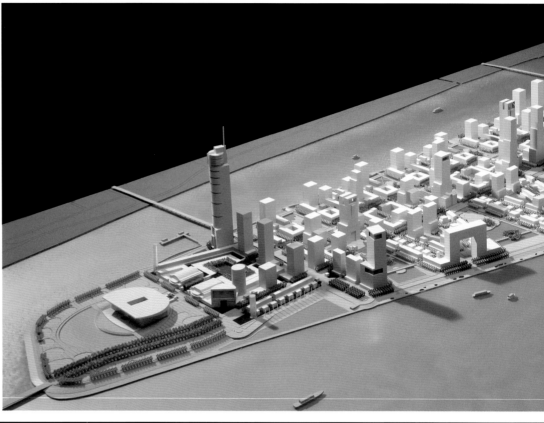

模型图（组图）

4. 生态可持续的公共开放空间体系

小干岛四周环海，保护淡水资源尤为重要。配合城市线形分期成长，每期均设置可以有效进行雨洪管理的绿地，发挥滞留和净化径流的功能，奠定城市生态精明可持续发展的坚实基础。有节奏、有韵律的楔形开放空间，为居民提供优质的公园与通海景观廊道。每个城市公园都有各自的主题与特色，能够满足城市不同人群的需求与喜好。

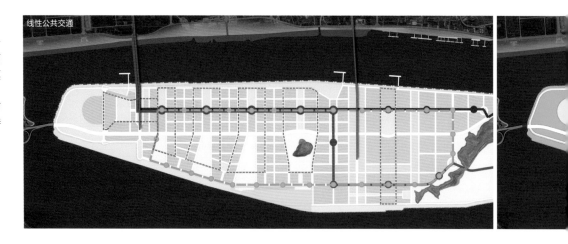

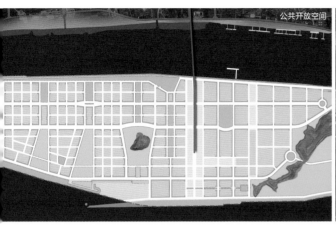

公共开放空间

水收集和净化

生态可持续系统（组图）

模型图

23 产城融合·职住均衡新形态

郑州中原科技城城市设计 2020

河南郑东新区位于郑州市区东部。依据郑州产业发展战略，尚未全面开发的龙湖地区将被调整为科技创新发展地区。参照已编制的规划，在确保50%用地为科技产业用地，以及不改变已规划施工的市政道路的前提下，本次规划着重进行城市设计，意在精明提升地区运作效能并凸显地方特色。

针对精明发展的主要建议包括以下三个方面。

1. 运用多轨并进的建设运营的开发模式

基于已建主干路网，将可开发用地大致平均分为九个开发单元，每个单元都具备大致均等的优良开发条件，包括以下内容。

- 每个开发单元内均至少设置一个地铁站，享有均好的可达性。
- 每个开发单元内均由具备职住互补的功能组成，确保开发模式具有高度的财务可行性，并为城市奠定可持续的税收及消费基础。

政府既可以逐步策划开发，也可以委托9个知名且具有长期运营能力的开发团队同时推进。各开发单元应保证科技企业的引入并配套形成倾斜政策。

同步开发方式既能提高项目的集资能力，又能透过开发商之间的良性竞争，确保开发的速度与品质。

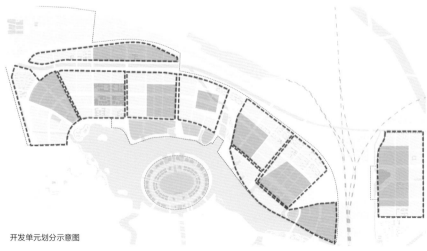

开发单元划分示意图

新区精明成长

1　国际论坛会议中心
2　艺术中心
3　湖景酒店
4　滨湖美食坊
5　滨湖创享坊
6　函谷产业组团
7　外方产业组团
8　伏牛产业组团
9　云梦产业组团
10　中岳产业组团
11　云台产业组团
12　渑池产业组团
13　龙门产业组团
14　芒砀产业组团

城市设计总平面图

2. 采用规划许可审议制度，制定弹性开发制度

依据引入企业特性，作出详细规划，确保单元的开发品质。规划设计原则的重点包括以下内容。

● 弹性规划原则

对于土地用途应避免规定得过于明确，各个单元开发运营体可以根据拟入驻的科技企业的投资方式及运营模式，作出具有针对性的详细规划。包括：

- 政府主导且自持为主的开发模式；
- 科技地产运营商开发模式；
- 总部企业开发模式；
- 依托高校的产业园模式；
- 专业资本主导产业聚集模式。

● TOD原则

每个单元内集中设置高度混合、高活力的科技坊，与地铁站直接相连。

● 人性肌理原则

坊内采取开放街区形态，在满足尺度人性化、空间时尚化、生活丰富化需求的原则下，可形成多样化的开发肌理，构成促进科技人才进行专业和业务交流的硅巷化环境。

● 先引凤再筑巢原则

科技坊内的格局依据各坊产业策划的主导科技需求而定，落实"先引凤再筑巢"的理念，并适度加入足量的产业配套及生活功能，融入适量的居住类功能，确保科技坊具备全时段的生命力及安全性。

● 通湖原则

每个组团站点均设置各具魅力的通湖创新走廊。走廊两侧嵌入共享办公、配套商业等公共性功能，使得地区具有最大化、最便捷的"滨湖感"。

● 护城河原则

每个科技坊外围均设置护坊河，形成明确的产业组团边际与门面形象，使科技坊具备"城中城"的科技高地形象。护城河同时承担科技坊的海绵载体的功能。

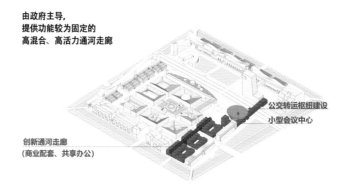

由政府主导，
提供功能较为固定的
高混合、高活力通河走廊

公交转运枢纽建设
小型会议中心

创新通河走廊
（商业配套、共享办公）

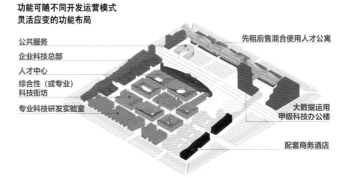

功能可随不同开发运营模式
灵活应变的功能布局

公共服务
企业科技总部
人才中心
综合性（或专业）
科技街坊
专业科技研发实验室

先租后售混合使用人才公寓

大数据运用
甲级科技办公楼

配套商务酒店

弹性规划示意图

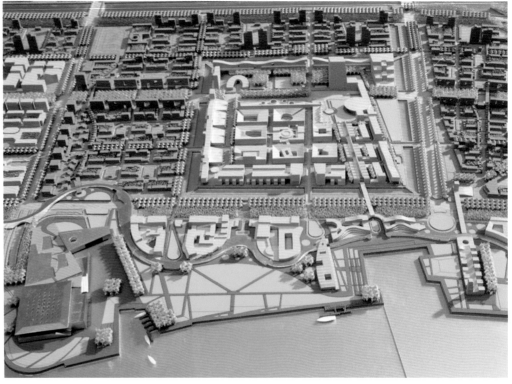

模型图

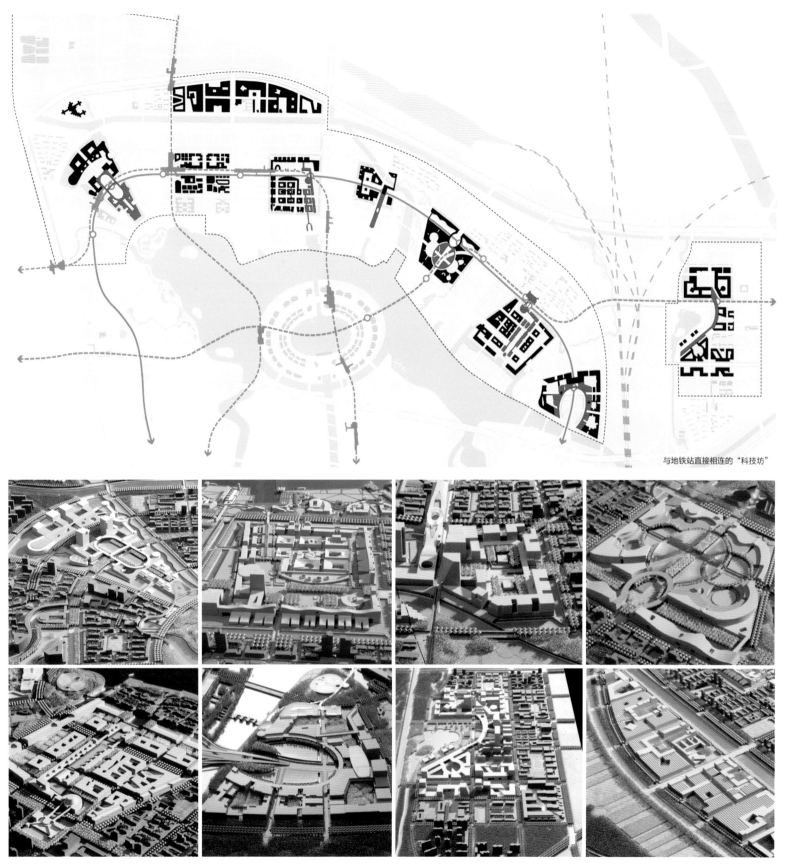

与地铁站直接相连的"科技坊"

"科技坊"模型图（组图）

● "拟山"街坊，坊坊皆有特色原则

设计应结合每个科技坊的科技特点、功能组成，在结构上表达出强烈的自身特色。此外，每个科技坊的建筑形态借鉴了郑州附近的名山形态，强化了具有郑州当地整体性地域风貌的特色，并形成了起伏有致的天际线。

函谷　　外方　　伏牛

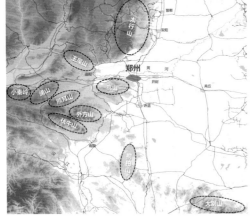

郑州周边名山

云梦　　中岳　　云台　　渑池　　龙门　　芒砀

以"拟山"为主题的不同街坊

云台坊

中岳科技建筑组团

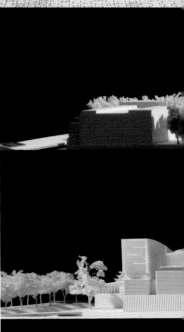

云梦坊模型图

3. 湖滨设计原则

● 大气开阔绿茵坪

整条滨湖视线开阔通透，可以聚集人气，借临湖景观优势承办全市性市民活动。

● 高线公园银飘带

运用高线公园串联所有的滨湖设施，缝合城市与湖滨空间。公园以具备科技动态感的大气构筑物为背景。漫步高线公园，人们可以移步易景地享受龙湖美景。

● 文化建筑双地标

高线公园的两端分别以大气、水平体量的地标匹配对岸金融岛垂直向度的地标塔楼，形成令人印象深刻的戏剧性对话。

● 中央活力水广场

于原规划水广场周边设置休闲商业，使其成为聚合人气的、具有全时活力的公园中心。

● 绿台湖景酒店群

紧临高线公园设置湖景酒店群，每个酒店均以层层高升的台地塑造各具特色的屋顶花园。

大气开阔的草坪，蜿蜒柔美的高线公园，醒目亮眼的文化地标，活力满溢的中央广场，五彩缤纷的屋顶花园，以滨湖形象构成整个科技城的新颖门面。

与高线公园相连的文化地标

核心区模型图

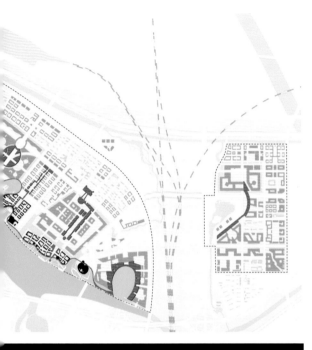

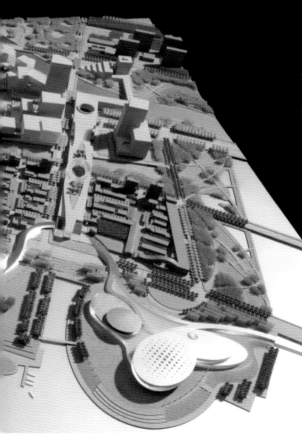

高线公园银飘带模型图

24 礼赞浪漫丘陵地景的公交导向新城
宜宾西站南片区概念城市设计 2021

宜宾，地处我国滇黔西南要地，有"万里长江第一城"的称号，是浪漫丘陵地景中的西南门户城市。

基地紧临高铁西站的南部新城，东倚七星山，西枕金沙江，丘陵绵延，翠林繁茂，拥有川东岭谷与川西丘陵交融的浪漫地景。

浪漫地景

宜宾在岭谷分明的地形中，呈现带状分散发展的形态，高铁车站所在的地区是打造运输枢纽、形成未来城市核心、有效服务各个指状走廊的最佳选择。新城的建设有助于城市整体性的体现。

新城发展的关键在于如何精明地将犹如"掌心"的核心区引导成为公交导向的基础架构，形成"生态文明城市发展"的理想形态，并为高能级"掌心"赋能。因此，项目尊重地形，因地制宜地修补地形，兼顾清晰明确的方向感和层出不穷的浪漫空间，打造具有宜宾鲜明地域特色的魅力名片，并使其成为辐射大西南区域的门户新城。规划亮点主要体现在以下三个方面。

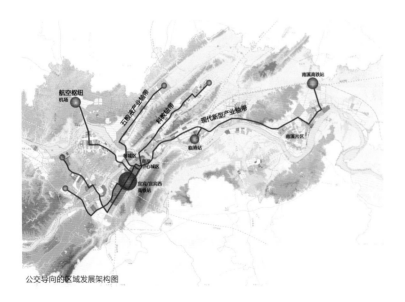

公交导向的区域发展架构图

新区精明成长

模型图

■ 传承丘陵地上营城体现的地灵诗意

1. 大气望远的城墙+有机的城市肌理

苏轼曾作诗《过宜宾见夷中乱山》，形象地描述了宜宾的地形特质。据宜宾老城的地图显示，古人修建的城墙，东、南两边依附江河而设，而西、北两边则直指远处山峦顶峰，清晰地指明城市的方向。内部则随地形起伏，有机组织街网肌理。

为配合近现代的快速城市发展，新城多采用大挖大填的土地平整策略，以横平竖直的棋盘路网找寻方向感，但极大地破坏了地形地貌。本次规划以地形地貌为设计依据，尊重并赞美丘陵地貌和老城营城文明。

2. 因地制宜布局新城，明确乱丘中的方向感

依原有规划已开发建设的两条干道，加上金沙江畔山壁顶边的快速景观道路及沿基地东侧谷地修建的社区园道，构成四条南北向交通主干道。在未开发用地上，依东西向的绿谷建构三条连山通江的地区级交通主干道，四纵三横各具鲜明特色的交通主道干共同构成清晰的地区方向感认知体系。

山水格局和自然地景造就宜宾老城城墙与路网

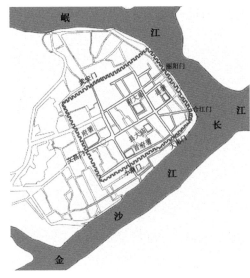

古宜宾城地图

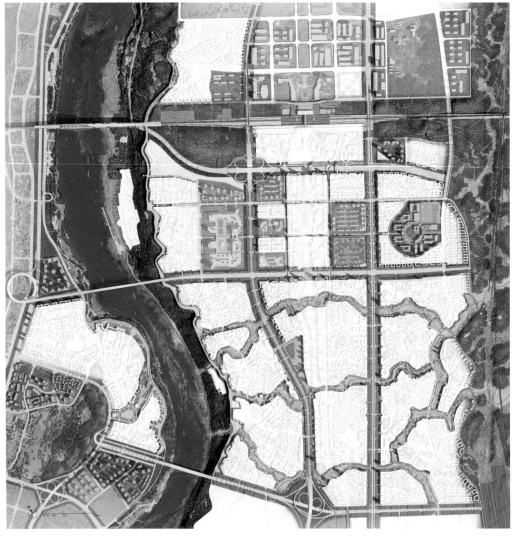

开放空间架构

3. 以高强度高端服务主轴带修补破碎地形，锚定高铁站前中心意象

在紧接西站正南的发展轴带上，发展高强度线形城市中心，积极修补因依照原规划路网进行开发而对地区地形造成的割裂。

由两条城市轨道公交构成的城市中心轴带，可便捷地与其他城市发展轴带形成交汇，使各个片区具有高度的可达性。

城市中心轴带配合地形的起伏与变化，形成整体收放有致、亲切有趣的空间序列，成为极具地域特色的区域高端内核；其北指白塔山，南指小香炉山，为该地区指明南北向清晰的中轴空间。

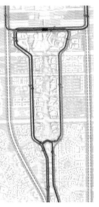

与周边山体的对应关系　　　　轨道交通

汇宾台
宜宾面向西南区域的
门户及商务枢纽

绿丘园
以中央公园为主轴的
现代山城公园城市带

聚英峰
以文化休闲消费客厅为轴的
公园城市高端接待中心

菁创谷
以活力大街为轴的
高端城市明日产业孵化带

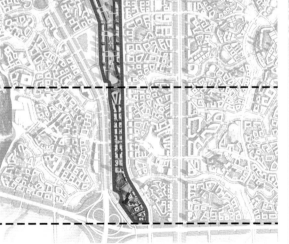

新城高端服务主轴带　　　　服务主轴带模型图

4. 宜宾高端服务主轴设计构想

● 汇宾台

与五彩缤纷的线形停车场结为一体的高铁车站南站厅,给乘坐高铁抵达宜宾的旅客留下了深刻的第一印象。站厅面向极具山城特色的阶梯花园。旅客出站穿过地区购物中心,即可乘坐观光缆车直抵金沙江水畔公园。站旁设置酒店及办公楼等商务配套设施,形成宜宾西南地区的门户及商务枢纽。

● 绿丘园

在保留已出让地块开发权益的前提下,依据实际地形调整中央绿轴形态,形成随机起伏、收放有致的地区中央公园,大幅提升公园两侧的地块价值。进一步运用城市设计导则,采取适当的容积奖励政策,鼓励采用"拟山"的建筑形态进行开发,形成独特的高强度、高品质的现代丘陵城市开发意象。

● 聚英峰

基于优先利用已遭受破坏的用地进行修复型开发的理念,将因干道开发造成巨大伤痕的基地复原为三层台地。东、西两侧高台地带上,布设高强度的办公楼、酒店等商务设施;中间台地带作为三层城市级购物中心及地下停车场,屋顶延续北侧的中央公园,并植入公共休闲及演艺设施,促进公园的全时活力。西侧商务台地带面临优美的湖景,东侧商务带面临优美的中央公园。购物中心东、西两侧道路形成配对单行道,并设置轻轨专用道,确保城市商务及商业中心的便捷可达性。

● 菁创谷

南侧地形中平缓的区段运用格网道路构成"小街廓、密路网、窄街道"的格局,以M0的用地属性确保地区具备足够的弹性与韧性,可以应对未来市场的变化,引入高产值的新知识经济产业。

宜宾高端服务主轴分区图

汇宾台模型图

聚英峰模型图

绿丘园模型图

菁创谷模型图

■ 以山城坊为二级开发单元的新城建设模式

新城的结构性形象公共空间由政府出资，在一级
土地开发过程中完成建设，确保整体结构和意象
的完整性。在此基础上，政府进一步选择优质城
市运营商主导开发高端魅力山城坊。开发设想包
括以下内容。

– 每个山城坊均有共生互补的职住组成部分，确保
  开发的财务可行性及二级开发商投入的意愿。
– 每个山城坊均能外接地区公交服务，内部设置智
  慧接驳服务。
– 每个山城坊自成一个生活邻里社区，为居民及产
  业提供便捷完整的配套服务。

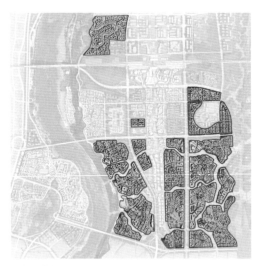

魅力山城坊分区图

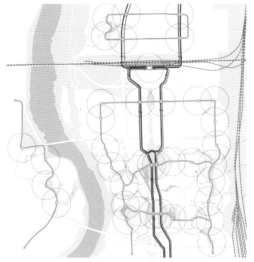

魅力山城坊公共交通体系

示范街坊平面图

街坊街道效果图

街坊公园效果图

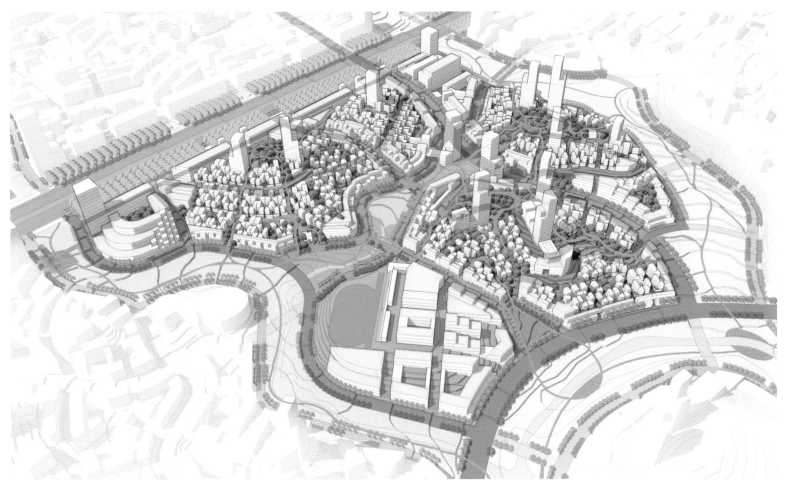

示范街坊

■ 围绕金沙江发展文旅产业

1. 营造金沙江旅游平台风情小镇

在金沙江口南面的东侧崖壁缓坡上，运用现有村庄用地设置天街旅游小镇。峭壁顶部紧临小镇的地块可作为平衡财务投资的开发用地。

小镇依山势而建，后排商业下方设置足量的停车场，以确保足够的停车车位供给。地面以上的造型为朝江层层跌落的观景平台，使来访小镇的游人随时都能享受到不同的江景。

小镇中设置四个特色馆（茶艺中心、淘金阁、川南竹艺、五粮液工坊）作为小镇主力店和形象店。特色馆能够聚集人气，带动小镇餐饮、旅居等相关产业。在特色馆内可以建立完善的、具有高度魅力的旅游平台配套设施。

在小镇北侧入口广场处设置连外商业枢纽，使其可通过高架观光缆车直通高铁车站，并可通过接驳索

金沙江迎宾客厅——天街镇鸟瞰效果图

金沙江迎宾客厅——天街镇模型图

道与峭壁顶部的旅游巴士停车场相连。临江设置旅游码头，发展金沙江水上旅游活动。

2. 沿金沙江峭壁顶部精心辟建高线公园，形成宜宾迎宾客厅

金沙江南岸落差近100米，设计立体整合人行、车行及市政管线，塑造蜿蜒盘桓于金沙江畔、极具戏剧性的高线公园，使其成为最具城市名片效应的形象门面；在高线公园下方容纳原先规划的城市快速交通干道。高线公园将大幅提升原先被交通干道阻绝的沿江用地的开发价值。

沿高线公园每隔适当的距离布设重要的公共设施或餐饮服务，确保高线公园的全时活力。

高线公园效果图

高线公园剖透图

25 城乡共荣 · 新老结合的弹性新城

厦门同翔高新区城市设计 2021

同翔高新城位于厦门市岛外北部，背山面溪，丘陵连绵。近、中期有2条轨道线经过，周边主要依托火炬高新产业园与金砖创新基地，用地面积约7.6平方千米。高新城主要面对的开发难题是地处城市边陲一隅，发展资源较单一。但相对地，其土地成本较低，短期内产业汇聚有较大可能。

为确保高新城的开发成功，我们提出的主要应对策略是：同翔高新城应定位为厦门成本最低的产业新城，以弥补厦门目前制造业成本高涨的短板；同翔高新城未来服务的是对成本敏感的现代制造业，只有成本低于地价限定的上限，才能实现开发财务平衡和可持续性的产业运营。因此，具备精明的成本管控能力、能够迅速吸引产业与人才、具有弹性应对未来变化的能力是高新城开发应遵循的原则。

围合街廊原型

由围合街廊构成的城市肌理

总平面图

新区精明成长

模型图

● 顺浅丘、保溪谷

尊重现有地形，保持丘陵特征，减少整地土方，降低总体基盘开发成本，营造具有地域风貌特色的城市基底。顺应既有溪流低地走向，保留溪谷、树列。形塑指状海绵公园系统，渗透至新城内部，提升基地景观价值，降低市政管网、排洪防涝工程的成本。

● 富村落、留乡愁

避免规模化的村庄拆迁，以免造成前期巨大的财政负担。保存大部分村庄，以适量减法方式，提升村庄环境品质与外围形象，强化村中公共配套设施，推动美丽乡村社区的营造工作。吸纳低阶产业工人，满足其居住需求，并利用村庄周边开发廉租房，将产业发展的成果与村民共享。活化利用村中古厝、历史建筑，赋予其公益公共功能，保留在地集体记忆与空间乡愁。

● 筑双核、通山河

依托近、中期2条轨道交通在区内设置2处站点，打造高新城商业服务与产业服务双核心。结合立体步廊，设计街巷式、多层、高密度建筑，打造空间层次丰富的站区商业服务设施，以减少前期开发的财务投入。通过串联双核心，构建新城中心形象大街，向北延伸亲山，向南扩展亲水，使城市商业活力与生态休闲魅力相互衔接。

● 小街区、利混合

在尊重主干路网的框架下，布设密支路，形塑以小街廓形态为主的城区格局。营造尺度宜人、睦邻安全的院落围合式多层建筑，以总体降低开发成本，使出售价格亲民。缩小开发单元有助于缩短工期，尽快满足产业居住配套服务的需求。

围合建筑的东西朝向可开发租赁性保障房及SOHO（Small office, Home office, 是一种新经济、新概念，指自由、弹性而新型的生活和工作方式）式商务配套公寓。多元混合的利用模式，将有利于街区的活力营造与社区多样化生活需求的弹性置入。

● 串商街、活邻里

发展贯穿组团内部的东西向社区商街，并与南北向新城中心形象大街相互串联，构建邻里生活与商业服务网络，更深度地激活社区意识，促进邻里互动；更好地串联统合新城中保留的城中村、东侧产业专区，实现城村一体化、产城融合化目标。

● 高复合、重分流

东侧产业集群板块以头部企业为磁石，营造吸引配套产业入驻的营商环境。厂房用地可因应市场、企业需求规模而弹性分割组合。产业区内设置一定比例的配套服务，以提高园区活力。引入职业技术学校，以保障长期稳定的人才来源。透过街道功能的区别，构建客货道路分流系统。集中厂区中心景观廊带的营造，形塑企业优质门面，统一地址与入口系统。

立足高新技术集群，依托蓝绿交融生态基底，构建"小街区、院落型、多层楼"的开放城区，形塑"短通勤、强配套、速建成"的产城精明成长模式，激活同翔共融发展的新动能。

夜景鸟瞰效果图

村庄内街道空间效果图

综合服务中心

园区滨水交流空间

社区级街道空间

苏厝溪水岸绿林开放空间

城市自然生态系统优化

26 ## 防护林精明转化为乡镇休闲资产

上海奉贤运石河公园景观设计 2020

在上海奉贤，有一条平行于海岸的奉柘公路，沿路是一条绵延数十千米、由条石和花岗石垒砌的清代古海堤，即被称为"海国长城"的百年华亭古石塘遗存。在公路另一侧封闭的防护林带内，是修筑海堤时运送石料的河道——运石河。奉贤区提出"奉贤是一个大公园"，围绕这个主题计划修建1000座公园。以石塘古迹为保护对象、集文化与自然于一体的古海塘文化主题公园是奉贤"公园计划"的重要组成部分，而运石河公园是整个古海塘文化主题公园的第一期。

如何高水平地做好开发利用和景观规划，既充分挖掘历史文化，讲好历史故事，又充分结合周边环境设施，打造更有韵味、更具特色的古文化旅游景点，是奉贤区政府对运河公园的期待。

运石河公园呈带形，长约为1000米、宽为30~40米，面积约为4.1万平方米。基地内林相较好、树种丰富，林下空间舒适自然。基地内的河段存在1~2米的高差，具有行洪排涝功能。公园西端至海湾路，是服务海湾大学城3所著名高校的交通要道。设计以挖掘海塘地区的场域地灵为出发点，以提炼沧海桑田变迁和厚重历史意境为目标，借助在地景观要素，烘托自然感、沧桑感、厚重感的景观肌理与空间场景。景观设计在3个方面着重体现了其遵从师法自然的精妙与精明。

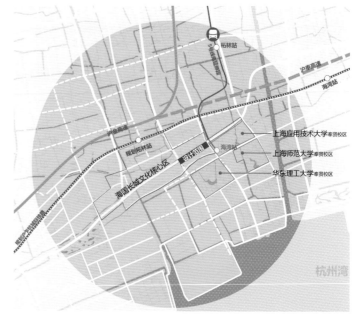

区位交通

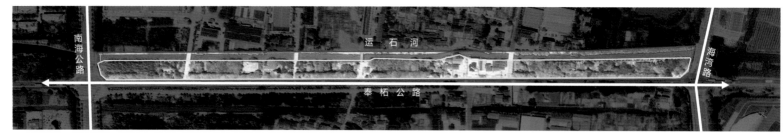

景观设计范围

基地景观要素（组图）

实景图

1. 低环境影响

沧桑岁月造就了场地特征。对原有地形的整理与修补是我们对历史文化的关怀。设计充分保留现有地势，保存原有海塘－运石河断面，分析水流路径，于地形低点设置生态旱溪，塑造极具场地特征的雨水花园景观，完善场地排水系统，引导雨水进入运石河，从而减少原有场地水土冲刷的问题。

公园入口与路径的设计，遵循避免砍伐的原则，腾挪现有树木，线路穿插在郁郁葱葱的林带之中。园路采用银白色的架空钢格栅纽带铺设，架空的园路可以将场地铺装对雨水下渗和径流的影响降到最低。

2. 低人工干预

场地内本土树种丰富，树种以杉木、香樟为主，有多段林相较好。设计更多的是保留现有格局，清理林下遮挡视线的杂乱灌木，打开视线空间，同时结合地形修补，营造出开放、可进入、可观赏的自然化公园场景。多年生长的香樟林、林间洒落的阳光、林下草坡旱溪、不远处的古石塘，这些要素的叠加与融合，使其渐渐呈现出自然、沧桑且具有厚重感的古海塘地域的地灵场景。

幽静的林下空间是极具现代感的银色金属步行道，通过艺术化对比与反差，给行人惊喜与新感受。游憩场地结合文化景墙、艺术雕塑点缀林下空间，漫步其中，远观明清古海塘，即可感受到海国长城古石塘的沧桑。

3. 低造价工法

一处优秀的郊野公园应该用最质朴的方式展现自己的内涵，运石河公园便是如此。低造价和简便的施工技法，不仅有利于营造特色意象空间、彰显在地文脉，也意味着可持续的运维和更新。运石河公园250元/米^{2}的造价，是同类公园造价的1/3。在公园城市的建设中，低造价意味着可复制、可推广，以精明和精简的方式推动城市地貌风情的持续提升和改善。

沿自然的空间节点

沿石河的步道

森林下的步道

沿步道的活动场地

全盘系统整合生态街区

27 华北生态文明城市营造的探索

天津滨海新区中部新城散货物流片区城市设计 2016

位于天津滨海新区中部新城北片区的赤沽湾，总规划用地约12平方千米。为了以全盘技术整合的方式推动分散式可持续发展系统的理念，本项目特邀请美国加州大学伯克利分校弗雷克教授作为指导顾问、国际知名的丹麦安博（Ramboll）公司负责可持续发展的技术整合工作。

■ 优化调整整体开放空间结构

将原52平方千米北组团以景观性大湖为中心的空间结构，调整为可与开发密切结合、相互渗透的生态绿园系统，以充分发挥海绵城市雨洪管理的生态效用，积极提升整体开发用地的景观价值。着力梳理出前期启动的开发区域清晰的架构，使其既便于衔接大系统，又有独立开发的弹性空间。

中部新城北组团原规划方案

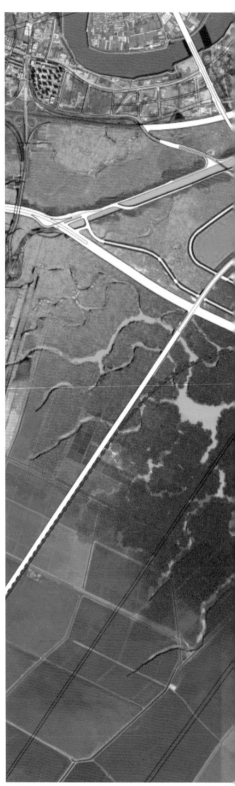

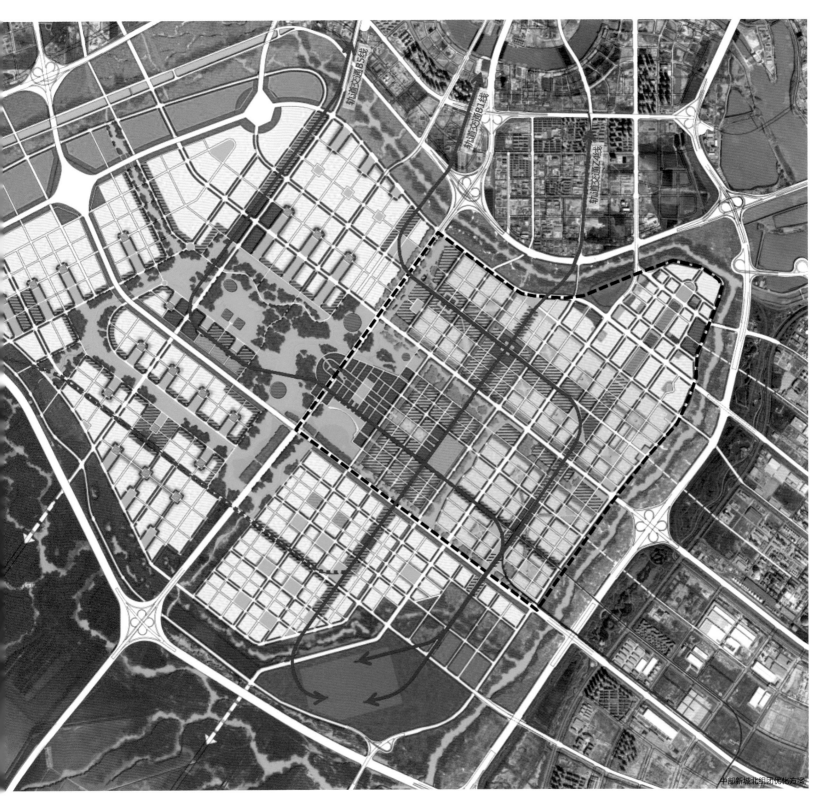

轨道交通B5线

轨道交通B1线

轨道交通Z4线

中部新城北组团优化方案

■ 引入赤沽湾特色，形成独一无二的地域景观本底

基地原本为滩涂改造的盐田，土质碱性极高，碱蓬是基地上原生的植被。大片的碱蓬在夏季后期逐渐由嫩红转为赤红，使基地成为魅力无穷的红色海滩。因此，项目尽量维持原土和地方物种，一方面强化滨海地区的意象主题，一方面能够大幅节省建设及维护运营费用。

基地上红色碱蓬草（组图）

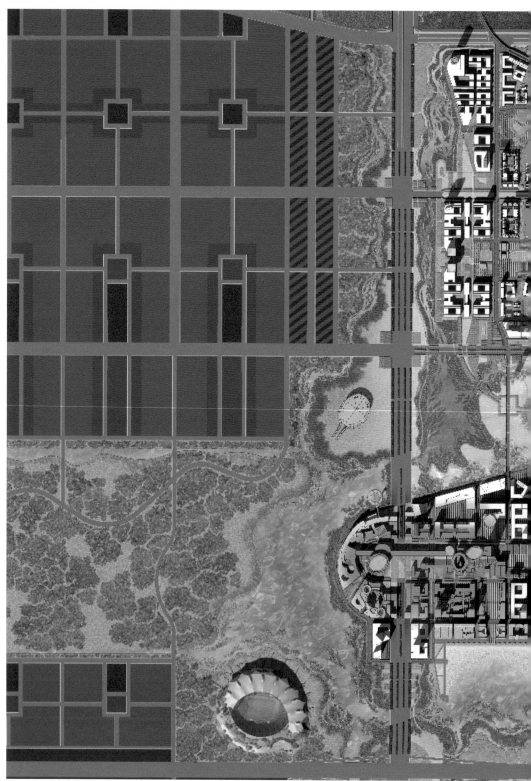

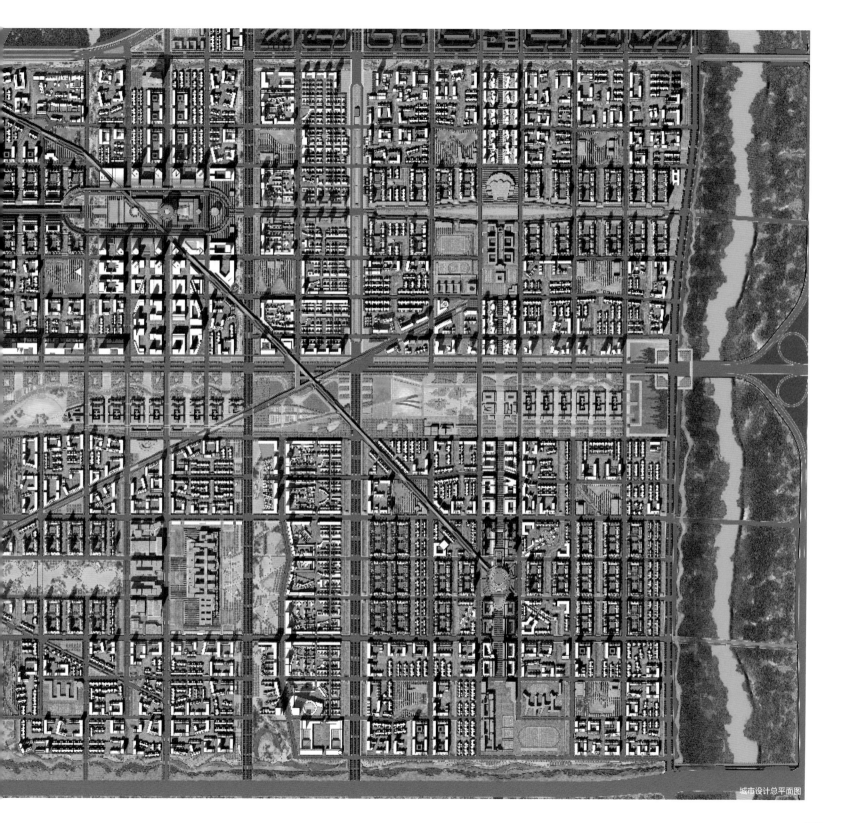

城市设计总平面图

1. 采用开放街区结构践行北方营城文化复兴

开发整体呈现和谐的北方个性，使每个邻里各具可指认的特色。每个街廓均采用外实(实墙)内虚(框架)的整体建筑语汇，展现土木华章的韵味，条条胡同有特色，个个院落皆不同。运用新型住宅邻里单元模式，承传中国传统营城文化。

– 顺应现代生活，体现中国特色，承传"里坊"理念，效法井田制度，形成"九宫格"的街坊结构。
– 8个邻里内均设置宁静惬意、可识别家园的"现代生活胡同"。
– 每个街廓均设置促进邻里生活、有利于守望相助的"温馨内院"。
– 街廓间的院落有序串联，再现"层层递进的院落序列"。

邻里单元实体模型图

土地细分

邻里单元

围合街廓

建筑图底

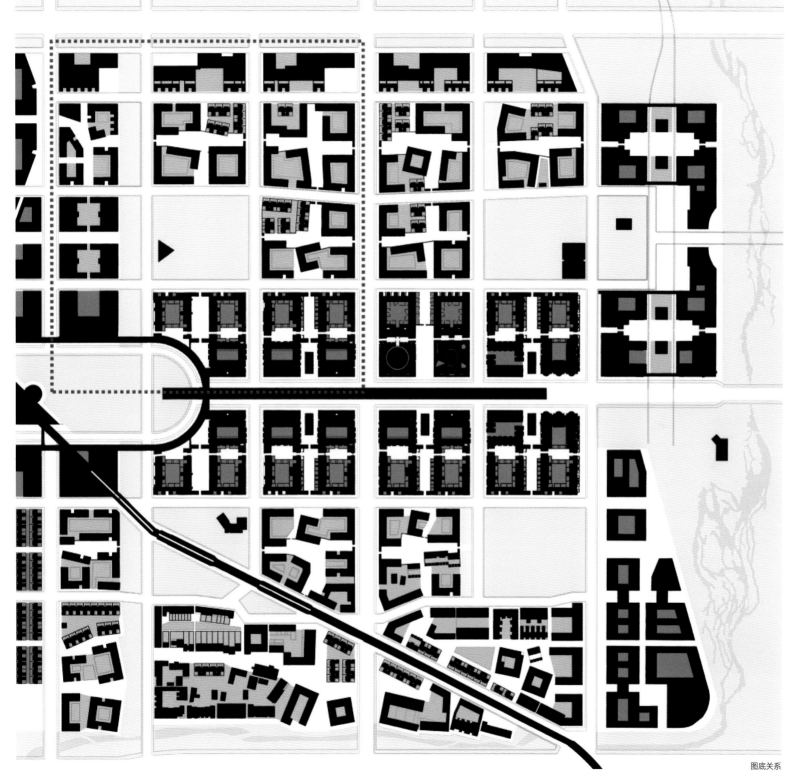

图底关系

2. 采用分散式技术系统全盘整合市政供给系统

- 生态水系统：不仅注重下垫面的径流系数控制等海绵城市基本要求，更进一步提出雨水收集再利用比例。
- 废水处理系统：从污水集中处理转向分散式就地处理系统，实现生活废水的就地回用。
- 绿色交通系统：从以往较为宽泛地提出整体绿色出行比例，转向聚焦通勤尖峰时段的公共交通占比。
- 固碳系统：履行中国在《巴黎协定》中降低碳排放的承诺，创新性地提出利用建筑屋顶固碳、拓展"绿屋顶"的新内涵。
- 能源系统：大幅提升可再生能源在能源结构中的占比，并要求大幅降低建筑能耗。

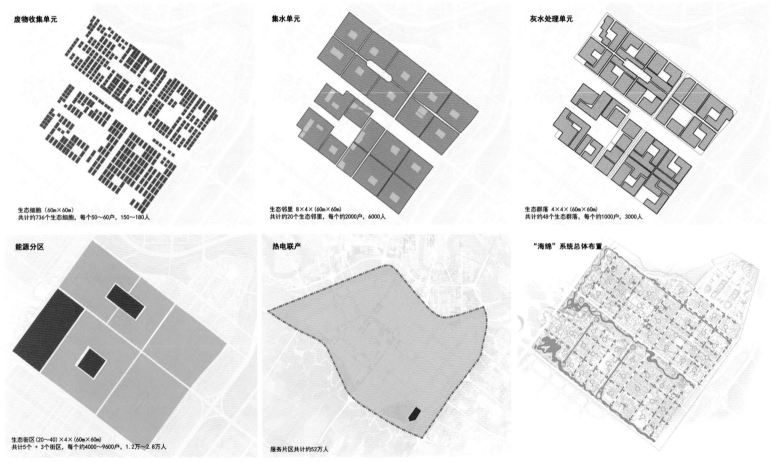

废物收集单元
生态细胞（60m×60m）
共计约736个生态细胞，每个50～60户，150～180人

集水单元
生态邻里 8×4×（60m×60m）
共计约20个生态邻里，每个约2000户，6000人

灰水处理单元
生态群落 4×4×（60m×60m）
共计约48个生态群落，每个约1000户，3000人

能源分区
生态街区（20～40）×4×（60m×60m）
共计5个 + 3个街区，每个约4000～9600户，1.2万～2.8万人

热电联产
服务片区共计约52万人

"海绵"系统总体布置

可持续系统发展单元（组图）

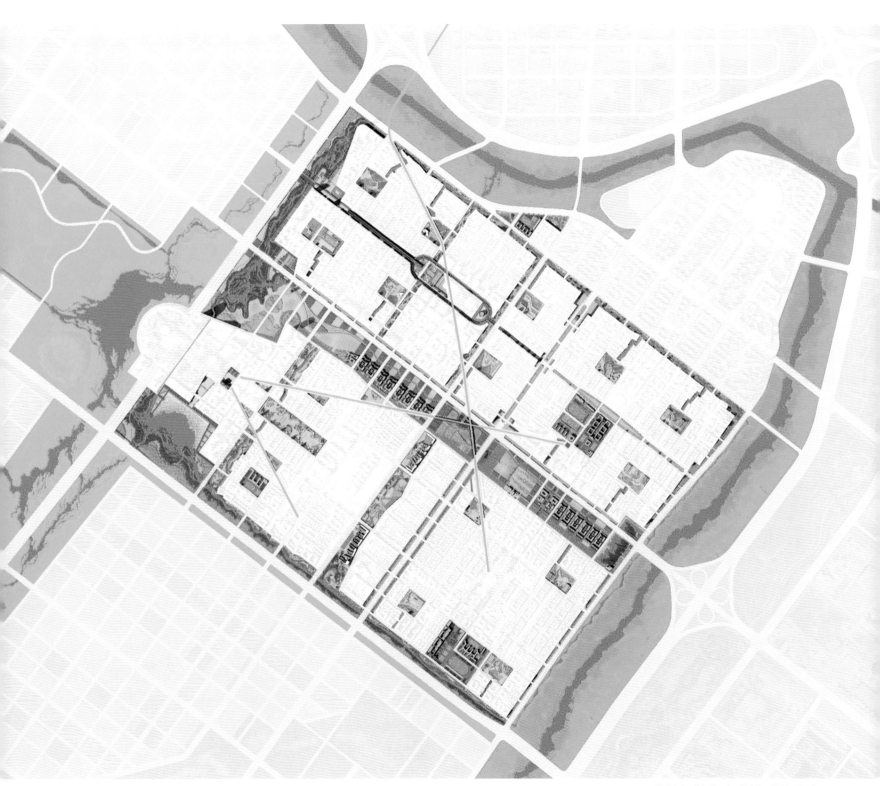

滞洪净水设施与社区生活共生的开放空间景观体系

3. 构筑直通地域就业中心的"穿城高速绿色出行系统"—— 超级自行车道

在通向于家堡、响螺湾的方向设置一条快速直达、紧密连接两大就业中心的超级自行车道，其下方空间可容纳多元混合使用、人性尺度的魅力斜街，孕育地区创业创新的活力环境。

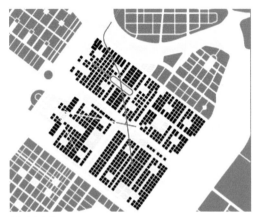

超级自行车道

超级自行车道下方混合使用空间

超级自行车道鸟瞰图

夜景鸟瞰效果图

■ 可持续发展与中华文化复兴深度结合的全国先锋生态文明建设行动

依据分散式处理设备和技术的最适运营规模，对相应的建筑、街廊、邻里、街区、地区等空间单元，提出人口和环境容量的控制要素，确保生态技术的适用性。将景观环境及建筑风貌与生态技术深度融合，例如，透过水平出挑的太阳能板象征我国传统建筑中斗拱屋檐意境，并结合屋顶固碳农园，共同形成充满绿意、生机勃勃的城市第五立面的"顶天"意象，以达到生态文明建设与中华文化复兴深度结合的境界。

效法井田制度，于九宫格邻里模式的中央街廊设置海绵城市的雨水花园，建构分散式的雨水回收及净化系统，构建社区淡水水资源循环利用的基本单元，并形成可容纳多元邻里活动、与社区生活共生的开放空间景观体系。

模型图

28 天圆环圆·地方城方
天津滨海高新区城市设计 2006

天津滨海新区作为国家级新区，于21世纪初被定位为环渤海经济中心，为华北大地上的投资与创业热土。

本项目基于国家最先进高新科技园区的定位，除了运用产业园区开发一般性的产业引进策略外，在城市设计上，特别专注于运用地区精明成长策略，营造一个高效而富有诗意的空间环境，为津滨走廊高新人才提供创业和栖居的载体。

1. 市政廊道周边低效用地转化为能源公园

项目北部地区是津滨走廊重要的东西向市政廊道，被多条高压线网、重载铁路、北塘排污河、京津二线高速严重切割。城市设计的主要构想为整合多条难以利用的低效隙地，以200米的间距置入风车阵列，为地区公共设施提供充足的电力。从北塘排污河引入适量河道水，先经由多层次植生群落完成水质净化，后作为项目区景观用水。分期收割地面植被，作为地区生物能源发电的恒定燃料。

新能源电站结合场地原生植被的景观重塑，共同构成项目区北侧迎宾能源地景公园，其饶富特色的大地景观，成为由京津高速进入基地的第一印象。

能源地景公园

自然生态系统结构

全盘系统整合生态街区

总平面图

2. 植入"天环"，形成项目能源输送主干

基地开发建设时序的确定需充分考虑基地土地权属取得的难易先后，因此，项目开发循序渐进，依据基地特有的土地权属的形态，沿着先期可取得农场土地的外围环形沟渠，构建项目能源输送的主干，同时，沿干线设置浓密的生态绿带，形成象征"天圆"的形象绿环——天环。"天环"将是地区就业群体休闲放松的好去处。

3. 基于场地"地方"肌理，打造弹性路网体系

项目区原为农场和盐碱地，遗留有阡陌纵横的耕地肌理与灌溉排水设施，在基地上形成明显的"地方"特质。对于产业区的骨干路网，最大程度地尊重场地原有肌理和排水水系形态，在逐步推动开发的过程中，随时注意满足地区的排水功能。对于产业区的路网规划，重视区分道路服务功能，明确地址性道路与服务性道路，应对企业从初创到成熟不同阶段的用地需求，形成可弹性调整的园区路网。

4. 应对水量和水质型缺水的海绵型景观系统

顺应地区地势低平与天津夏季暴雨集中的环境特征，于各开发地块内保留一定比例的下凹景观用地，以利于场地填挖平衡并提高径流控制率。此外，整合、优化项目区内零散的坑塘水渠与重点或特殊地段的景观水域，形成促进水体自净、兼具海绵特质的城市理水和开放空间体系。通过盈枯皆宜的植被营造，形成具备原生地景特征的高颜值园区。

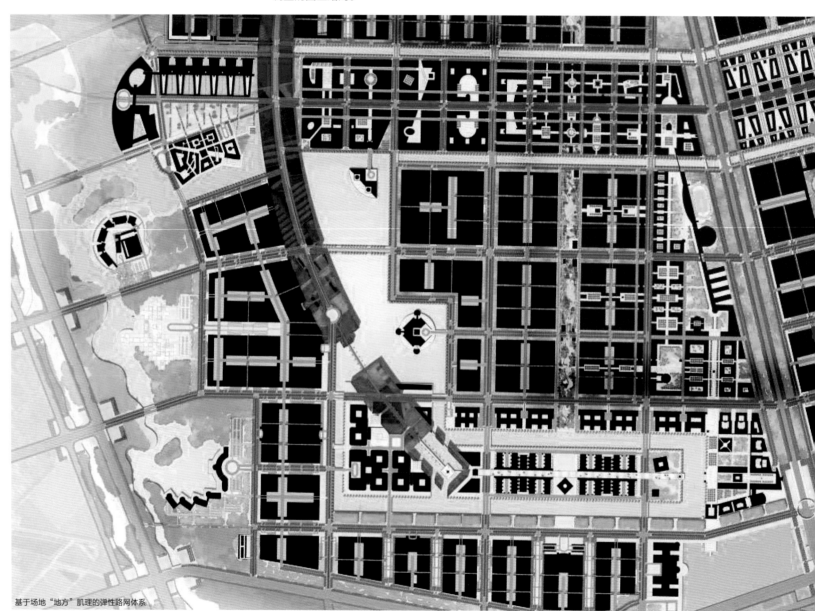

基于场地"地方"肌理的弹性路网体系

模型图

5. 依托地铁路线形成创新城带

由天津滨海国际机场引入地铁三号线，自西向东贯穿项目区形成TOD导向的创新城带。沿线汇集高新区起步服务中心、商住复合创意街区与"方城"综合服务区。

"方城"环绕主湖面布局，中央布置会展中心与高新区综合服务中心。两岸南北向干道与创新城带交汇处规划两处地铁车站，配套纵向的公交路线，形成"方城"双"十"字形公交系统框架，"方城"内为窄路密网的宜居街廓，干道两侧为功能混合的活力大街，结合门户地标的塑造，共同诠释"方城"形象。

"方城"滨水空间模型图

"方城"综合服务区局部平面图

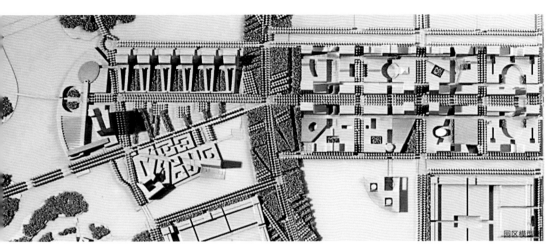

园区模型

6. 建立产学城融合的生活型创新园区

成功的创新环境离不开高素质的人才。因此，项目保留两所大学用地。两座学府均采用类似加州理工学院的开放性城市学府的形态建设，并计划先期即投入使用，以协助培育企业所需人才，孕育在地创新土壤。

于"方城"与大学周边配置居住用地以及混合使用的创新城带，有助于园区率先实现吸引高新人才栖居的职住一体模式。结合高效的公共服务、多层级的公共交通，促进项目区成为京津高科技走廊上、津滨双城间的重要科研聚落及创新园区典范。

产学融合的生活型创新园区

城市存量更新优化

29 ## 超种 · 生境
厦门滨北超级总部基地城市设计 2021

厦门，中国东南海上橱窗，颜值之都。

在国内城市经济发展转型的关头，厦门政府积极进行市中心区旧产业用地存量优化的工作，启动市中心老旧产业的搬迁，腾出"留白"的再发展宝地，着手滨北超级总部（以下简称"超总"）项目。超总项目标定引入处于蜕变期的独角兽企业作为超级种子，打造成熟优越的营商环境，使其与城市共同成长，助力厦门提升城市竞争力。

对此，我们提出三个开发策略，作为空间发展的支撑基础。

第一，在城市中心区，提供"职住互锁"空间的超级政策，将办公过剩与居住短缺的错配变为区域竞争优势。

在滨北三大TOD核心板块构建超级混合的建筑功能业态，布局大量租金便宜的长期人才公寓、共享办公、城市生活配套服务，打造复合商办职住共生的街区，解决地区高房价及人才与企业引入的问题。

以紧凑集约的弹性空间，随处可及的生活服务，为工作强度高的种子企业与产业精英打造全时活力的不夜城，营造充满烟火气的宜居宜业的氛围。

第二，引入"全生命周期生活+ 产业链"的超级配套，以打造零通勤、高质量、多样性的理想企业生境。

第三，通过金融思维培育超级种子的超级机制，以入股取代一次性土地出让，使企业与城市共享成长果实。

企业生境示意图

夜景鸟瞰效果图

1. 三点锚定的TOD导向板块格局

滨北超总街区有四条地铁八个站点穿行其间，形成三个主要的TOD枢纽节点。

将这三个交通节点的周边用地聚焦打造为成熟型的龙头企业的总部基地，形塑街区标志性的门户中心形象。由这三个产业核心引擎向外扩展至其余用地，发展与其相关的全产业链企业。吸引具有潜力的独角兽、种子企业群入驻，孵化孕育，形成一个全生命周期的产业生态雨林，为各类企业社群构建开放融合的创新生态环境，促进企业间的共生成长。

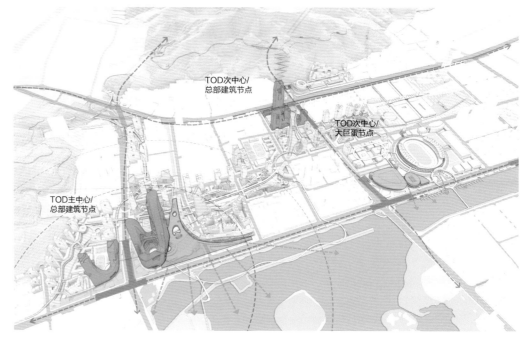

TOD中心

2. 串山联水的有机性空间成长框架

因应滨北超总用地碎片化形态，以曲状开放空间廊带串联整体开发用地，使街区与周边山水生态资源相互串联渗透；引入湖景，提高内部地块的开发价值。

呼应厦门老街区蜿蜒的曲状开放空间廊带，构建出滨北超总片区独特的在地感，重构零散开发用地间的互动性与整体感；形成一种有机的空间成长框架，为不同发展阶段的企业提供足够的弹性成长空间。

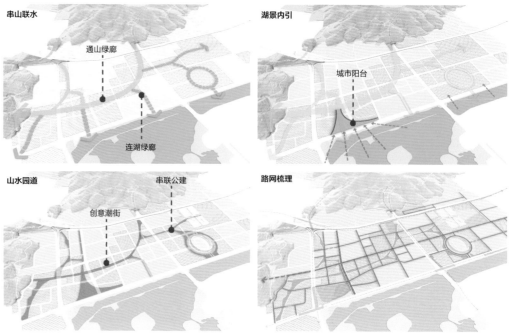

总体规划构想（组图）

总平面图

3. 如蔓藤延伸的短通勤立体云街体系

结合曲状开放空间廊带，布设地上、地下的云街连通动线，形成街区主要就业中心、活动节点与交通场站间的立体对接路径。

创造街区多元慢行的通勤替代选择，借此剥离对地面交通的依赖；降低地区车流，疏解因加大开发而诱发的交通拥堵。

延展立体云街体系，构建街区活力与交流主轴，提升街区内部低碳出行的便捷性与通达性；强化街区在立体空间中的绿化增量，打造公园城市。

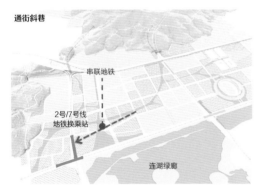

通街斜巷
串联地铁
2号/7号线
地铁换乘站
连湖绿廊

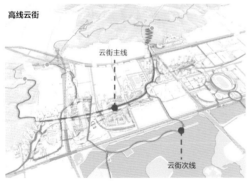

高线云街
云街主线
云街次线

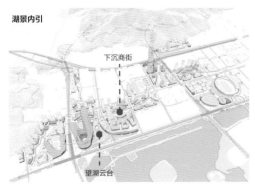

湖景内引
下沉商街
望湖云台

立体慢行系统构想（组图）

运行智能小巴的立体街区效果图

立体云街效果图

4. 创意激发的多样化城市互动场景

兼具厦门乡愁与时尚感的下沉式拱廊骑楼，潮牌云集、穿梭交错的复式活力云街，斜坡内巷、尺度亲切的街区交流弄坊，怡人雅致的湖滨亲水大道与水岸云台观景广场，处处体现着多元活力的城市魅力，激发创意灵感。

超总生境方案，在根本上转变思路，重新定位滨北基地适合怎样的超级总部。打造全生命周期的"生活+产业链"模式，形塑职住一体、超级共生的产业雨林生态城区，为我国超总发展作出新探索。

多层复式骑楼潮街

下沉式庭园与商街

湖滨亲水大道

水岸云台观景广场

30 园区摆脱地产赢利模式走新路

天津滨海高新区渤龙湖片区战略提升研究 2021

天津滨海高新区渤龙湖片区位于津滨双城之间，于2006年开始以"天圆地方"为主要概念，谋划发展"未来科技城"。历经十余年发展，片区基础设施的建设几近完成，空间格局亦初具形态。但由于开发规模及定位与市场实际产业需求之间存在很大的落差，园区呈现优质产业及人才引入困难，已批租土地及已建厂房利用率低，甚至物业长期闲置的局面。政府财政承压，国有企业负债，园区前期基建投资数十亿元，而企业年纳税不足亿元，远远不能平衡贷款利息和园区日常运营支出。依靠土地财政招商引资的产业园区发展模式再难延续，亟待谋求新路，创造可持续的现金流!

本项目从京津冀空间格局着手，分层提出精明成长策略，为渤龙湖谋求新生机，通过精明盘活存量、紧凑聚焦增量，谋划引进新时代产业和人才的创新生境，透过下列四项提升策略，点燃渤龙湖区域发展新动能。

1. 正视既有开发、形成指状通海走廊的津-滨精明成长策略

面对天津经济及人口增速下滑、土地市场低迷的现况，天津应在环首都都市圈中加速提升先进制造业的竞争力，优化因滨海新区过度开发形成的碎片化城市发展形态，完成产业升级转型，提出精明成长策略。项目首先正视"双城"之间的绿色屏障地区已存在大量开发建设用地的现实，积极串联未开发用地，形成通海的指状生态绿廊，限制无序的开发蔓延，在天津主城区和滨海地区之间形成三条高效的"城市成长走廊"。

2. 谋划产业新生、营造创新生境的渤龙湖精明成长策略

规划提出精明整合既有海陆空交通枢纽的公共服务优势，优先发展"空港-滨海西站-天津港走廊"。渤龙湖片区作为该走廊中临空地区唯一待发展的宝贵用地，将作为先进制造业的集中承载地，邀请顶级产业策划团队谋划园区发展，通过引入风投基金、创新孵化器、头部企业等，满足各类人才需求，营造产业和人才的创新生境。

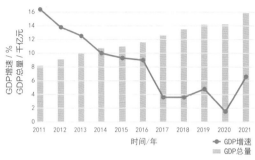

天津市近十年GDP总量和增速情况

天津市近十年常住人口变化情况

2021—2035版国土空间规划

城市存量更新优化

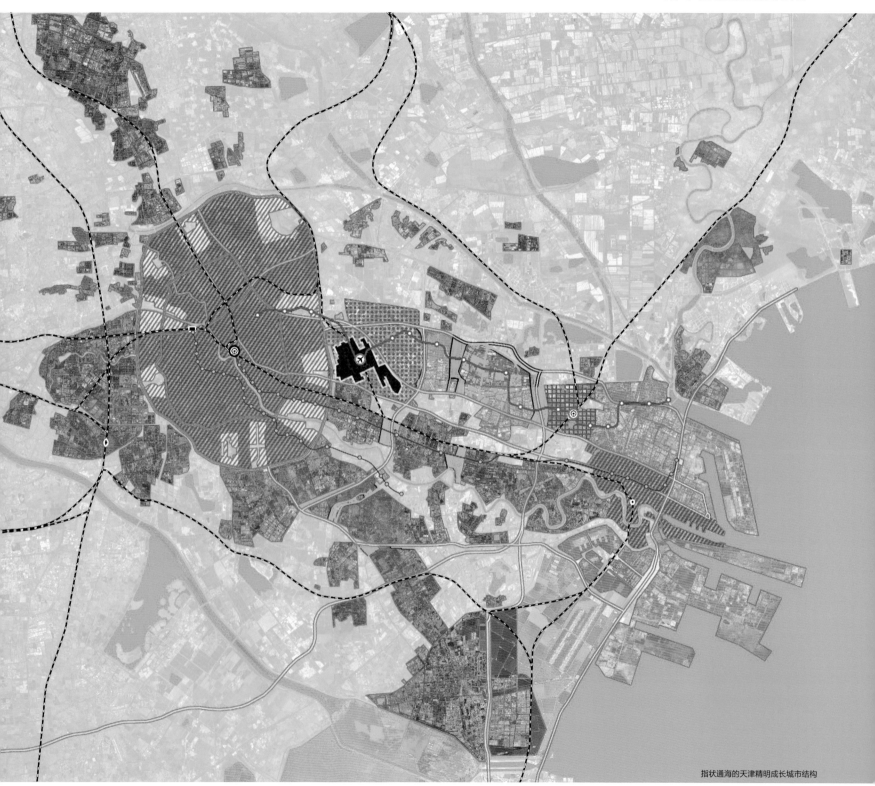

指状通海的天津精明成长城市结构

3. 精明盘活存量

● 争取上级政策支持，以聚集人气为核心要务，盘活国资存量

盘活闲置商业街区，将其改造为职业培训学校，为企业输送充足、大规模的技术熟练的劳动力，强化招商基础，同时带动大量短周期循环、高消费人口入驻园区。

依据市场需求，复合化灵活地将空置的总部基地改造为保障性租赁住房，为季节性工人或津城通勤员工提供充足的蓝白领公寓。

盘活"三湾"住宅，为现有企业定向提供配套齐全的"先租后售"的政策性人才住房，留住企业骨干。

闲置商业街区现状

空置总部基地现状

存量住宅

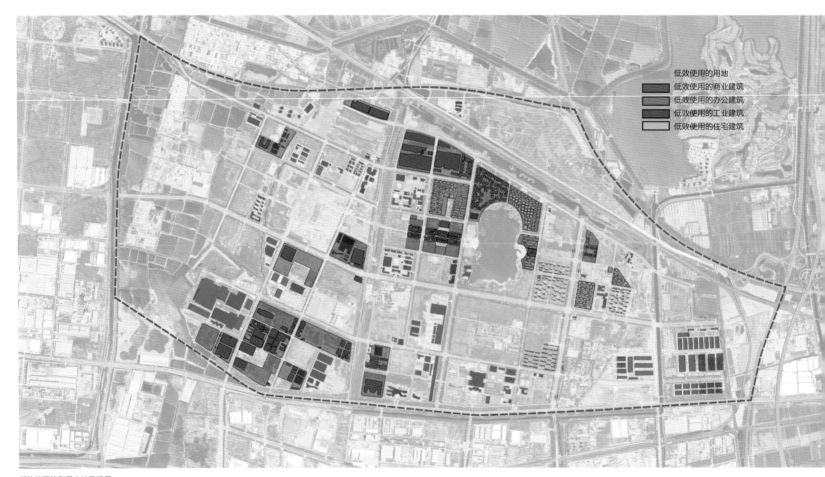

低效使用的用地
低效使用的商业建筑
低效使用的办公建筑
低效使用的工业建筑
低效使用的住宅建筑

低效使用的存量土地及建筑

● 以市场化使用及创新土地政策，盘活低效土地存量

成立闲置土地托管平台，进行统一市场化运营，先绿后城，引入垂直都市农场、苗圃种植，发展都市农业经济；或先用再变，以短期仓库或临时停车租赁获得租金收益。

出台弹性的市场化转让土地政策及退出机制，鼓励节余土地分割转让，促进有产业扩张需求的企业收购相邻低效的产业地块。

整体运营渤龙湖公园及地区道路空间，通过引入大事件活化公园，通过赛事租用提升道路使用率，在盘活基建存量的同时营造地区品牌。

在闲置土地上发展都市农业

待出让土地政策支持

大事件盘活基建存量

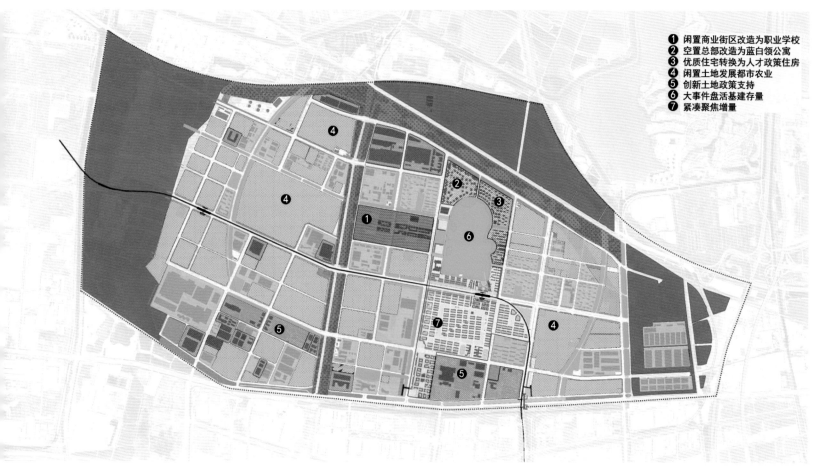

❶ 闲置商业街区改造为职业学校
❷ 空置总部改造为蓝白领公寓
❸ 优质住宅转换为人才政策住房
❹ 闲置土地发展都市农业
❺ 创新土地政策支持
❻ 大事件盘活基建存量
❼ 紧凑聚焦增量

精明盘活存量策略

4. 紧凑聚焦增量

● 对接机场、服务空港区域的TOD滨水商业街区

充分发挥连通空港的Z2线轨道站点对商业发展的带动性，发展站点南北两侧用地为商业商务产业配套。在设计上凸显场地特色，在北侧临水地块发展区域性服务的"水舞台商业广场"，在南侧临园地块发展社区性服务的"绿园畔商业街坊"，使其成为具备高吸引力的约会休闲场所；建立优质便捷的"轨道节点步行路径"，有效增加公交的使用机会并提升体验感受。

● 以聚人气、速成型、高密度的标准化住宅肌理模式，营造紧凑发展的魅力新城

针对地区现有开发空间活力不足、难聚人气的现象，提出以连续的、低层高密度的、高弹性的紧凑型住宅街廓（70 m×70 m）为基底，再现胡同院落的空间肌理情趣，容纳多元户型产品及园区紧缺的多层级商业、小型办公及公共服务配套设施，聚合人气、提升活力，并确保开发街廓形态具备充分的适法性、可行性以及应变市场功能变化的弹性，结合产业引入，打造短通勤、零通勤的发展模式。

● 改变房地产思路，运用住宅做金融，吸引即将上市的种子企业入驻

建议政府运用仅存的住宅用地，以土地入股，寻求具备金融实力的企业为合作伙伴，整体操盘，一体化设计、建设、运营，用投资思维、金融手段取代一次性土地出让，为目标企业的人员提供"先租后售"的人才住房，打造短通勤、零通勤的发展模式吸引人才。支持企业快速成长进入资本市场，待上市后收获资本利得，同时建立灵活容错机制，保障产业生态系统持续发展，使政府可获得可观的持续性税收及现金流。

高密度、聚人气的速成型标准化住宅肌理

商办上叠住宅合院

低层合院

联排住宅

多层合院

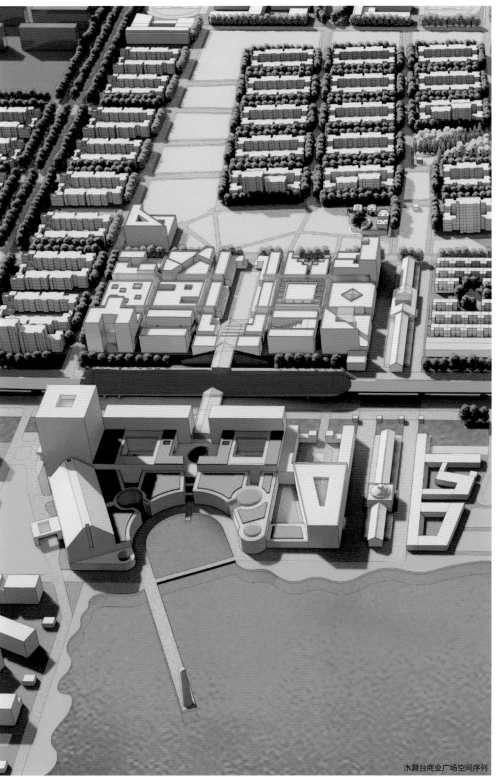

水舞台商业广场空间序列

绿园畔商业街坊内街效果图

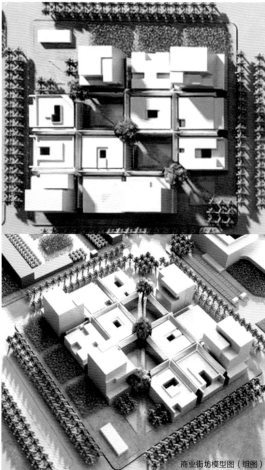

商业街坊模型图（组图）

31 优化存量资源·焕发地区新生

成都音乐坊及四川音乐学院片区景观改善 2018

成都一环路、新南路及锦江间的约1.2平方千米的三角形
地带，是成都核心区内典型的老旧城区，这里人口密度
高、房屋品质参差不齐、公共空间品质不高、基础设施
陈旧、业态低端混杂。在成都"中优"政策的指导下，
成都政府基于锦江魅力、地区既有的四川音乐学院（以
下简称"川音"）人才资源及地处成都核心的区位资
源，提出了将本片区提升改造为"成都音乐坊"的发展
愿景，并积极地采取了精明的更新行动。

1. 兴建世界级音乐厅，作为音乐坊地区的更新引擎

沿一环路打造世界级天府音乐厅，结合实力强劲的四川
音乐学院形成音乐产业孵化平台，并逐步透过强力的
市、区级辅助，对周边街区内的地区老旧建筑空间进行
更新改造，引入高品质的多元演艺设施及相关产业。为
成都打造集中的"国际音乐之都核心区""国际音乐生
态示范区""音乐消费群体集聚区"。

2. 串联并提升音乐厅至锦江一线的公共空间，点燃地区更新动能

以音乐产业相关配套，盘活片区原有建筑及场地空间，
并适当增补新的使用功能，如川艺实验剧场、音乐设备
展示中心、音乐主题酒店、音乐孵化基地、文博传媒园
区、智慧音乐服务中心、市民音乐广场等，并将多元音
乐空间布设在不同音乐主题的街巷空间中。

歌剧厅实景

晚霞中的城市音乐厅

城市存量更新优化

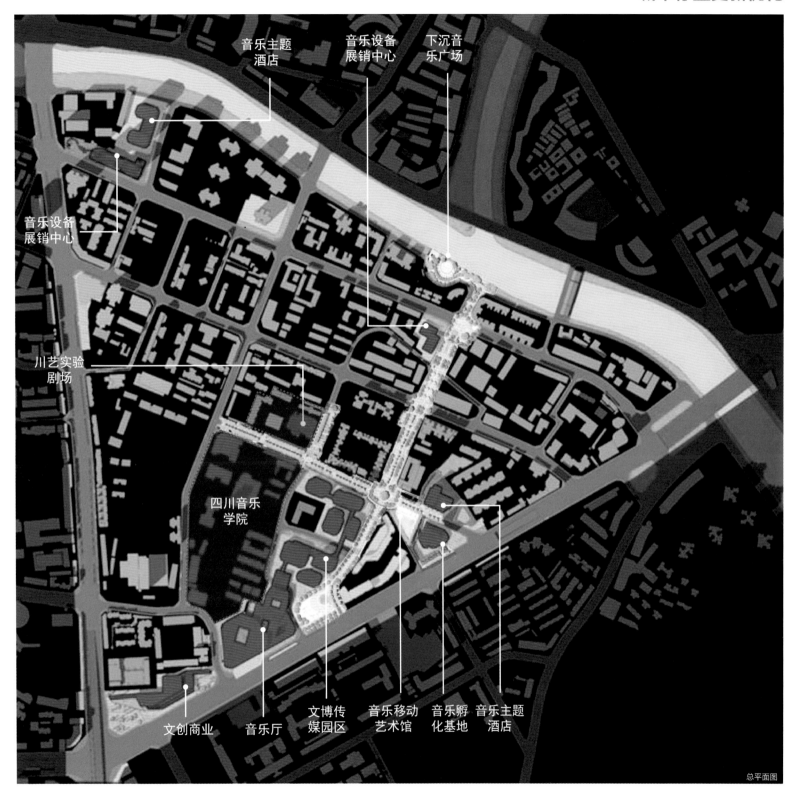

音乐主题
酒店

音乐设备
展销中心

下沉音
乐广场

音乐设备
展销中心

川艺实验
剧场

四川音乐
学院

文创商业　音乐厅　文博传
媒园区

音乐移动
艺术馆

音乐孵
化基地

音乐主题
酒店

总平面图

3. 将"音乐大道"打造为成都新名片，带动地区休闲文传产业发展

改造滨河公园，增设游船码头及滨水户外剧场，形成"音乐坊浪漫水上门户"，使音乐坊成为锦江旅游的重要组成部分。

为更好地吸引游客，转变丝竹路作为地区服务道路的功能，使其成为"丝竹音乐公园大道"。主要的设计亮点包括以下内容。

- 将道路断面改变为二分单行机动车慢行环路，在单行道间植入能够容纳人流、提供活动场地的公园空间，有效地降低行人穿越道路的心理障碍，使沿街两侧建筑之间的人行道空间与车道间的公园空间融为一体，整体一并构成大气的"丝竹音乐公园大道"。
- 在现有断断续续的银杏行道树基础上，补植具有成都本土特色的蓝花楹树列，为音乐大道营造整体浪漫的氛围。
- 在音乐大道两端节点处，设置景观地标雕塑，标示出音乐大道的重要空间及集散节点。
- 将最具音乐特质符号的五线谱贯穿整个音乐大道的人行路面，并根据场地功能灵活演变线型走势，白天反射天光，清澈精致，晚间植入线条内的灯光与水景灵动对话，烘托出整个音乐大道的欢乐氛围。
- 营造多元使用的场所空间，如锦江水岸音乐广场、亲水大阶梯、音乐雕塑公园、流水口袋公园、中央广场等，作为音乐大道重要的表演展示及聚会空间。

将音乐大道小学校门前的路面变窄，以"静心漫道"的构思迎合学校前安静安全的要求。五线谱主题贯穿于此。彩色透水混凝土拼色路面营造出活跃氛围。

在音乐厅旁的街道上，延用音乐大道的景观树种。路面以星空意向衬托音乐的律动感。黑胶广场作为音乐主题的高潮空间承载多种音乐活动，成为由城市进入音乐坊的重要门户。

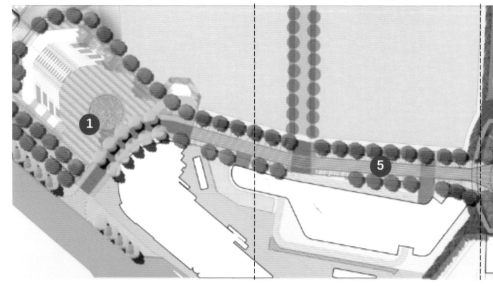

星空剧场段　　　　　　　　静心漫道段

① 星空剧场

② 新生路乐器街

⑤ 静心漫道段

⑥ 川音实验剧场段

⑨ 川音校门前（新生路段）

⑩ 中央广场

丝竹和声段

锦江吟唱段

街道景观平面图

③ 丝竹和声段

④ 亲水大阶梯

⑦ 巨构节点空间

⑧ 锦江音乐广场

⑪ 即兴表演空间

⑫ 流水口袋公园

⑬ 亲水大阶梯夜景

街道景观设计效果图（组图）

4. 可持续的音乐主题活动彰显片区整体地位

2020年，成都音乐坊产业功能区被确定为重点发展音乐产业的区级产业功能区。

成都音乐坊坚持"政府主导、市场主体、商业化逻辑"的理念。武侯区对入驻街区的各类音乐企业提供政策支持，设立原创音乐专项奖金，鼓励音乐人才创作，促进坊内商家自主进行价值转化；引入文化企业，联合组建成都爱乐坊运营管理有限公司，以载体收储、业态升级和品牌孵化为着力点，负责街区统一运营。

武侯区发布《2022年成都市武侯区重大产业化项目投资机会清单》，其中，成都音乐坊发布的7322潮流音乐城项目投资金额达100亿元，另外新南门数字音乐谷、十二南街音乐艺术走廊、音乐坊直播产业基地等项目达 50亿~100亿元。项目涵盖音乐文化、文化创意、电商直播、数字音乐等多个产业领域，构建起"音乐+"产业链，为原创音乐、音乐演艺、音乐版权、数字音乐等音乐链上的各企业孵化、发展提供支持。

成都音乐坊不断推动音乐产业融合，打造各类跨界、破圈音乐活动，搭建 "音乐+文化+消费"场景，完善音乐企业全流程服务链条。成都版的"爱乐之城"不仅有时尚音乐，还有难得的美物美食体验。

音乐坊乐器微博物馆

成都音乐坊标识

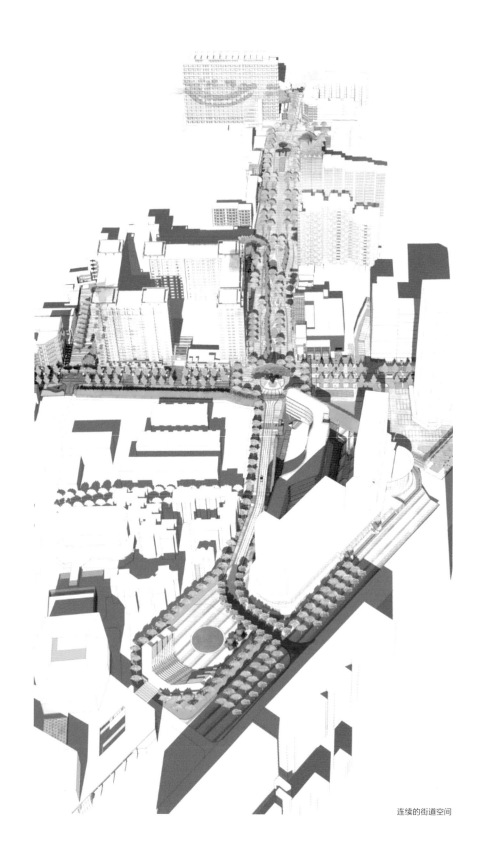

连续的街道空间

音乐大道 天府文创大市集

音乐大道 音乐无界活动

音乐坊 锦江音乐广场

音乐大道 音乐国潮活动

音乐大道 音乐生活周活动

音乐坊 黑胶广场新年市集

音乐坊 锦江临水平台乐队演出

音乐坊策划举办的市民活动（组图）

32 东伴时尚 · 西伴市井

成都玉林片区更新战略 2018

成都玉林片区位于成都一环南段与二环南段之间，紧临成都中轴"天府第一路"——人民南路的南段。在成都经济起飞时期，人民南路东侧地区曾经为外国使馆的聚集地，因此，玉林片区沿人民大道的两侧存在着许多公共设施或公家单位用地。随着成都地铁的兴建，玉林片区内的人民南路城市中轴路段上将设有三个具备两条以上轨道相交功能的换乘站，除了新建的来福士广场外，已经出现功能能级与区位资源脱节的现象。

玉林片区西侧的大部分居住小区建成于20世纪90年代，其中不少是国企职工宿舍，多是成都典型的老旧居住区。30年来，随着社区的成长、成熟，玉林片区已经在街头巷尾形成了一些微型"坝子"广场绿地，成为串联小街小巷的活力公共生活空间，显现出国内少有的"小街廓、密路网"开放型街区肌理。但与此同时，也出现了人口密度过大、空间品质下降、产业驱动不足等"老城病"，亟待在社区更新中得到改善和提升。

在成都"公园城市"理论的指导下，项目从风貌、产业、运营一体化入手，结合规划区域东西两侧地块的自身特质，提出**"伴市井·伴时尚"**的总体空间发展理念。

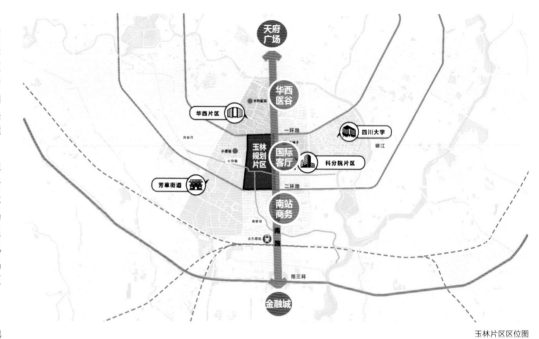

玉林片区区位图

玉林片区

玉林街道黉门路

发展定位

公共空间体系

城市存量更新优化

总平面图

■ 东伴时尚，注入国际一流的高端新业态新消费

1. 形塑立体公园城市街区架构

结合省体育馆站和倪家桥站两处三线换乘交通枢纽建设，配合TOD高端综合体定位，提出"两大公园街区"的空间框架，对两大公园之间低度利用的大小地块进行整体精致设计与基础设施更新。灵活而高效有序地尽快推动地区立体公园城市化，建构多层次的慢行及休闲空间，大幅提升地区公共交往空间的质量。

● 运动购物公园街区

– 保留运动场，打造运动主题公园；
– 改造省体育馆，发展购物广场；
– 结合TOD站点，布置高端办公区；
– 沿人民南路界面打造国际品牌旗舰店；
– 配套高质量住宅和运动主题产业。

● 新天地公园街区

– 规划1.2万平方米的国际客厅中心公园；
– 基于TOD站点，规划高强度商务办公区；
– 以玉林巷子为肌理，打造文创街区；
– 打造创新金融中心；
– 配套高端商住空间；
– 合理组织地下一体化开发。

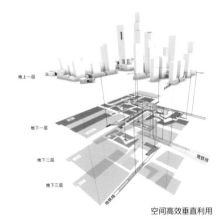

空间高效垂直利用

2. 创新业态活化存量

在新型立体公园城市的场景下，全面置入与中国西部国际门户城市定位匹配的国际顶级人际交流与消费配套功能，将人民南路打造为成都的新"香榭丽舍大道"。

a. 运动公园可承办体育赛事、演唱会以及其他高端传媒活动。

b. 新天地公园依托周边高端国际化的客群基础，形成友人聚会区，发展现代艺术、创新办公、特色商业以及国际标准服务式公寓。

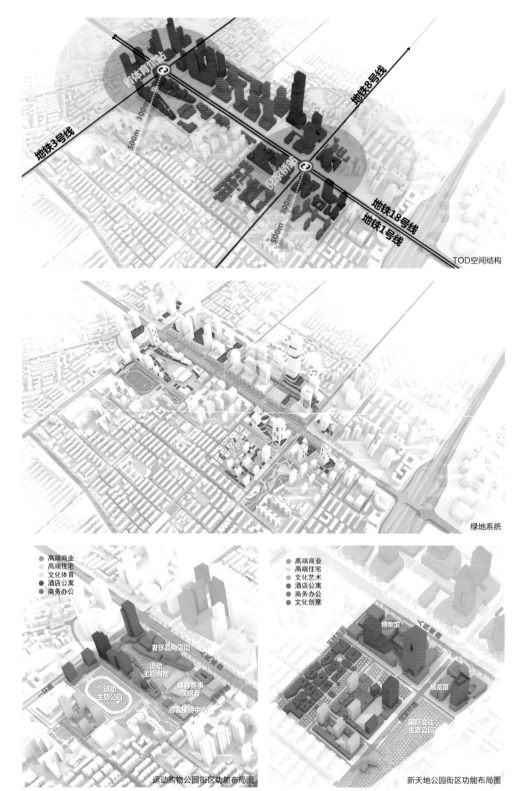

武侯国际客厅效果图

■ 西伴市井，传承成都街巷巴适生活特色场景

玉林片区的大部分居住小区建成于20世纪八九十年代，其中不少是国企职工宿舍，这里既是成都典型的老旧居住区，也是最反映成都人生活方式的成熟社区。近些年，玉林街道办投入了大量的心力进行社区营造，成功地点燃了玉林人心中向往更新的火种。夜幕降临后的玉林街巷，遍布着民谣中"小酒馆门口"的动人场景，吸引着诗人、画家、歌手在这里创作，是时尚、休闲、文艺的代名词。不同类型、不同档次的店铺在邻里街巷中共生。途经倪家桥路—云林街—玉林东街的成都1006路公交线更被称为"美食巴士"。玉林独有的烟火市井也是成都的城市特质。

玉林小酒馆

然而，目前玉林的社区更新工作仍处在启蒙阶段，要从星星之火开始，保持各点的热力，由点至线、由线至面地全面推展系统的梳理，才能维系更新动能的可持续性。

更新设计提出**"三街、九巷、两聚落"**，打造各具特色的主题场所，同时在慢行优先、优美界面、风貌独特、多元复合、低碳健康和智慧街道等多方面践行街道一体化设计。空间设计之外，更关注主题策划和长效运营，从三方面助力社区营造，包括以下内容。

a. 尝试空间使用权细分。为邻里提供从门头到门卫再到客厅的生活服务空间，帮助街道低成本地改造闲置的物业空间，为志愿者团队提供稳定的活动基地。

b. 探索"公益化+市场化+长效化"运营模式。依市场规则形成多元主体，吸引知名建筑师和相关领域的专业人士、创新创业团队，通过空间创意设计打造新的网红场所，激发社会力量和社区居民创造新业态。

c. 推行自下而上的共治机制。以解决居民实际问题为出发点，调动居民自治的主动性，通过讨论、协商，不断细化和完善现有居住区规范，充实细目、增加弹性，推动规范修编朝着更精明、更切实、更多场景选项的方向发展。

网红街道节点（组图）

社区共营（组图）

三街形成活力骨架

沿街庭院铺子界面不后退改造效果图

沿街庭院铺子界面后退3米效果图

1. 做强文艺"三街"

生活街：延续玉林街曾经的菜市街功能，打造丰富、有氛围的夜市生活街道。

文旅街：抓住玉林东路《成都》话题的热度，植入与旅游契合的体验式业态。

美食街：做大知名"苍蝇馆子"聚集地，做强"玉林美食品牌街"城市名片。

● 玉林街

玉林街现有街道的人行道较宽，适合布置外摆桌椅。更新设计提出"打开院子，共享生活"的策略，对可共享的院落空间进行重点设计，分四种类型弹性布置外摆设施，重新赋予对内和对外空间的使用权重；增加"口袋坝子"，丰富沿街商业氛围和公共活动。

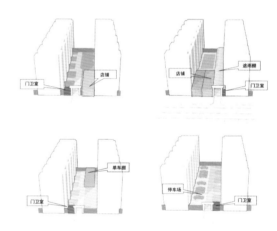

共享院落改造模式

● 玉林东路

玉林东路东起省体育馆，西连玉林网红"小酒馆"，一曲《成都》让玉林东路成为旅行打卡地。更新设计着力营造入口形象，强化"玉林文旅门户"形象，借助公共投资引导街道入口、铺装、街道家具和植物以及店面的标识、招牌、雨棚、地面铺装等的风貌设计与实施，吸引类似"小酒馆"的文旅主题网红店落户在关键节点，植入与旅游契合的体验式业态，聚拢人气，推动片区自发地、渐进式地进行业态更新。

● 玉林东街

玉林东路上遍布餐饮老店和网红美食店，是人民南路的客流进入玉林片区品尝美食的最佳主战场。更新设计引导沿街经营不佳的店铺腾挪置换，盘活闲置空间，在鼓励店铺保留特色风貌的同时，引导商家逐步提升就餐环境，带动设施和服务的自主更新，以吸引更多美食家集聚玉林，打造"玉林美食品牌街"。

沿街庭院铺子界面后退8米改造效果图

各具特色的主题文旅小店

保留本土特色的人民公社餐饮店

布置空中彩灯，营造街道氛围

设置玻璃雨棚，降低对居民的干扰

间隔提供自行车停车区域

铺设灰色铺装，嵌入文化元素

沿街摆放绿植花箱，烘托街道氛围

街道标准段环境设计

结合现有建筑打造文旅街形象入口标识景墙

现有军区招待所

规划人南主题商业建筑

植入成都文化麻将元素

更新现有军区商业用房为文创展示功能

人南大道

入口形象设计

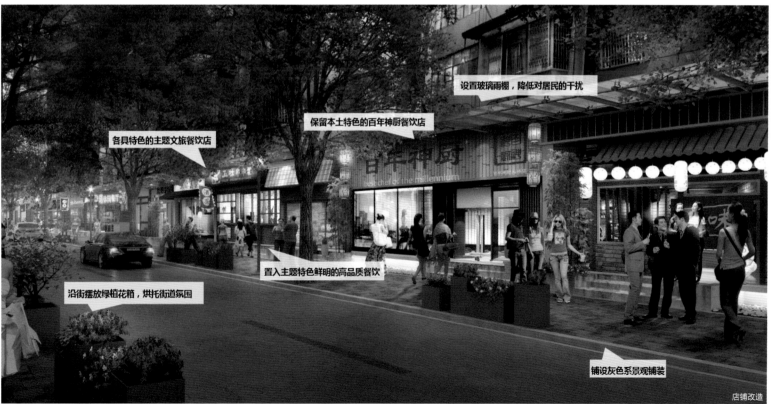

设置玻璃雨棚，降低对居民的干扰

保留本土特色的百年神厨餐饮店

各具特色的主题文旅餐饮店

置入主题特色鲜明的高品质餐饮

沿街摆放绿植花箱，烘托街道氛围

铺设灰色系景观铺装

店铺改造

2. 多姿多彩的巴适生活美学"九巷"

将传统的市井生活与文化创意相结合，深度挖掘玉林各条巷子的在地特色，延续巷子自身的天然禀赋，打造一巷一品的特色生活小巷。

● 麻将小巷

一巷紧临社区综合体，是人流汇集的空间，设计重点打造具有"走小巷，耍麻将"浓郁生活氛围的街头小巷。

● 睦邻小巷

三巷规划设计邻里活动中心，定期举办"邻里节"，重点设计标识、墙面和宣传栏。

● 文艺小巷

四巷是"爱转角"主题文创街区，是成都巴适生活场景的缩影，是成都"新社区、新商业、新经济"的文创街区样板，策划不定期的公益文化活动，丰富社区居民的精神文化生活。

● 花满小巷

上横巷具有花墙基础，设计沿用藤植、挂花美化墙体，增加温馨感。

● 林荫长巷

玉林西街绿树成荫，规划通过降低高差和合理画线的方式，增加停车位。

● 书信小巷

玉林横巷作为成都市首条书信文化街区已具雏形，规划将非主题业态逐步迁出，结合书信邮政场馆，定期举办主题市民活动。

● 菜市小巷

中横巷有烟火旺盛的社区级综合菜场，设计着力解决噪声扰民问题，借人气盘活地下人防设施。

● 丝管小巷

玉洁巷紧临院子文创园，规划为民谣音乐小天地。在巷口设计音乐主题雕塑，鼓励音乐酒吧入驻，带动乐器和声乐培训产业集聚于此。

● 家宿小巷

玉通巷环境静谧，军区围墙压迫感较强。规划打通玉林生活广场与音乐文创园间的巷道，美化墙体，鼓励居民发展民宿。

3. 孵育文化"聚落"

● 小四巷文创街区聚落

小四巷曾是某部电影的取景地，随着近几年社区陆续开展的"花开玉林"主题营造活动，已经成为人气打卡地。规划借助网红效应，利用社区闲置空间吸引社会力量参与文化创新，既可提升社区公共服务水平，又可强化街区创新活力，引领传统文化业态创新。

● 音乐文创街区聚落

目前入驻的"院子文化创意园"品牌已初具规模，为社区提供了公共活动场地，也开展了系列文创活动。在此基础上，规划利用玉林文化IP和"小酒馆"室内音乐会文化影响力，做强音乐文化主题，营造音乐主题商业内街，植入音乐主题消费业态，并积极筹划演唱会、音乐沙龙等节事活动，强化"玉林音乐节"的品牌。曾经只售卖乐器的玉洁巷，也可以参与到音乐主题创新中并渐进式地更新业态。

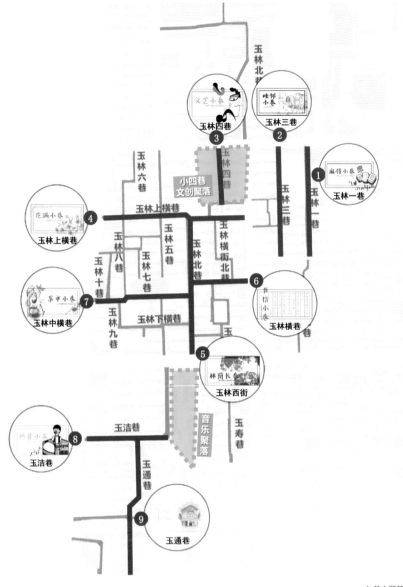

九巷主题策划

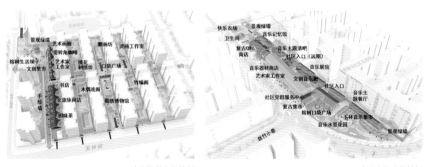

文创聚落主题策划   音乐文化主题策划

特色街道节点改造

口袋坝子节点改造

城市群精明成长

33 厦门轴带式成长的倡议
厦门翔安新城概念规划设计 2005

20世纪90年代末，厦门进入快速发展阶段，城市增量已突破厦门岛，以圈层式的形态向岛外扩展。厦门岛北面的集美区、东面的海沧区均已依据总体规划迅速发展成形。但东北方向的翔安区，虽然总规已确定将其全面纳入开发地区，但实际上因为交通条件尚未成熟，城镇化进度相对滞后，仍存在大量农村和农业用地。

翔安区生态环境良好，陆地上的农业用地中种植了高价值的农作物，沿岸的海域布设产品销往国际的高价值的海产养殖田。翔安与厦门岛间的海峡更是国家一级保护动物中华白海豚的栖息地。

基于土地财政及经济发展形势的需要，厦门政府开始考虑开启城市东向发展的篇章。

■ 促进翔安精明成长的建言

本项目邀请到国际知名的城市设计学者巴奈特先生，针对厦门的东向发展提出建设性的指导意见。建言的重点围绕精明成长的原则，聚焦功能布局和空间结构的两个主要方面。

1. 将翔安港的货运功能迁移至漳州海域

为了保护中华白海豚的栖息环境，并避免频繁的货运港油污对高价值海产养殖造成影响，建议将翔安货运港迁移至设港条件良好、能扩大运营规模的漳州海岸沿线，同时与海沧港的陆上出港货运系统进行整合，避免出港货运交通与城市发展的潜在矛盾。

可以将翔安港转型为休闲渡轮港，强化翔安与厦门岛、金门岛海上客流的衔接。

2. 高强度公交导向的轴带型集约发展模式

配合翔安与厦门岛间轨道城市运输的建设，将未来翔安的城市发展用地集中设置在轨道路线的两侧，形成高强度的发展轴带，并衔接晋江和泉州。

规划建议的发展模式虽然大幅降低了建设用地的总量，但高强度的轴带发展与原先总体规划的建筑总量和人口总量均保持一致，且具备下列突出优势：

– 大幅降低开发成本，且不影响政府土地财政的收益；

– 有利于地方生态环境的保育、高价值农业产值的维系；

– 大幅提升轨道运输的运量及效益，也同时提升整个地区的城市运行效率。

20世纪90年代末建设开发情况

21世纪初土地利用规划

城市群精明成长

轴带型集约发展模式

农业缓冲区

游憩公园

中央公园

社区公园

N

0 500 1000 2000 2500 米

开放空间

■ 翔安轴带精明发展的设计原则

a. 保留南美溪生态走廊，形成地区中央公园。

b. 发展轴带的宽度保持在1000米内，以利于形成鼓励慢行、提升公交运行效率的发展形态。

c. 除中央公园两侧开发用地外，尽量将所有开发建设用地集中在轨道线路两侧500米的步行范围内。

d. 发展接驳公交、串联中央公园两侧的用地。

e. 轨道交通城市中心地区每1000米设置1个车站，其他地段每2500米左右设置1个车站，使车站附近的土地变得更有价值，并确保轴带中的居民步行5~10分钟可抵达车站。

f. 地铁建设带动沿线土地进行较高强度的混合开发，站点周边土地则应尽可能更集约，发挥其最大价值和潜力，进而形成多元的地区级就业中心。

g. 距车站500米以内的住宅用地，应采用高密度的、较高强度的中低层住宅形态发展。距车站500米外的住宅用地，可采用较低强度的低层建筑形态发展。

h. 在高密度地区，车站可以与综合体建筑整体进行高强度的整合开发。在较低密度地区，轨道站点可以与公园相结合，并以公园为起点，通过连续的公共开放空间体系与毗邻发展轴的生态通廊相连通，最终融入郊野生态空间。

低密度住宅用地

高密度住宅用地

混合用途用地

商业用地

公共服务用地

商务办公用地

滨水地区

自然保护区

公共绿地

N

0 500 1000 2000 2500 米

用地规划

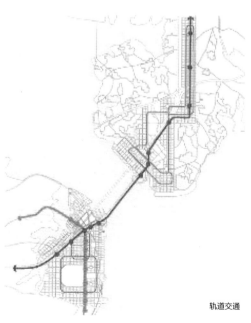

轨道交通

34 奠定生态文明城市山水格局

厦门总体城市发展规划 2014

为响应国家"大力推进生态文明建设""绿水青山就是金山银山"的号召，厦门市委市政府开展"美丽厦门"大建设：推进跨岛发展，加快城市、产业转型，建成展现中国梦的样板城市。

本项目作为美丽厦门大山海城市战略的一环，梳理了整个城市山水空间脉络，奠定总体可持续发展的生态基底，构建城市群落精明成长的控制模式，以对后续国土空间规划进行指导。总体规划研究旨在确定以下六个基本结构性共识。

1. 山海交融的宏观地理结构

厦门坐北面南、背山向海、山海交融的大地理结构，赋予厦门不同于福建其他城市的山水格局，奠定了厦门面向海洋外向型空间的发展态势。

本研究以我国传统人文地理与人居环境观探源城市空间历史脉络，把握我国山水地灵文化认知。

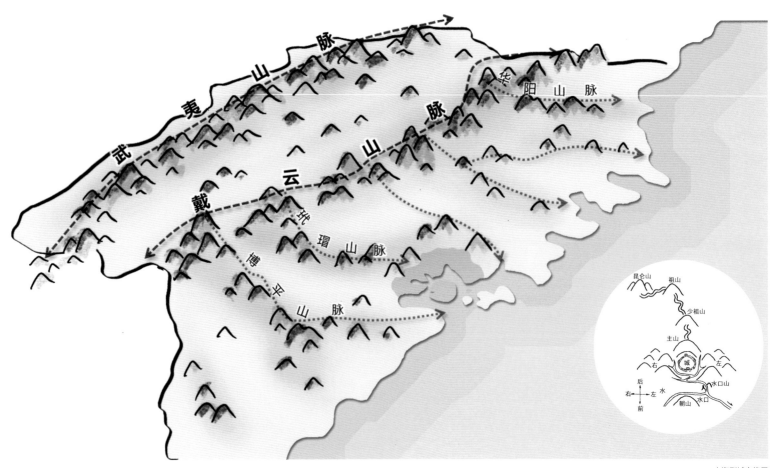

山海型城市格局

城市群精明成长

2. 溪湾纵横的中观地形特质

山环水抱、溪湾纵横、藏风纳气的地形格局特质，造就了厦门山、海、城间丰富的空间交融变化与生态的多元性，并保有全年舒适的城市气候环境。项目应用生态环境分析，针对区域山水生态基底进行要素评价，借以确认城市"三生"空间协调发展的关系。透过城市设计方法，进一步对相关的城市结构、景观视廊、特色节点与城市天际线等议题进行优化指引，构建城市群落精明成长的控制模式。

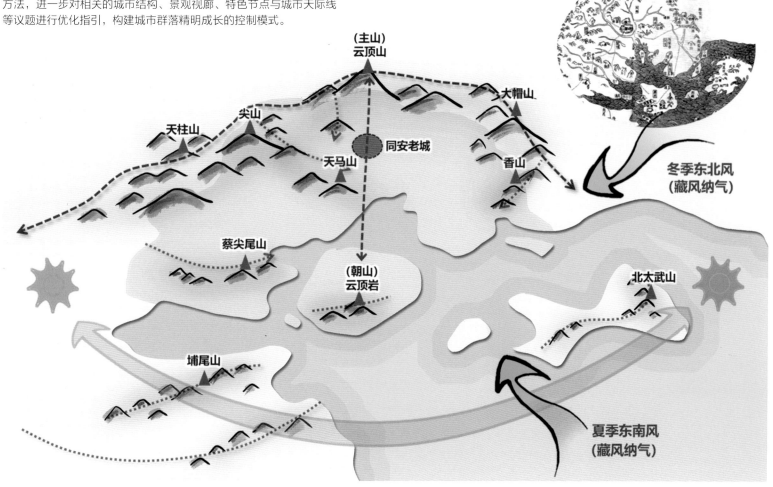

厦门山水气候条件

3. 生态廊道界定发展边界

解构厦门总体山水的生态纹理组成，理解不同空间要素所扮演的不同生态基底功能。自然纹理元素相互串联构成的山水网络，将形塑厦门主要的山海互通的生态廊道，是须被严格管控保护的限制建设地区。除生态廊道以外的区域是厦门未来发展的潜在区域。

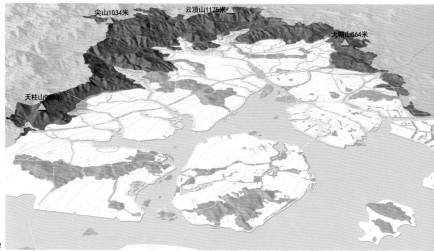

北侧山体界定城市边界

总体发展分区

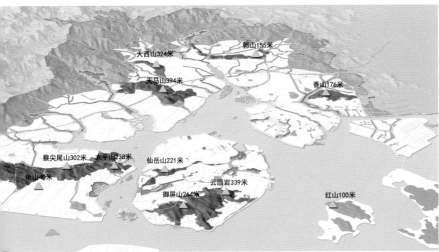

山丘溪湾生成主要生态廊道

4. 三生相融的城市空间

通过对组团化的微地理空间结构进行功能分类，明确界定城市生态用地、生产用地与生活用地的区位与范围，确保能在城市各片区中处处显露山海绿意，使产城融合、三生相融，最终形成山水相融、城景相依的海湾型城市。

"三生"空间结构布局

5. 城市群中心结构指引

依据规划中的大嶝岛新机场的建设和老机场的迁移，依据未来综合交通枢纽布局，重塑岛内外各城市中心体系，强化各中心间视觉的互动性及结构化城市开发空间的整体认知，拓展形成"一岛一带多中心"的跨岛发展空间结构。

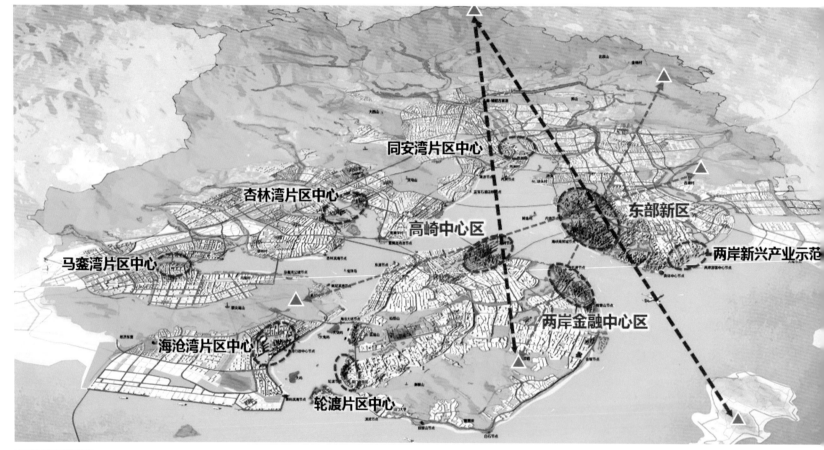

同安湾片区中心

杏林湾片区中心

高崎中心区

东部新区

两岸新兴产业示范

马銮湾片区中心

两岸金融中心区

海沧湾片区中心

轮渡片区中心

片区发展中心结构分析

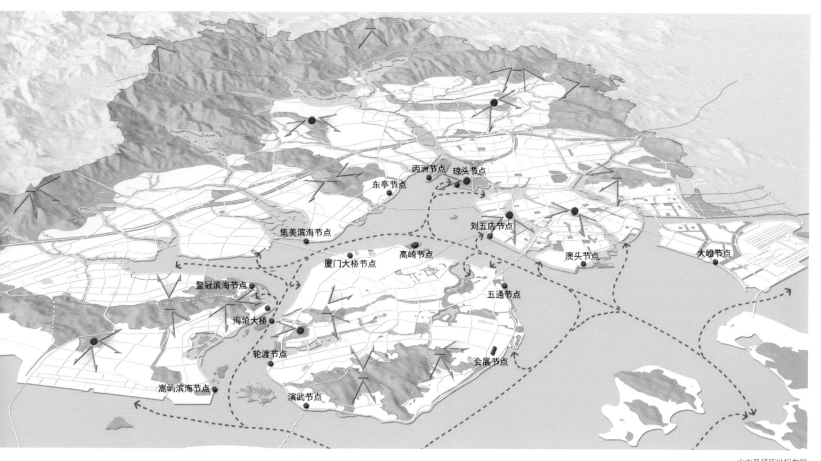

山水及场所地标布局

丙洲节点　琼头节点
东亭节点
集美滨海节点　刘五店节点
高崎节点　澳头节点　大嶝节点
厦门大桥节点
鳌冠滨海节点　五通节点
海沧大桥
轮渡节点
会展节点
嵩屿滨海节点
演武节点

厦门优质自然人文旅游资源（组图）

6. 集约高效的环湾形态

依用地区位性质与距生态景观敏感区的远近因素，控制环湾城市群区域的平均建筑高度。利用超高层及地标性摩天楼，强化城市中心区及环湾各核心地带的天际线变化，确保城市主要的视觉走廊被保留及山体可视性被维护。

公共交通走廊重要节点的周边将形成一批功能多样的"城市综合体"，实现集约、紧凑的土地开发应用模式，形成精明成长的"绿色城市"建设格局。

开发强度意象

城市东部市级中心鸟瞰图

35 浦江第一湾·江海运河城

上海奉贤新城概念规划 2021

奉贤地处上海中心城区正南30千米，对奉贤新城的战略思考必须放到上海空间规划的全局中，战场选择错误，即使局部成功也会导致全局失败。因此，这一阶段奉贤新城规划的首要目标，就是识别发展的战略方向与区域。

■ 上海：从圈层转向轴带

凡是成功的世界级城市群，其内核一定是由高效连接的城市轴带构成的，集成世界级的港口、机场、高铁、高速路、金融服务、教育科研、制造中心、消费中心和国际接口（国际组织、领事馆、大公司）。

凡是毗邻三条黄金轴线的企业，相对远离轴线的企业更具有成本和市场优势。沿轴线的高价值基础设施也更容易实现财务平衡。

■ 不谋全局者，不足以谋一域

1. 上海—杭州湾新轴线

对比我国三大城市群，珠江西岸的广州—澳门第二轴线正在形成，京津冀也在发展雄安方向的第二条区域轴线。

依据上海"十四五"规划，最适合奉贤新城的空间战略就是抢先一步连接上海中心城区与杭州湾，以获得区域轴线的竞争先机。

2. 大上海的南大门

如果说长江是大道，黄浦江是小巷，那海洋就是上海的正门。

奉贤的空间战略目标是通过打通面海新轴线，与南汇、金山共同组成"南上海"地区。

"南上海"完成后，大上海的总人口将至少翻一番，上海将成为与东京、首尔比肩的东亚大城，和上海—苏州、上海—杭州两大区域轴线一起形成世界级的城市连绵带。

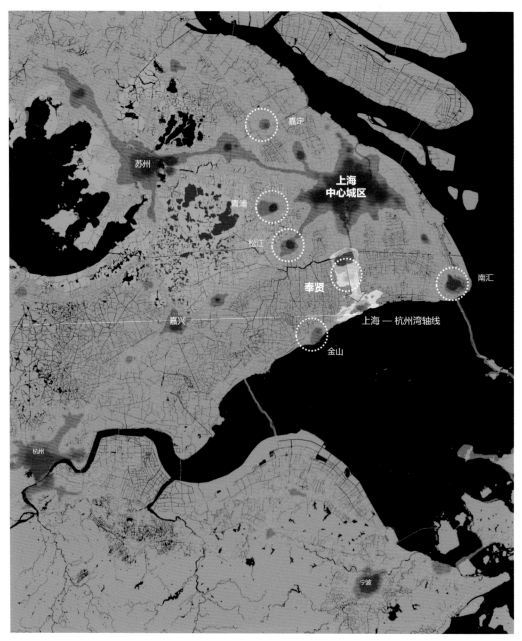

项目区位

城市群精明成长

● 规避上海直接向南的发展风险

上海临杭州湾区域的土地储备丰富，拥有极大的发展潜力，现阶段跳跃式地只发展临港新城的势头不足，距离上海中心城区30千米的奉贤，无疑是中间接继点的最合适选择。

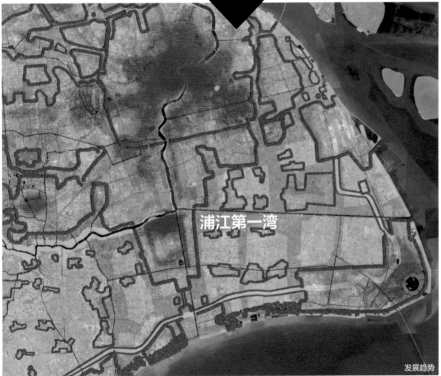

浦江第一湾

发展趋势

● 上海欲向南，奉贤先向北

只有构筑完上海—奉贤的战略轴线，才能调头南下。如果在这一阶段选择了错误的战略方向，不仅不能实现上海南下的战略目标，还会孤军深入，导致严重的后果。转变中心城区外拓的发展思路，从向心圈层模式转向辐射轴带模式。

调整宏观层面对奉贤最重要的制约——横亘在奉贤和主城间的绿化带，使奉贤城区得以北扩临江。在此思路下，上海的生态绿地系统格局应随之转变，不应再对主城和卫星城进行隔离，而是以楔形绿地的形式切入不同的轴带之间。

3. 南外滩：上海市级新战略

上海应将"南外滩"开发视为全市级战略，引导部分市级功能及就业中心迁移至此，使"南外滩"与现有奉贤城区，共同构成百万人口的高能核心发展极，形成与上海母城分工协助的另一城市重要组团。

"南外滩"的定位为生命科技创新滨江区，以尊重基地水脉的窄路密网，搭配创新的土地细分及出让模式，弹性满足所有潜在入驻企业的实际需求，以灵活应对市场变化，满足多种更新方式。通过多条地铁线和其他快速轨道线打造东西向快轨商务走廊，在与15号线交会处形塑滨江主中心，往北可快速抵达中心城区重要节点以及虹桥和浦东两大机场枢纽。

运用滨江水岸及工业遗产资源，将沿江地段精心营造为面向全球的新外滩。抬升沿江地块的高程划设楔形绿园，使前后排联动发展，丰富体量变化，打造光影变幻、令人一见难忘的城市名片。

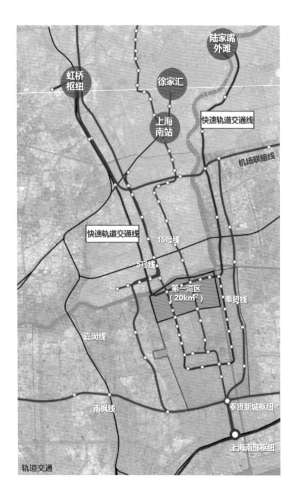

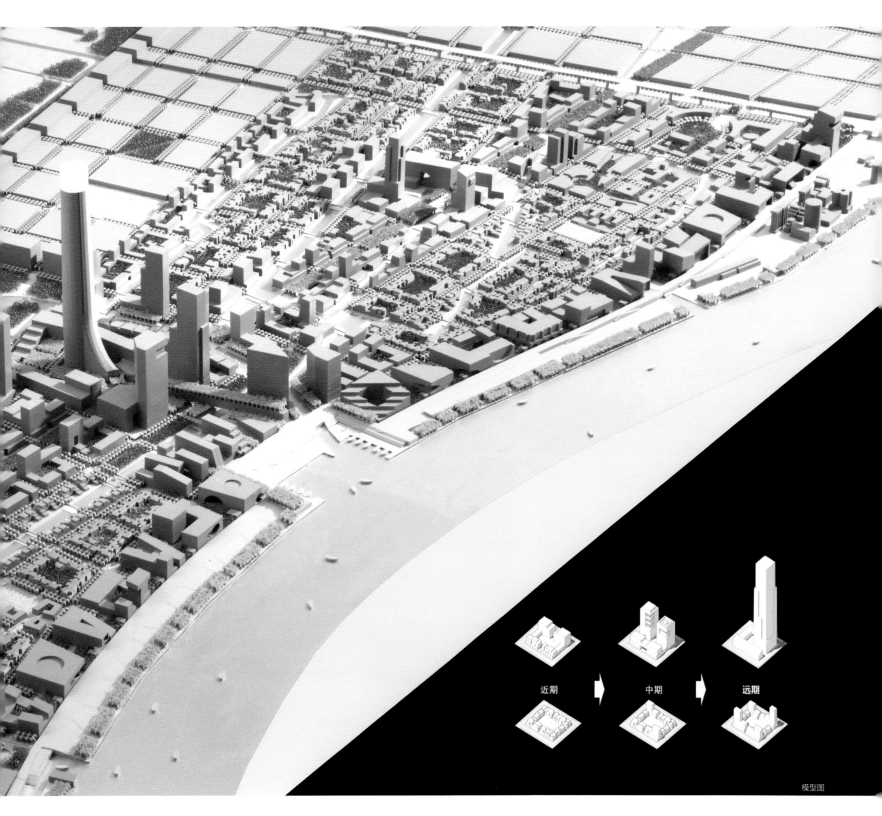

近期 ➡ 中期 ➡ 远期

模型图

4. 北城南湾的总体格局

明确区域的轴带发展战略后，奉贤的总体格局也随之调整，呈现出通江达海、江海连景的优势。

北城是面积为120平方千米"拥江发展"的第一湾区，世界瞩目的东方美谷；南湾是面积为15平方千米江海名城的延伸，大学文旅的战略预留地。

自北而南迎面展开的第一湾区是奉贤面向世界的窗口，是与美国奥克兰使命湾（Mission Bay）相媲美的全球生命科技创新区，和北城南湾共同构成"江海运河城"的愿景意象。

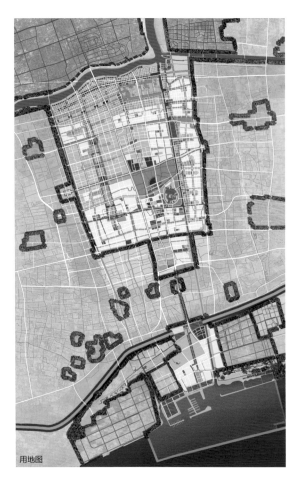

用地图

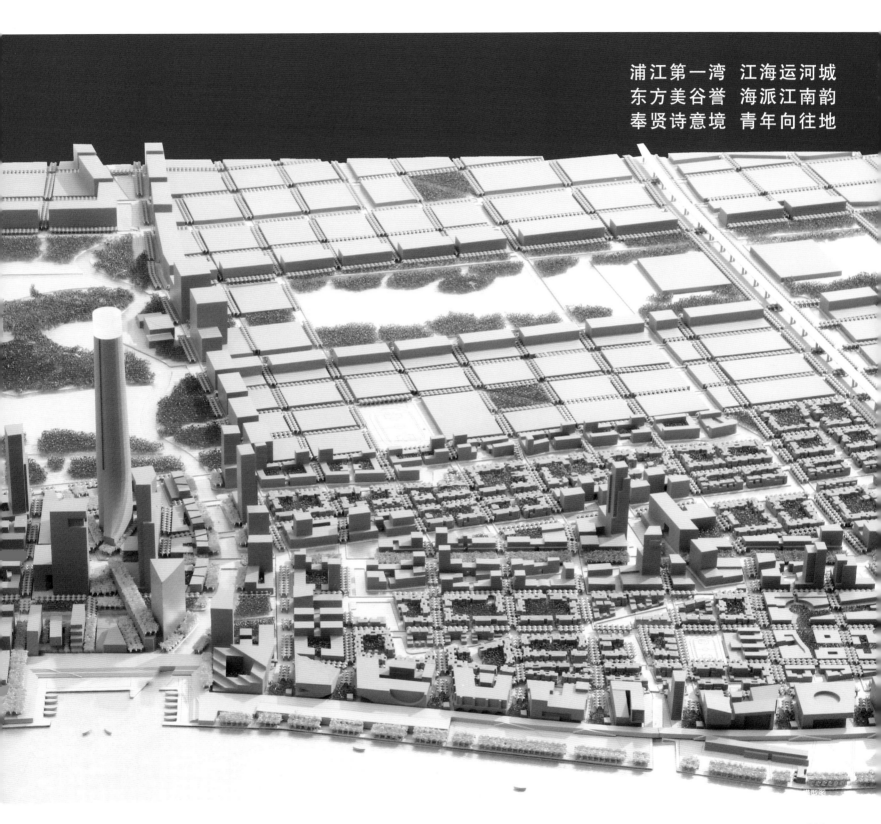

浦江第一湾　江海运河城
东方美谷誉　海派江南韵
奉贤诗意境　青年向往地

● "翡翠城郭"与"创新十字"两大空间构想

用密林、田园塑造令人记忆深刻的公园新城城市边际。

发展东方美谷大道与望园路两条创新主轴，使之成为创新之城的新的风景线。

● 由十字水街到蓝色水环

将第一湾与金汇港多条运河相连，形成最具识别性的"江海运河城"的"蓝色项链"。

● 从九宫格到多重九宫格

尊重基地水脉的窄路密网骨架，创新土地细分及出让模式，以利于弹性满足所有潜在入驻企业的需求，并可灵活应对市场变化的有机更新。

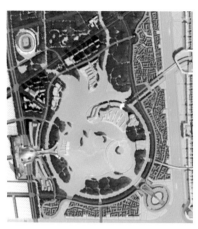

"上海之鱼"

5. "上海之鱼"与森林公园

上位规划中的"上海之鱼"（奉贤新城金海湖）是接待外宾，使外宾认识现代奉贤的中央客厅。

"上海之鱼"片区北临广袤的中央森林公园，规划置换部分开发用地与公园用地，以强化两者之间的衔接。环湖既有的商务与文化建筑相对孤立，应整合形成环湖中央活力区，于置换后的开发用地上建立小尺度、紧凑型的"魅力水乡旅游带"。整合被大路分割的TOD地块，营造商街直通湖滨码头，形成水陆联运系统，激活"祥云门户"的开发动能。以明确的滨湖界面与立体交通廊道，串联西大门，激发活力，最大程度地提升开发价值。

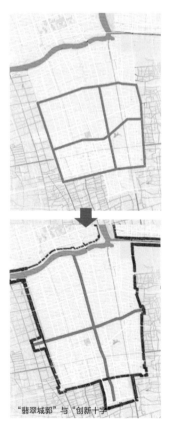

"翡翠城郭"与"创新十字"

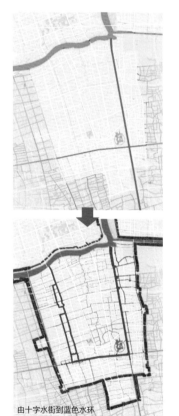

由十字水街到蓝色水环

从九宫格到多重九宫格

"上海之鱼"模型图

6. 国际智慧社区

本次规划于中央客厅东侧新老金汇港之间建立清晰有力的"立体绿垣蓝港界",依托快速轨道交通,形成零通勤、短通勤、快通勤的未来运河城国际城市智慧社区。

金汇港公园旁的 "立体绿垣蓝港界"以大气的绿坡对接滨港开放空间,并有机嵌入亲切的多功能建筑,增添滨港公园的活力及特色。连绵大气的绿垣顶也是远眺森林湖景、水乡小镇的高线公园。

通过疏通微曲折的老金汇港,打造人性尺度的灵动水系,利用快轨桥下空间打造创新商业,形成尺度亲切的特色活力水街。

借助四个规划建设中的地铁站点,打造应用无人驾驶公交、智慧水运先进科技的活力转乘中心。提高站点周边发展强度及复合度,形成TOD就业节点及魅力生活带。四个社区单元均采用窄路密网的开放街区模式,强化各社区核心空间的混合性、多元性以及具备辨识度的形态特色,四围则以生态绿林明确社区边际。

国际智慧社区剖面图

国际智慧社区模型图

7. 运河岛产城融合服务带

依托南横泾及规划水网，形成"双运河"水网体系，打造具有水乡脉络、产城融合的新运河岛，以具辨识性的特色空间形态带动两侧园区产业及老城的更新活化。

沿现有沪杭公路及5号线轨道路廊，以平均1.5千米的间隔设TOD站点，形成奉贤新城的产城融合服务带。

分段逐步构筑新运河，形成带动江海园区转型的魅力服务轴带；规划选取南桥老城更新地区与江海园区产业更新的叠加地段作为新运河岛的样板区，于策略上先南后北、以双运河促进城市更新的滚动式推进。

产城融合服务带位置示意图

运河岛产城融合服务带

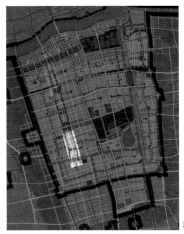

新运河岛位置示意图

8. 南桥源畔新运河岛

结合现有浦南运河的水网基础，与南横泾形成"双运河"水网，塑造具备水乡诗意特征的新运河岛地区。

以保留有价值的历史文化要素和工业遗存为原则，改善环境，注入新业态，激发城市活力，促进二严寺、老奉贤机械厂与南桥源历史文化地区的再发展动能。

依托动能，运用十字空间结构，将滨江工业遗存改造为码头创意生活坊；提升南桥源鼎峰创意园的产业能级；延伸天主教堂文化广场的人气活力；打造融文化、商业、体育、教育于一体的南桥书院。

将老沪杭公路转化为生活型林荫大街，北连由机械厂改造的创意生活坊，往南串联老城人民路商街和天主教堂，形成空间有序、活力丰富的多彩人文景观轴。

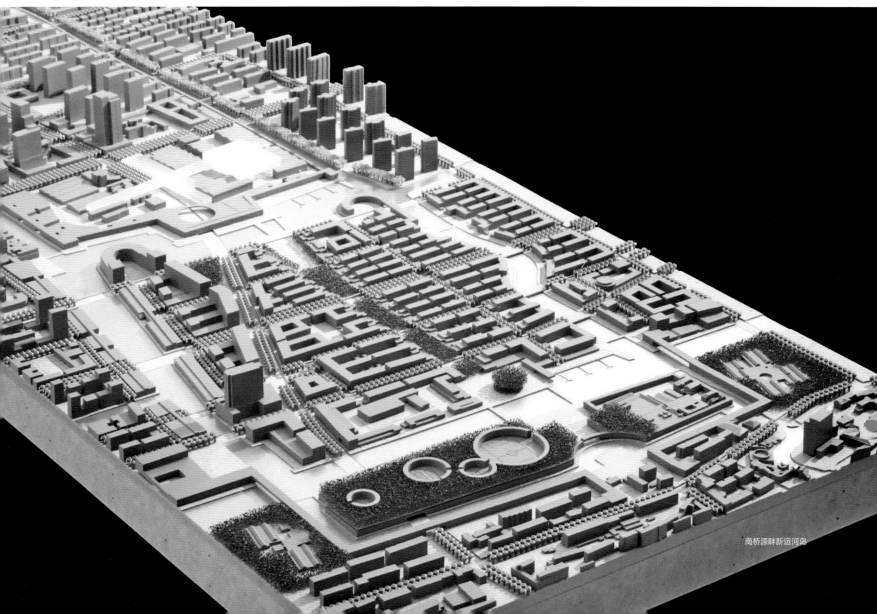

南桥源畔新运河岛

大庇天下的新住宅文明倡议实践

36 ## 大庇天下公租房建设的探索
北京通州区马驹桥镇集体土地租赁住房项目 2021

2021年中央经济工作会议和2022年政府工作报告均明确指出"坚持房子是用来住的、不是用来炒的"定位，并同时提到，要"探索新的发展模式，坚持租购并举，加快发展长租房市场，推进保障性住房建设，支持商品房市场更好满足购房者的合理住房需求"。

马驹桥镇集体土地租赁住房项目，采用镇政府与地方开发公司合作的方式，创新利用镇集体建设用地（绿隔产业用地），建设"集体租赁房+集体共产房+科技人才公寓+市民农庄"的住房租赁系统，改善周边产业园区职住平衡的现象。

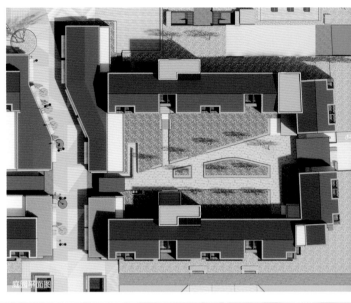

庭院平面图

整体鸟瞰图

庭院鸟瞰图

1. 适用于我国国情的开放街区空间布局

所有住宅均以围合街廓的形态布设。每个围合街廓的内院均由两排南北坐向的住宅及部分东西坐向的住宅构成"正空间"，以形成强烈的院落领域感。

每一个围合街廓就是一个安保合院。安保合院只属于本院落的居民，对不居住于本院落的居民是不开放的，每一个安保合院通过电子门禁系统实施安保管控。每个围合院落均设置一主一副两个院落入口，以满足居民实际的隐私需求及必要的紧急逃生需求。安保街廓的外立面以实墙洞窗为主题，且不同朝向均有应对日照、风雨等的相应设计。

总平面图

街头小广场

2. 打破道路红线，水平整合不同专业，探索"街道空间一体化设计"的路径与方式

和谐而温暖的城市一定具备容纳多元街道活动的环境，街道是城市活力最为直接的展示窗。具有人性化的街道环境不适合以垂直分工方式进行设计，需打破红线进行一体化的整合设计。

创新定义街道公共空间：以人的使用为主，容纳人与人见面、聚集、交往等公共活动的线性正空间，兼顾低速车行的交通功能，弥补传统规划公共空间层次的缺失。街道设计遵循"慢行优先，车行为次"的原则。

南北向地址性宅道

东西向生活性宅道

3. 探索园林与市政、地上与地下一体化设计

邻里公园应紧密结合幼儿园、服务中心、邻里商业等配套设施，合力构成开放街区中实际意义上的邻里中心。邻里公园的设计理念也应面向未来，积极融合先进的可持续发展技术。

结合清洁能源结构设施（天然气锅炉房）进行景观设计，鼓励合理利用绿地地下部分，涉及影响原有园林指标的情况，如突出地面的设施所侵占的公园面积，可通过立体设计增加绿化面积，对绿地空间的生态效益作出等价补偿。

邻里公园

邻里公园夏景

邻里公园冬景

4. 承传北京传统建筑语汇，运用色彩探索围合街廊的建筑表情

老北京合院外围以北京特有的大气、厚重、沉稳的灰色调为主，合院入口运用引人注目的高彩色调点缀街景。内院运用丰富多彩的中国风配色，营造四季温馨的生活氛围。

设计力求承传北京传统建筑色彩，采用内外有别的围合住宅建筑语汇，外围采用"沉稳大方"的灰色调，院内采用"温馨恬静"的彩色调。

建筑合院内外立面效果图

沉稳大方的沿街立面

温馨恬静的围合内院

5. 为居民建立归属感，探索"高辨识度住宅院落景观"设计

配合各个院子的形状、色彩、建筑出入口，形成院落内部的景观肌理结构，为居民提供充满绿意、宁静温馨的生活环境。各个院落均具备清晰的空间形象，为本院落居民建立归属感。

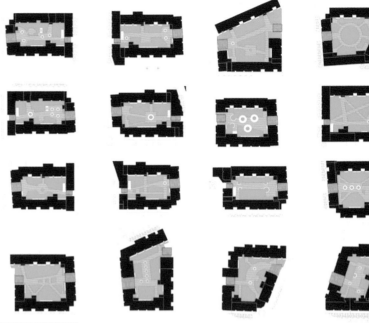

不同围合形式的院落原型

黄院子

橙院子

绿院子

蓝院子

辨识度高的住宅院落景观（组图）

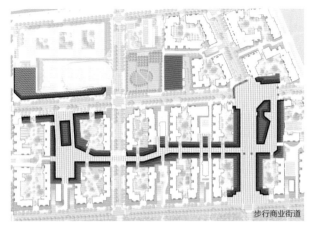

步行商业街道

6. 探索开放街区内的步行商街设计，再现老北京胡同空间的人性尺度与活力

将尺度宜人、曲折有致的步行商业街道布置于地块内，以聚合人气，营造浓厚的商业氛围。商街空间转折变化，局部放宽形成商业广场，容纳多元的社区活动。不同的商街空间各具特色，是人人熟知的约会地点，可吸引北京高活力的年轻群体。

商街上的小广场效果图

商街外摆空间效果图

7. 透过装配式、模块化技术，探索"全生命周期住宅产品"的弹性方案设计

对住宅产品的设计不仅满足了近中期相对明确的客群多元需求，同时还兼顾了长远期可能发生结构性变化的家庭需求。住宅设计采用装配式、模块化的设计逻辑，保留可拆改的最大弹性，使之具备小户型与大户型灵活改造的弹性。

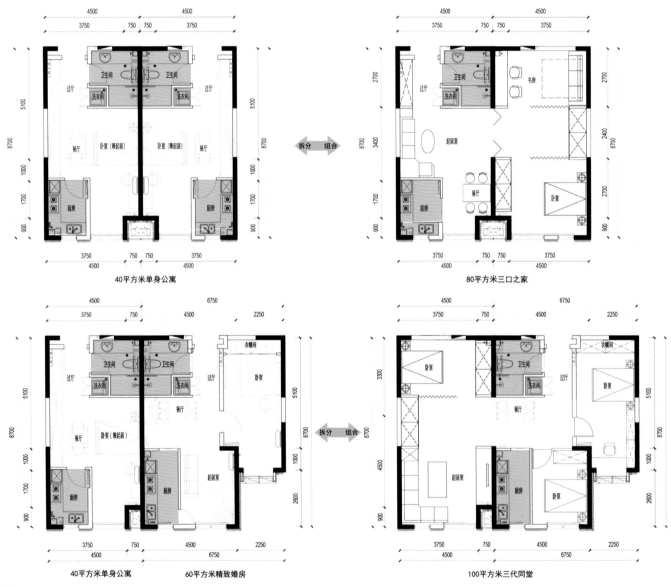

40平方米单身公寓

80平方米三口之家

40平方米单身公寓　　60平方米精致婚房

100平方米三代同堂

户型的灵活变化

保持柱网轴线不变，透过局部拆改非承重墙，保持小户型可合并成大户型的弹性

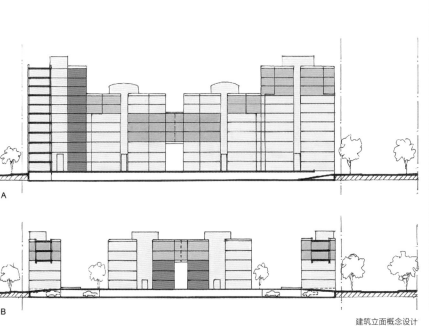

A

B

建筑立面概念设计

住宅组团模型图

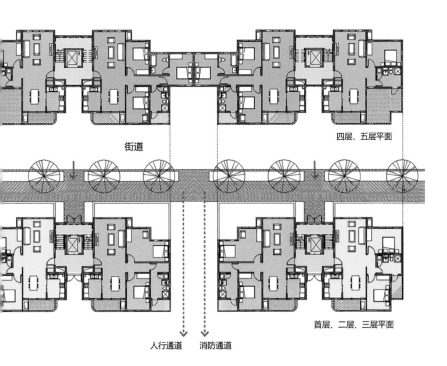

街道

四层、五层平面

人行通道 消防通道

首层、二层、三层平面

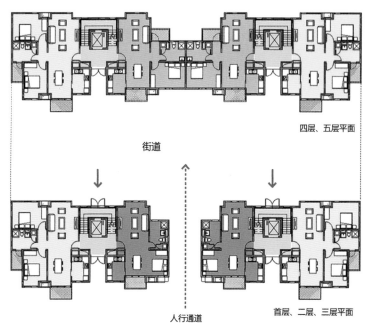

街道

四层、五层平面

人行通道

首层、二层、三层平面

住宅平面设计

保持住宅主体轮廓不变，透过增减上下层的局部房间，产生多元的产品及立面风貌变化

第五章

谱公共空间舞姿，思中国营城文化复兴之路

本章精选了华汇近20年来的29项规划设计成果，以最能纯粹表达城市空间结构的建筑图底关系图，辅以显现建筑体量的模型照片，记录华汇对城市公共空间舞姿的探索历程。我们的探索看似随机随缘，但每一次都有意尝试改变，哪怕十分微小的契机，也希望通过努力探索作出一丝丝前所未有的突破。

聚焦公共空间舞姿的缘由

华汇自2004年成立城市设计部门以来，承接的每个项目几乎都有独特的诉求，需要在产业策划上、空间结构上、肌理意象上、执行机制上找出独特的解决方案。针对所有的项目，我们都在思考项目应如何避免出现本书关注的三种大城市病，试图找出造成城市失根、失能、失态的病因，尽心尽力为项目所在的城市或地区找出一条健康的发展之路。

近20年来，我们不断积累经验，深刻感悟到：

a. 产业策划对城市发展规划固然重要，但策划必须随着市场的发展随时调整，随着项目的成长不断更新。在某些项目中，产业策划是政府招商的主题，甚至决定着规划项目的启动和成败，但它绝对不是城市设计的本质。过分专注于短期的策划，而忽视城市设计为长期发展所提供的空间品质的重要性，有舍本逐末的危险。

b. 执行机制的设计对项目推进的效率必然有重大的影响，但机制能否有效，取决于是否把对的人放在对的位置。机制设计是实现规划及设计愿景的支撑力量，但不是支撑城市设计的核心概念。

c. 虽然肌理意象是每个项目的城市设计都关注的焦点，但项目建成后实质可感的肌理意象效果则是由众多小项目中一点一滴的细节所呈现出来的。城市设计可以透过抽象的城市设计导则或指引，描述集体意象的特质，但导则无法完全取代设计师的才华及素养。虽然通常情况下，专业的设计师大都可以根据导则较容易地产生出适洽的意象，但也总会有特别杰出的设计师能够出人意料地突破"导则之名"，提出合乎"导则之道"的令人惊喜的意象。可见，仅有意象愿景或导则，却无足够多的"有才华又有整体大局观"的设计师来负责众多的子项目，即使有出色的项目导演，也很难保证项目的意象品质。

或许是出自城市设计专业的设计直觉，我们于早期就开始思考，应该在城市设计的工作中聚焦公共空间舞姿的塑造，以期：

– 礼赞个人以及集体悟出的地方地灵，形成突显城市空间结构特色的载体；
– 织谱时空活力连续的戏剧性场所序列，赋予场所兴旺城市生机的作用；
– 升华精明紧凑公交导向的低碳发展，让地域能逐步呈现出生态文明的境界。

我们深信：

能够承传地灵、织补城市连续性、符合精明营城原则、达到生态文明境界的"城市公共空间的诗意舞姿"，更贴近中国营城文化的复兴之路。

复兴中国营城文化的路径

能够承传地灵、织补城市连续性、符合精明营城原则、达到生态文明境界的"城市公共空间的诗意舞姿"，更贴近"中国营城文化的复兴之路"。

就目前观察到的情况，中国营城文化复兴存在两个主要的方式：

一是转化传统建筑或景观实体展现的文化符号，将其创意地、诗意地再运用于现代建筑景观实体设计上。

二是领悟传统建筑或景观虚体空间的意境，将其创意地、诗意地再运用于现代城市空间的虚体设计上。

许多大师级的设计师运用第一种方式，的确取得了非常好的效果。但由于现代建筑无论是在功能、尺度上，还是在建造的工艺上都与传统建筑有极大的出入，文化符号运用在一些地标建筑上或许容易产生令人信服的逻辑及惊艳的效果，但若强加在一般建筑及景观上，常常会适得其反。

因此，我们深信：

塑造能够承传传统城市空间场所意境的"现代诗意公共空间舞姿"，是复兴中国营城文化极具可行性和影响力且可被普及的探索路径，同时也是中国营城文化复兴必须面对的挑战。

推行开放街区的时代使命

是不是唯有运用开放街区的理念，才能够完成承传固有营城文化诗情的时代使命？

任何城市公共空间的舞姿，都要靠由建筑围塑的场所界面来表达。没有界墙，就没有空间场所。我国传统营城的空间场所，如院落、庭院、胡同、巷弄、大街、庙埕、瓮城、城池……都是由建筑的界墙所构成的。

在过去常见的超大地产小区内，建筑如同孤岛般地存在于无形的空间中，无法形成连续的城市场所空间，也就无法产生由场所空间所构成的公共空间序列舞姿，更谈不上在现代的公共空间舞姿中，显现能够承传传统空间场所意境的诗情。

在我国营城的历史中，里坊制是应对封建社会要求而产生的住宅邻里结构模式。里坊，用现代的语汇来说，它的确是封闭小区。里坊是我国营城文化的一部分，但自宋元时期，为了增加城市的商业机会，形成了由胡同或里弄构成的开放街区。因此，宋元之后的开放街区是在传统里坊的基础上，应对时代的需求，进化演变而成的住宅邻里结构模式。开放街区也是中国营城文化的一部分。

2016年，中共中央、国务院印发《关于进一步加强城市规划建设管理工作的若干意见》，明确提出新建住宅要推广街区制，原则上不再建设封闭住宅小区。树立"窄马路、密路网"的城市道路布局理念，建设快速路、主次干路和支路级配合理的道路网系统。

我们可以在开放街区中精准地设定街墙的位置，有效地控制开放空间的形态，开启形塑"公共空间诗意舞姿"的绝好契机。

探索公共空间舞姿的过程

2004	厦门会展中心北区
2004	天津原英法租界历史街区
2005	厦门翔安新城
2005	唐山机场新区
2007	天津滨海高新园区
2008	天津滨海新区于家堡金融区
2010	天津大学新校区
2011	东莞科技园
2012	舟山小干岛商务区
2012	宁波三江口片区
2014	石家庄正定新区
2015	苏州平江路街区
2016	天津滨海中部新城
2017	雄安新区
2018	雄安安新县城
2018	成都太平园片区
2018	成都武侯新城
2018	济南都市阳台
2018	秦皇岛西港片区
2018	天津蓟州高铁片区
2019	北京副中心保障房片区
2019	成都三国蜀汉城
2020	郑东中原科技城
2020	成都骑龙创新园
2020	成都天府奥体公园城
2021	莆田高铁新城
2021	宜宾西站南片区
2021	厦门同翔新城
2022	区域中心城市机场地区再发展

我们愿与志同道合的各界朋友们
一同探索适合人们现代生活方式、又具备承传我国传统空间韵味及意境的

2004
厦门会展中心北区

方圆相遇，生机盎然的空间舞姿

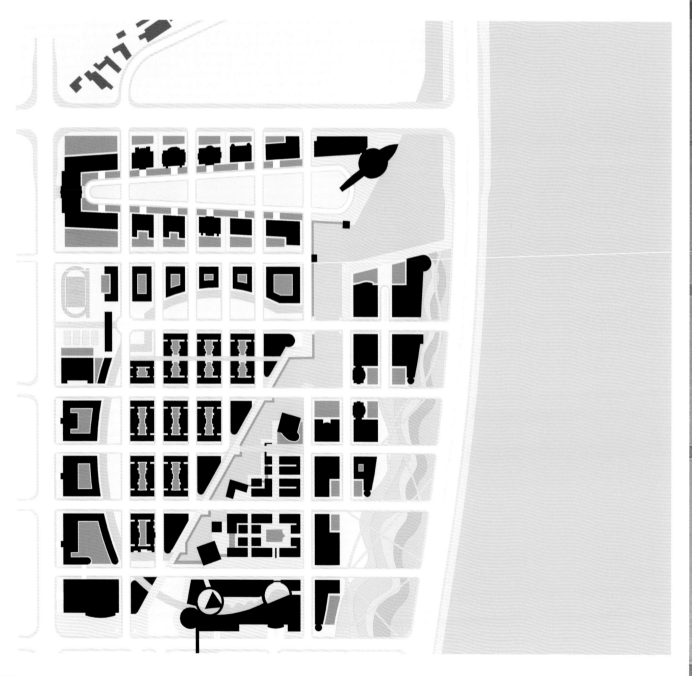

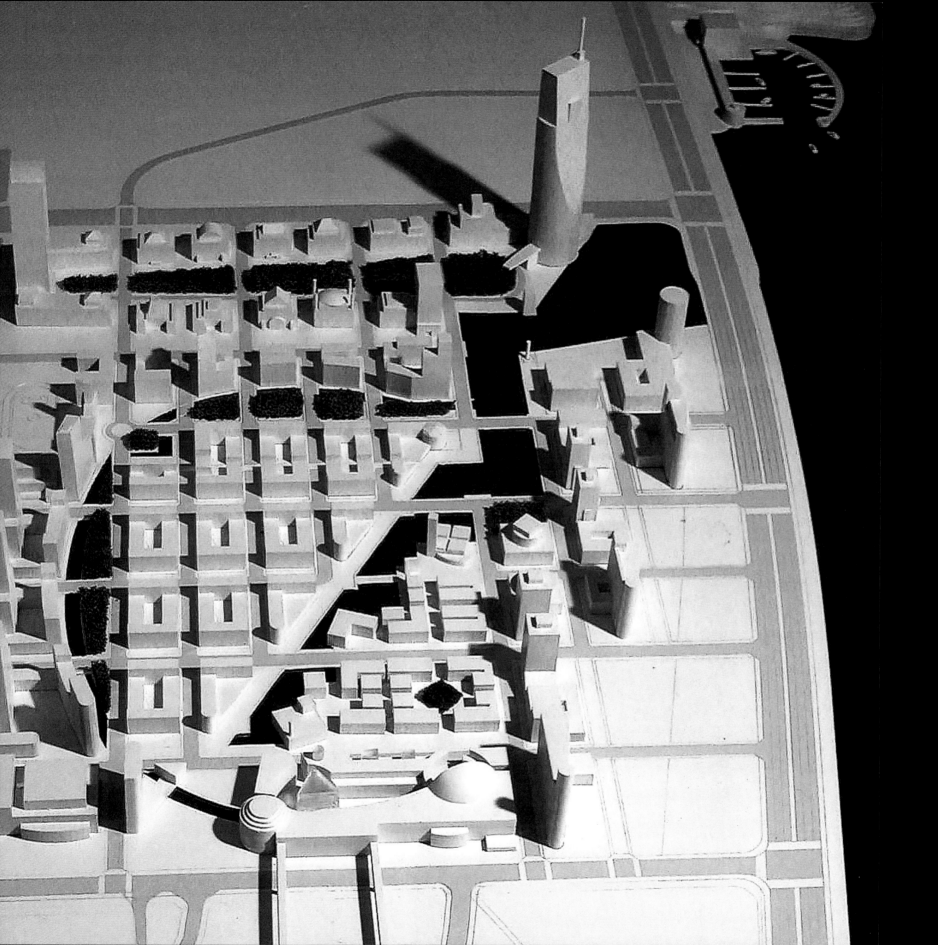

2004
天津原英法租界历史街区

**取消退线，强调街墙，
再现老城空间舞姿**

2005

厦门翔安新城

栋栋自有天地的新院落空间序列

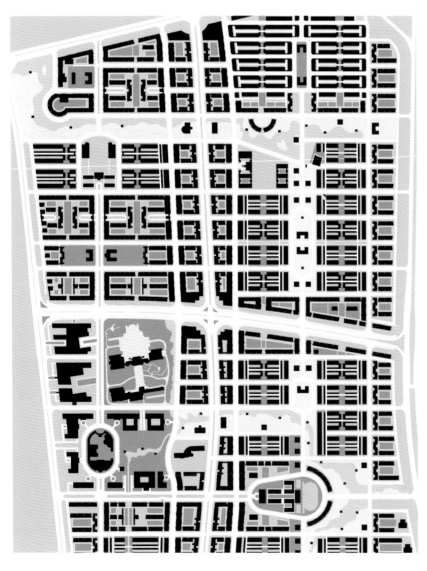

2005
唐山机场新区

延续机场记忆的
北方新里坊开放街区空间舞姿

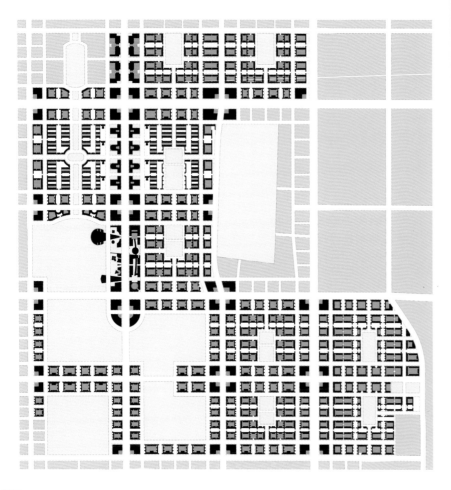

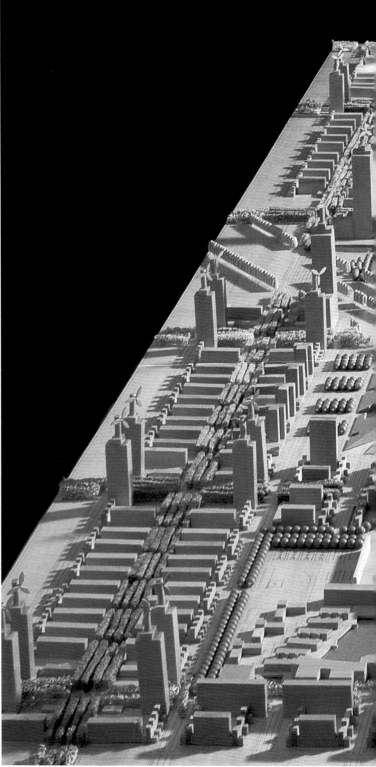

2007
天津滨海高新园区

以人货分流为骨架
为产业园区人车空间营造戏剧性空间舞姿

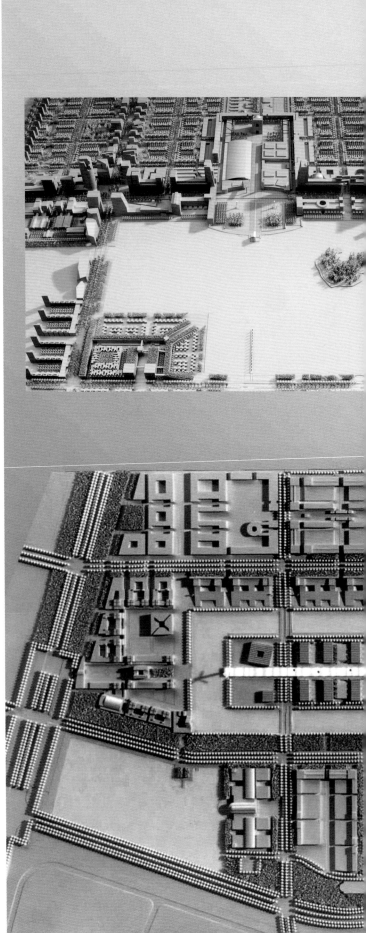

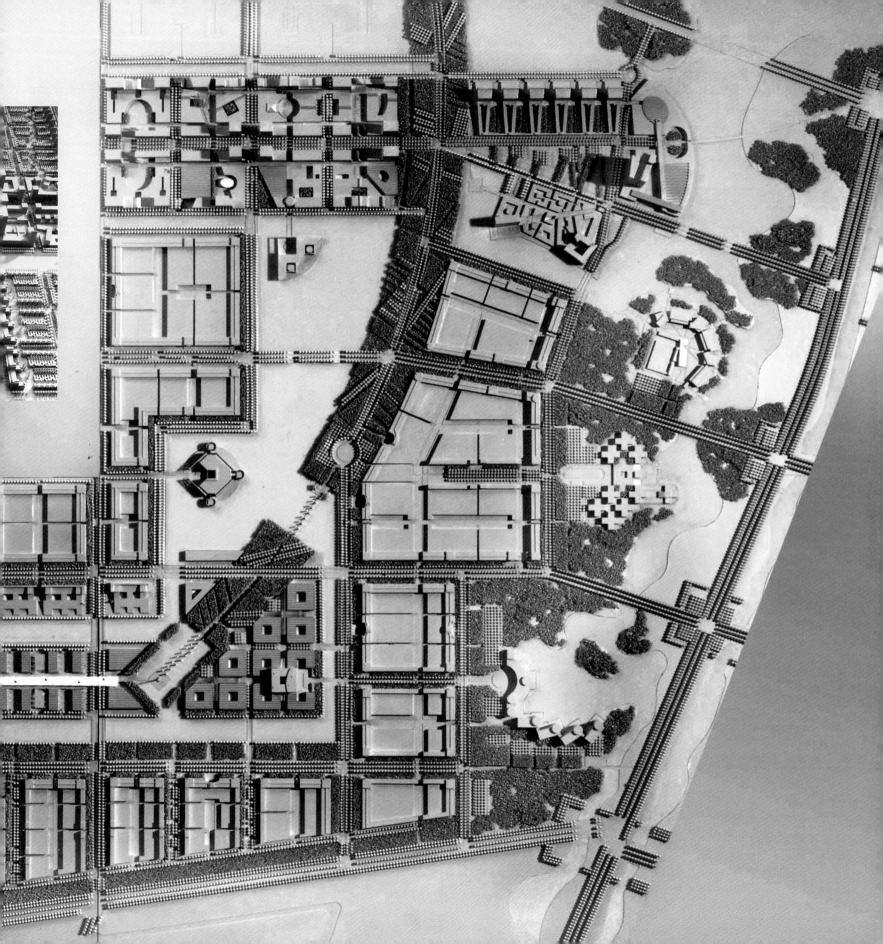

2008
天津滨海新区于家堡金融区

以四季如春的高铁枢纽为中心的
多层次立体通河街网空间舞姿

2010
天津大学新校区

以学生活动为中心
体现大学之道的一流学府空间舞姿

2011
东莞科技园

显山势，连河谷的
紧凑型产城融合空间序列

2012
舟山小干岛商务区

借狭长岛屿之独特地形
塑四面望海、虚实有序的
线形城市空间韵律

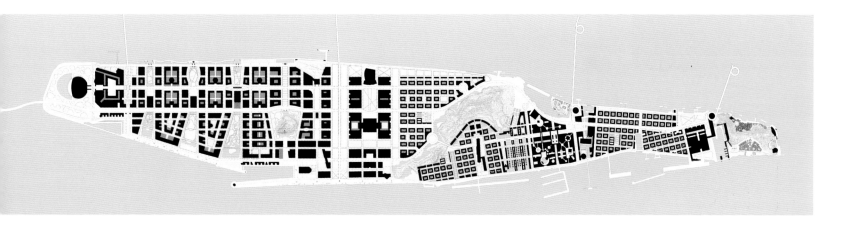

2012
宁波三江口片区

跨越三江，整体梳理三区街网，
形成中心城区三区合一的立体空间舞姿

2014

石家庄正定新区

在反映宇宙观地景的城市格网中，
运用公交导向的斜街丰富社区单元的空间结构

2015
苏州平江路街区

由游客共享"新园林"、曲折有致"新街道"、
立体通园"新胡同"、私密宁静"新院落"共同构成的
浪漫江南新城区空间序列

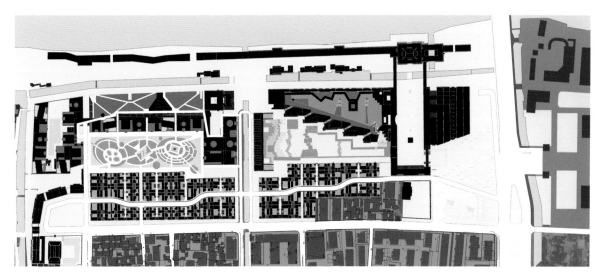

2016
天津滨海中部新城

承盐碱地赤沽特色
营条条胡同皆不同、
设超级自行车道的
北方滨海绿色新城空间舞姿

2017
雄安新区

依浓茂森林，朝田淀地景，
以凸显宇宙观地景特色的
清晰路网搭构骨架，
由净水生态廊道勾勒边界，
于九宫格街网内形塑肌理单元的
华北新城城市意象

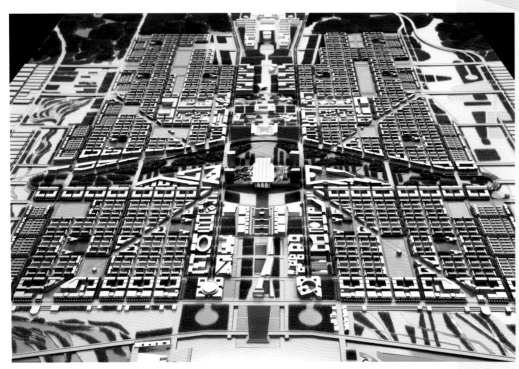

2018

雄安安新县城

于大气水平田淀地景之上，
以高耸树列为边际，
以新老十字主街为轴线，
构城田相交、城淀互融的
新城老镇共生共荣城乡舞姿

2018
成都太平园片区

构高线公园，缝"城市裂纹"的
串轨道站点与地区活力节点的立体公园
城市空间舞姿

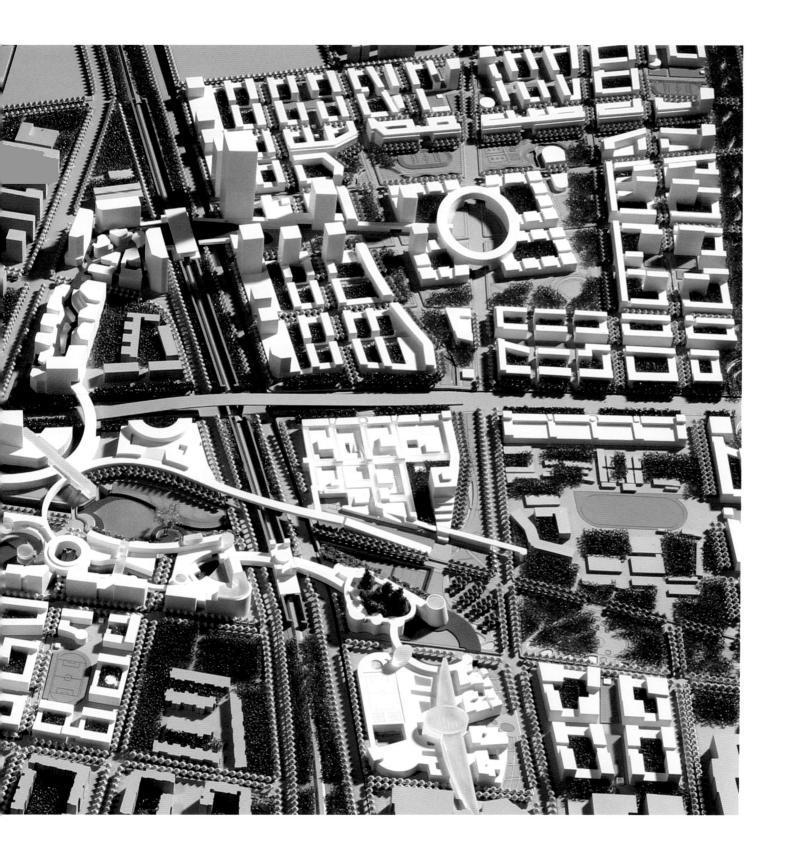

2018
成都武侯新城

运用公交导向发展动能，
强力修补碎片化城区肌理，形成连续
而有机的城市空间舞姿序列

2018

济南都市阳台

临泰山，畔黄河，
以七君子公共建筑为地标，
以有机灵动街坊为肌理的
望山见水都市河滨空间序列

2018
秦皇岛西港片区

背林面港的紧凑暖城中，
灵动多变的文旅城市空间序列舞姿

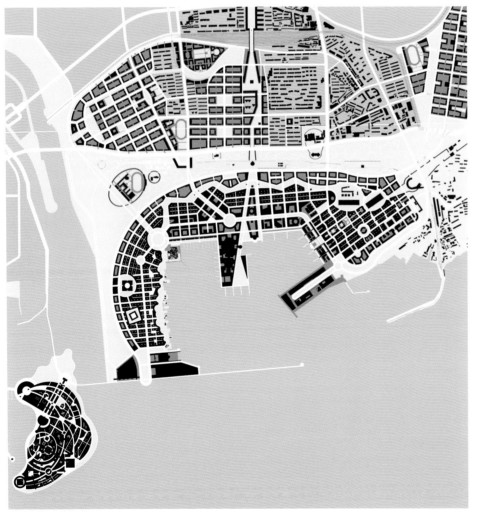

2018

天津蓟州高铁片区

承大气田园基底，
融合浪漫林盘村落与人本活力新城的
高铁新市镇空间舞姿

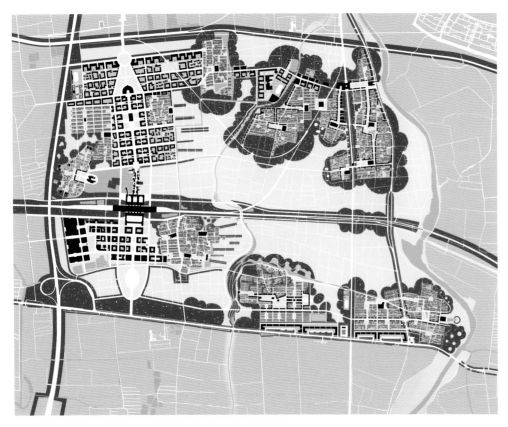

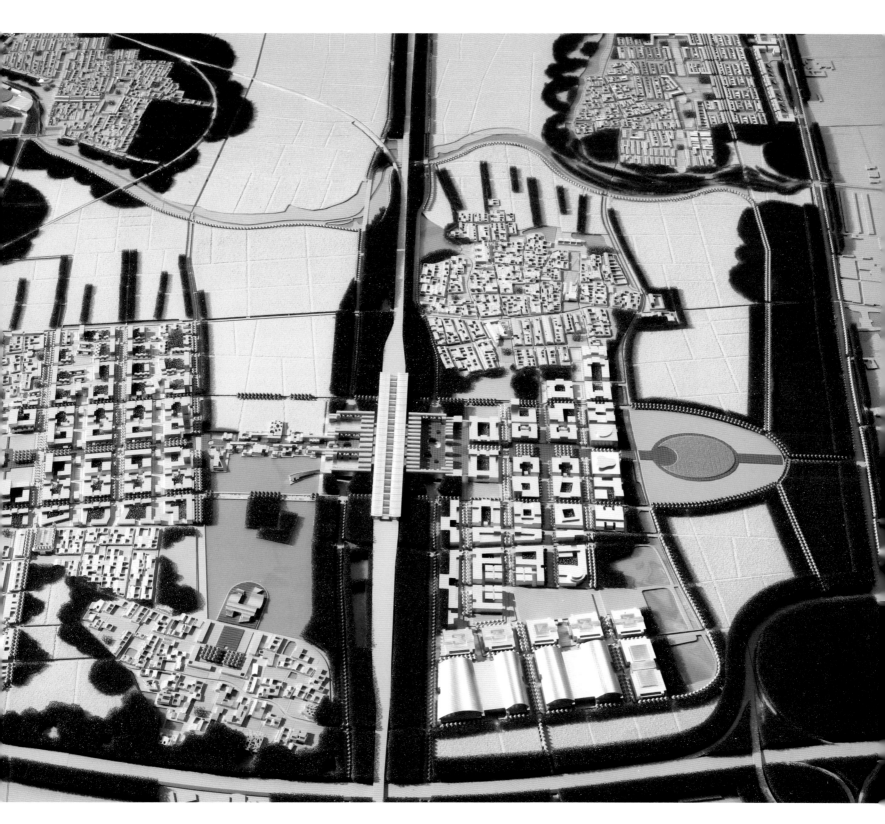

2019
北京副中心保障房片区

由窄街道、绿胡同、
趣商街、彩林院共同构成的开放街区中的
社区及邻里空间舞姿

2019

成都三国蜀汉城

新城垣，忆锦城，造名园，连锦江的巴适街区空间舞姿

2020
郑东中原科技城

"产城"与"居坊"相嵌共生的
"城中城"空间舞姿

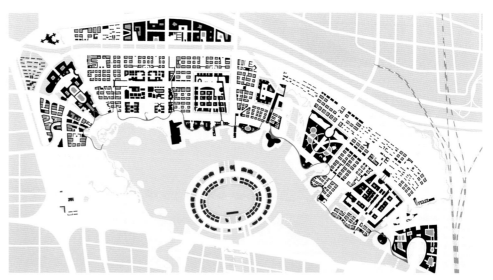

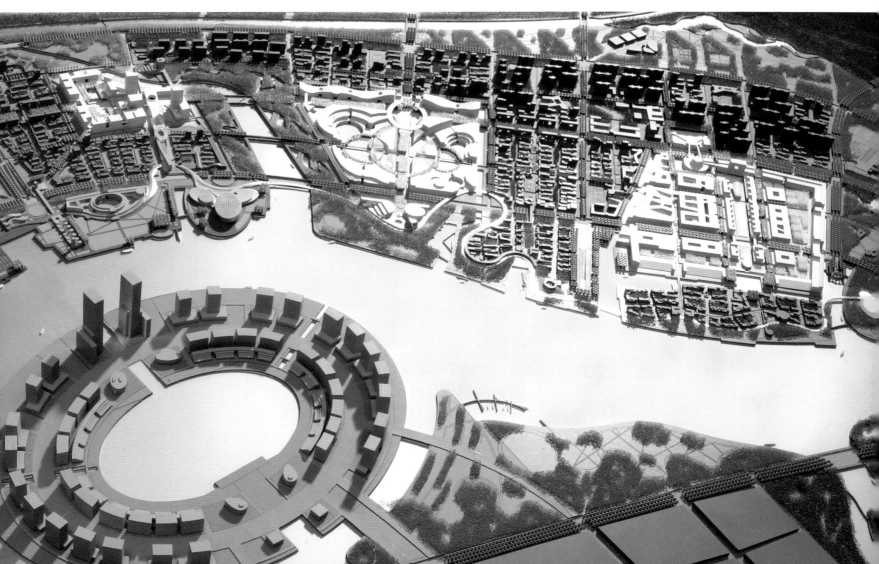

2020
成都骑龙创新园

由拟山建筑、拟溪街巷和梯田林盘构成，
体现盆地缩影的
公园城市空间舞姿

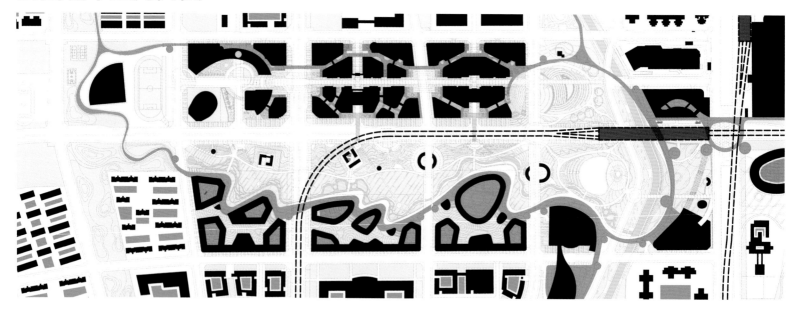

2020
成都天府奥体公园城

因浪漫湖丘地景而生的
山水织锦公园城市空间舞姿

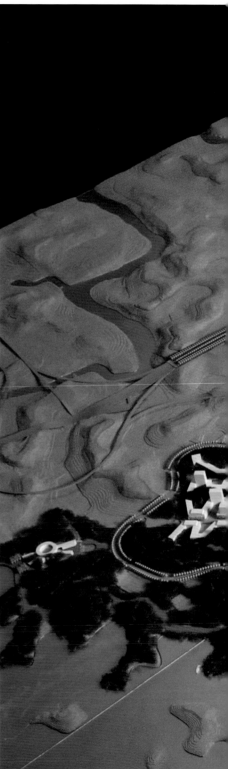

2021
莆田高铁新城

传耕读文化，孕城田共生、新轴线老村落共荣的城市空间舞姿

2021
宜宾西站南片区

礼赞自然地形，
以公交为导向的
丘陵城市空间舞姿

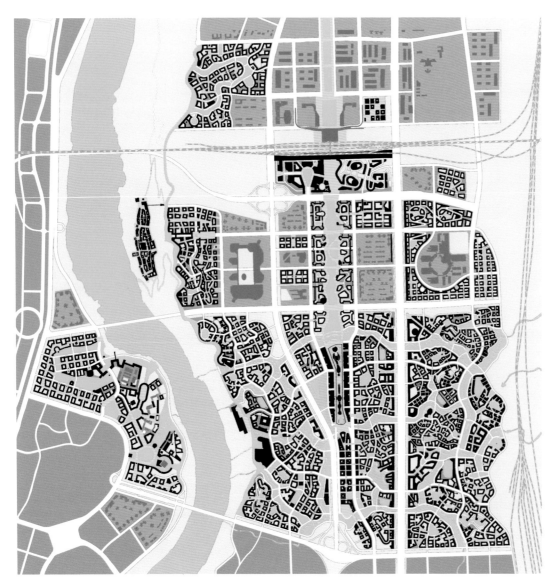

2021

厦门同翔新城

城乡共荣、产城相辅共生的
产业新城城市空间舞姿

2022
区域中心城市机场地区再发展

以机场记忆为中心轴线，
弹性街网为肌理的
"城在公园中"紧凑发展空间舞姿

从当代城市设计师的时代使命看，无论是

为扭转 "千城一面" 的城市风貌，悟城市地灵，塑城市特色，

或

为改变破碎断裂的城市肌理，织连续城市，旺城市生机，

抑或

为阻止无序蔓延的城市现象，谋精明成长，育生态文明，

都必须透过

积极推行蕴含 "公共空间诗意舞姿" 的 "开放街区" 建设模式，

才能

续写可承传的城市诗情，实现中国营城文化的伟大复兴。

这是城市规划与设计行业

应当坚守的信念和值得全力以赴的方向。